Opera浏览器

Recover MyFiles

WinMount

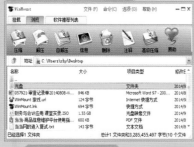

超级巡警

光影魔术手

PPLive网络电视

SiSoftware Sandra

Wise Disk Cleaner

超级转换秀

瑞星防火墙

QQ音乐播放器

UltraISO

Wise Registry Cleaner

光盘刻录大师

视频编辑专家

案例欣赏

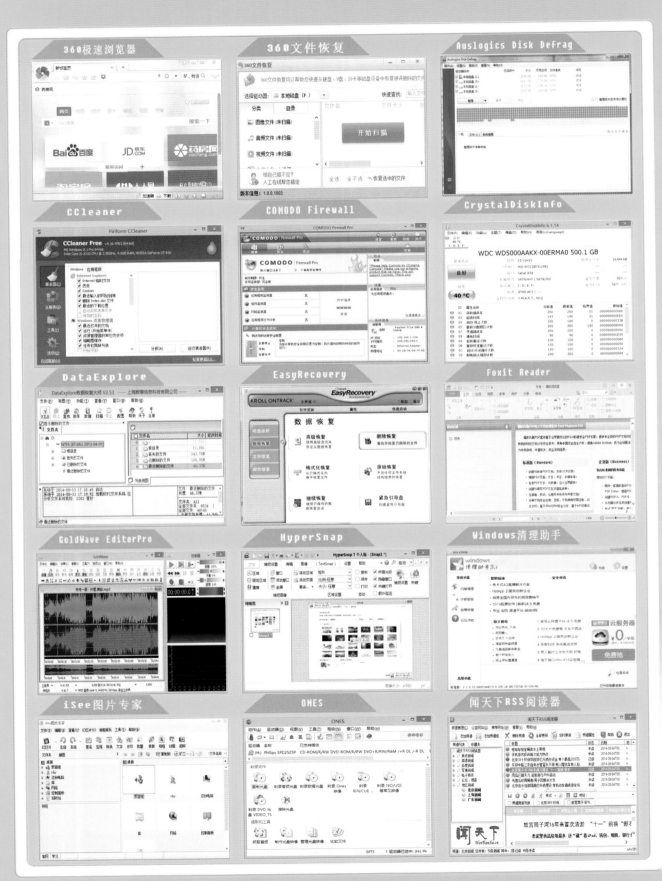

清华
电脑学堂

电脑常用工具软件

标准教程 （2015-2018版）

■ 冉洪艳　张振 等编著

清华大学出版社
北　京

内 容 简 介

本书循序渐进地介绍了常用工具软件的基本操作和使用方法，全书共分13章，内容涉及了各种与计算机密切相关的工具软件，包括常用工具软件基础、硬件检测软件、磁盘管理软件、文件管理软件、系统维护软件、图形图像处理软件、多媒体管理软件、光盘制作与应用软件、网络应用与通讯软件、文本与电子书编辑软件、电脑安全防护软件等内容。本书在编写过程中注重知识性与实用性相结合，体现了理论的适度性、实践的指导性和应用的典型性原则，结构清晰、叙述流畅，采用了图文并茂的排版方式并结合丰富的实例，本书适合作为高校教材和社会培训教材，也可作为计算机办公应用用户深入学习的培训和参考资料。

图书在版编目（CIP）数据

电脑常用工具软件标准教程（2015—2018版）/冉洪艳等编著. —北京：清华大学出版社，2015
（2021.3重印）

（清华电脑学堂）

ISBN 978-7-302-38517-2

Ⅰ. ①电…　Ⅱ. ①冉…　Ⅲ. ①软件工具-教材　Ⅳ. ①TP311.56

中国版本图书馆 CIP 数据核字（2014）第 269434 号

责任编辑：冯志强
封面设计：吕单单
责任校对：胡伟民
责任印制：丛怀宇

出版发行：清华大学出版社

　　　　网　　　址：http://www.tup.com.cn, http://www.wqbook.com

　　　　地　　　址：北京清华大学学研大厦 A 座　　　　　　**邮　　编**：100084

　　　　社 总 机：010-62770175　　　　　　　　　　　　**邮　　购**：010-83470235

　　　　投稿与读者服务：010-62776969，c-service@tup.tsinghua.edu.cn

　　　　质量反馈：010-62772015，zhiliang@tup.tsinghua.edu.cn

印 装 者：三河市龙大印装有限公司

经　　销：全国新华书店

开　　本：185mm×260mm　　**印　张**：19.75　　**插　页**：1　　**字　　数**：495 千字

版　　次：2015 年 1 月第 1 版　　　　　　　　　　　　**印　　次**：2021 年 3 月第 8 次印刷

定　　价：39.80 元

产品编号：062087-01

前　　言

计算机常用工具软件广泛应用于日常办公、商业销售、报表统计、科学计算以及家庭娱乐等领域，具有实用性强、操作方便、功能专一的特点。本书针对初学者的需求，将当前流行的工具软件资料加以收集、整理和测试，精心筛选出其中最常用的几种软件类型，通过简洁明了的文字、通俗易懂的语言和翔实生动的应用案例，详细介绍了这些工具软件的功能、基本操作方法，以及操作技巧。

为了帮助用户更好地理解各种工具软件的原理和相关知识，本书还在每章添加了该类软件的常识性内容，并配以相应的习题。所以，本书非常适合计算机初学者使用，也可作为各类院校非计算机专业的基础教材。

1．本书内容介绍

全书系统全面地介绍常用工具软件的应用知识，每章都提供了课堂练习，用来巩固所学知识。本书共分为 13 章，内容概括如下：

第 1 章：全面介绍了常用工具软件基础，包括系统软件、应用软件、工具软件概述、安装软件、卸载软件等基础知识；第 2 章：全面介绍了硬件检测软件，包括 CPU 检测软件、内存检测软件、硬盘检测软件、整机检测软件等基础知识。

第 3 章：全面介绍了磁盘管理软件，包括磁盘分区概述、磁盘分区软件、磁盘碎片整理概述、磁盘碎片整理软件、磁盘数据恢复软件等基础知识；第 4 章：全面介绍了文件管理软件，包括文件的存储特点、文件的分类、文件压缩软件、文件加密软件、文件备份软件、文件恢复软件等基础知识。

第 5 章：全面介绍了系统维护软件，包括系统垃圾文件概述、系统垃圾清理软件、注册表概述、注册表管理软件、驱动程序管理软件等基础知识；第 6 章：全面介绍了图形图像处理软件，包括图形图像概述、图像浏览和管理软件、图像捕捉和处理软件、图片压缩软件、电子相册制作软件等基础知识。

第 7 章：全面介绍了多媒体管理软件，包括音频文件类型、音频播放软件、视频文件类型、视频播放软件、多媒体的基础知识、多媒体编辑软件等基础知识；第 8 章：全面介绍了光盘制作与应用软件，包括光盘知识概述、光盘刻录软件、光盘镜像编辑软件、虚拟光驱软件等基础知识。

第 9 章：全面介绍了网络应用与通讯软件，包括网络浏览器软件、电子邮件简介、电子邮件软件、网络通讯概述、即时聊天软件等基础知识；第 10 章：全面介绍了文本与电子书编辑软件，包括文本编辑软件概述、文本编辑软件、电子书概述、电子书阅读软件、电子书制作软件等基础知识。

第 11 章：全面介绍了电脑安全防护软件，包括网络安全概述、计算机病毒概述、恶意软件概述、网络安全与杀毒软件、防火墙概述、防火墙软件、网络监控软件等基础知识。

2．本书主要特色

❑ **系统全面**　本书提供了 100 多种常用工具软件，通过实例分析、设计过程来讲解计算机组装与维护的应用知识，涵盖了计算机组装与维护中的各个硬件和参数。

❑ **课堂练习**　本书各章都安排了课堂练习，全部围绕实例讲解相关内容，灵活生动地展示了计算机组装与维护的各个功能。课堂练习体现本书实例的丰富性，方便读者组织学习。每章后面还提供了思考与练习，用来测试读者对本章内容的掌握程度。

❑ **全程图解**　各章内容全部采用图解方式，图像均做了大量的裁切、拼合、加工，信息丰富，效果精美，阅读体验轻松，上手容易。

❑ **随书光盘**　本书使用 Director 技术制作了多媒体光盘，提供了本书实例完整素材文件和全程配音教学视频文件，便于读者自学和跟踪练习图书内容。

3．本书使用对象

本书从计算机组装与维护的基础知识入手，全面介绍了计算机组装与维护面向应用的知识体系。本书制作了多媒体光盘，图文并茂，能有效吸引读者学习。本书适合作为高职高专院校学生学习使用，也可作为计算机办公应用用户深入学习计算机组装与维护的培训和参考资料。

参与本书编写的人员除了封面署名人员之外，还有王翠敏、吕咏、常征、杨光文、刘红娟、谢华、刘凌霞、张瑞萍、吴东伟、王健、倪宝童、温玲娟、石玉慧、李志国、唐有明、王咏梅、杨光霞等人。由于时间仓促，水平有限，疏漏之处在所难免，敬请读者朋友批评指正。

编　者

目　　录

第1章

常用工具软件基础

软件是用户与硬件之间的接口界面，是计算机系统设计的重要依据，也是"人机交流"的重要桥梁。在设计计算机系统时，为了方便用户使用，也为了发挥计算机的最高总体效用，设计者还需要全局考虑软件和硬件的结合性，以及用户和软件的可调性、互动性和可用性。本章将详细介绍常用工具软件的基础知识，以及获取、安装与卸载软件的操作方法和技巧，为用户完全掌握计算机常用工具软件打下良好的基础。

本章学习内容：

➢ 软件基础知识
➢ 工具软件概述
➢ 获取软件
➢ 安装与卸载软件
➢ 常用基础办公软件

1.1 软件基础知识

软件是按照特定顺序组织在一起的一系列计算机数据和指令的集合。而计算机中的软件，不仅指运行的程序，也包括各种关联的文档。而作为人类创造的诸多知识的一种，软件同样需要知识产权的保护。本小节将详细介绍系统软件、应用软件、许可分类和知识产权等软件基础知识。

1.1.1 系统软件

根据软件的用途来划分，可以将其分为系统软件和应用软件两大类。系统软件的作用是协调各部分硬件的工作，并为各种应用软件提供支持，将计算机当作一个整体，不需要了解计算机底层的硬件工作内容，即可使用这些硬件来实现各种功能。

系统软件主要包括操作系统和一些基本的工具软件，如各种编程语言的编译软件、硬件检测与维护软件以及其他一些针对操作系统的辅助软件等。

1．操作系统

在系统软件中，操作系统（Operating System，OS）是负责直接控制和管理硬件的系统软件，也是一系列系统软件的集合。其功能通常包括处理器管理、存储管理、文件管理、设备管理和作业管理等。当多个软件同时运行时，操作系统负责规划以及优化系统资源，并将系统资源分配给各种软件。

操作系统是所有软件的基础，可以为其他软件提供基本的硬件支持。常用的操作系统主要有以下 4 种。

❑ Windows XP

Windows XP 是微软公司于 2001 年推出的一款基于 Windows NT 内核的单用户、多任务图形操作系统。它结合了 Windows 9X 和 Windows NT 等两大操作系统的优点，相对之前的 Windows 操作系统，具有更高的安全性和更强的易用性。

Windows XP 是国内应用较广泛的操作系统。相对上一代的 Windows 2000，它具有更快的休眠和激活响应速度；自带了大量（据说超过 1 万种）不同硬件的驱动；提供更加友好的用户界面；快速用户切换（可保存当前用户的状态，然后切换到另一个用户）；字体边缘平滑技术（ClearType，用于液晶显示器）；远程协助功能，允许远程控制计算机；增加了对 PPP_oE 协议的支持，允许用户直接使用 DSL 等网络连接。同时，还使用灰色作为各种任务栏、窗口的风格，首次使用了彩色的 3D 主题，并提供了 3 个色彩方案供用户选择。在界面上也进行了很大的创新，如图 1-1 所示。

图 1-1　Windows XP 界面

随着 Windows XP 的发布，微软公司不断为 Windows XP 提供各种升级和更新。微软在 2014 年 4 月 8 日起，彻底取消对 Windows XP 的所有技术支持，走过 4548 个日子的 Windows XP 将正式宣布退役。但是，对于突然退役的 Windows XP 用户，微软将继续提供 Security Essentials 防病毒方面的支持，直到 2015 年 7 月 14 日。

❑ Windows Vista

Windows Vista 是微软公司 Windows 家族的重要成员，于 2005 年 7 月 22 日正式公布。2006 年 11 月 8 日开始提供给 MSDN（微软开发网络，一个微软创办的程序员开发组织）、计算机制造商和企业用户，2007 年 1 月 30 日开始销售和提供下载。

相对上一版本的 Windows XP，Windows Vista 包含了上百种新的功能。例如，再一次针对数年来硬件的发展，提供了多达 28000 种自带驱动；新的多媒体创作工具 Windows DVD Maker；重新设计的网络、音频、输出（打印）和显示子系统；Vista 也使用点对点技术（Peer-to-Peer）提升了计算机系统在家庭网络中的通信能力，让不同计算机或设备之间分享文件和多媒体内容变得更简单。

　　Windows Vista 在界面设计上比 Windows XP 又前进了一大步，它提供了名为 Windows Aero 的用户界面，共包括 4 个组成部分，如表 1-1 所示。

表 1-1　Windows Aero 界面的组成部分

组 件 名	作　　　用
Windows Aero	一个重新设计的窗体外观，提供标题栏和边框的磨砂玻璃皮肤，并允许用户定制透明度和颜色，使 Windows 窗体更加圆滑和美观
Windows Flip 3D	一种窗体排列方式，通过控制窗体位置达到等角排列，以帮助用户查找自己所需窗体的程序
即时缩略图	在文件的图标（最大 256px×256px）内可见到文件夹图标会以斜角排列方式显示前两个文件的图标；当鼠标靠近开始任务栏的进程标签时，也会显示即时缩略图；在 Aero 颜色方案下，Alt+Tab 的切换方式也采用了即时缩略图，甚至在用 Windows Media Player 播放影片时，即时缩略图也能跟着播放
字体	提供了几种新的字体，包括英文的 Segoe UI、简体中文的微软雅黑等可在液晶显示器中显示更加清晰美观的字体

　　除此之外，Windows Vista 还提供了一个新的侧边栏，允许用户将一些日常应用较多的小程序放在侧边栏上。Windows Vista 以典雅的黑色作为系统主色调，如图 1-2 所示。

❑ **Windows 7**

　　2009 年 7 月 14 日 Windows 7 RTM（Build 7600.16385）正式上线，2009 年 10 月 22 日微软于美国正式发布 Windows 7，如图 1-3 所示。Windows 7 可供家庭及商业工作环境、笔记本电脑、平板电脑、多媒体中心等使用。

❑ **Windows 8**

　　Windows 8 以全新的面貌问世，采用全新的 Modern UI 界面风格，其"开始"界面取代了原有的系统"开始"菜单，以单独的界面进行显示，并以快捷方式的样式显示主要应用程序和"桌面"图标，便于用户对其进行操作和使用，如图 1-4 所示。

　　Windows 8 是具有革命性变化的操作系统，系统独特的 Metro 开始界面和触控式交互系统，使用户操作计算机更简单、更快捷，以及为用户提高高效易行的工作环境。另外，Windows 8 不仅

图 1-2　Windows Vista 操作系统

图 1-3　Windows 7 操作系统

支持 Intel 和 AMD，还支持 ARM 的芯片架构，被应用于个人电脑和平板电脑中，具有

启动速度快、占用内存少及兼容 Windows 7 软件和硬件等优点。

由于 Windows 8 整个操作系统类似于 Windows Visa，因此造成 Windows 8 系统发布以来并不太受用户的欢迎。鉴于低调的市场反应，微软决定于 2014 年 10 月 31 日将停止 Windows 8 操作系统的销售，其整个零售版的销售期仅为 2 年，是微软所有操作系统中最短命的一个操作系统。

图 1-4　Windows 8 操作系统

2．程序设计语言

用户将程序设计语言的编写程序输入计算机，由计算机将其翻译成机器语言，然后在计算机上运行后输出结果。

程序设计语言的发展经历了 5 代——机器语言、汇编语言、高级语言、非过程化语言和智能化语言，其具体情况如下所述：

❑ **机器语言**　计算机所使用的是由"0"和"1"组成的二进制数，二进制是计算机语言的基础。

❑ **汇编语言**　为了减轻使用机器语言编程的痛苦，人们进行了一种有益的改进：用一些简洁的英文字母、符号串来替代一个特定指令的二进制串，比如，用"ADD"代表加法，"MOV"代表数据传递等。这样一来，人们很容易读懂并理解程序在干什么，纠错及维护都变得方便了，这种程序设计语言就称为汇编语言。

❑ **高级语言**　这种语言接近于数学语言或人的自然语言，同时又不依赖于计算机硬件，编出的程序能在所有机器上通用。

❑ **非过程化语言**　第三代语言是过程化语言，它必须描述问题是如何求解的。第四代语言是非过程化语言，它只需描述需求解的问题是什么。例如，需要将某班学生的成绩按从高到低的次序输出。用第四代语言只需写出这个要求即可，而不必写出排序的过程。

❑ **智能化语言**　主要是为人工智能领域设计的，如知识库系统、专家系统、推理工程、自然语言处理等。

3．语言处理程序

计算机只能直接识别和执行机器语言，因此要在计算机上运行高级语言程序就必须配备程序语言翻译程序，即编译程序。

编译软件把一个源程序翻译成目标程序的工作过程分为 5 个阶段：词法分析、语法分析、语义检查和中间代码生成、代码优化、目标代码生成。编译主要是进行词法分析和语法分析，又称为源程序分析。在分析过程中，若发现有语法错误，则会给出提示信息。

4．数据库管理程序

数据库管理程序是一种操纵和管理数据库的大型软件，用于建立、使用和维护数

电脑常用工具软件标准教程（2015—2018 版）

据库。

5．系统辅助处理程序

系统辅助处理程序也称为"软件研制开发工具"、"支持软件"、"软件工具"，主要有编辑程序、调试程序、装备和连接程序等。

1.1.2 应用软件

应用软件（Application Software）是用户可以使用的各种程序设计语言，以及用各种程序设计语言编制的应用程序的集合。其可分为应用软件包和用户程序。

应用软件包是利用计算机解决某类问题而设计的程序的集合，供多用户使用。用户程序是为满足用户不同领域、不同问题的应用需求而提供的那部分软件，它可以拓宽计算机系统的应用领域，放大硬件的功能。

1．办公软件

办公软件是指在办公应用中使用的各种软件，这类软件的用途主要包括文字处理、数据表格的制作、演示动画制作、简单数据库处理等。在这类软件中，最常用的办公软件套装有金山 WPS 和微软公司的 Office 系列软件，如图 1-5 所示。

图 1-5 Office 系列中的 Excel 组件

2．网络软件

网络软件是指支持数据通信和各种网络活动的软件。随着互联网技术的普及以及发展，产生了越来越多的网络软件。例如，各种网络通信软件、下载上传软件、网页浏览软件等。

常见的网络通信软件主要包括腾讯 QQ、Windows Live Messenger 等；常见的下载上传软件包括迅雷、LeapFTP、CuteFTP 等；常见的网页浏览软件包括微软 Internet Explorer、Mozilla FireFox、360 安全浏览器等，如图 1-6 所示。

图 1-6 360 安全浏览器

3. 安全软件

安全软件是指辅助用户管理计算机安全性的软件程序。广义的安全软件用途十分广泛，主要包括防止病毒传播，防护网络攻击，屏蔽网页木马和危害性脚本，以及清理流氓软件等。

常用的安全软件很多，如防止病毒传播的卡巴斯基个人安全套装、防护网络攻击的天网防火墙，以及清理流氓软件的恶意软件清理助手等。多数安全软件的功能并非唯一的，既可以防止病毒传播，也可以防护网络攻击，如"360安全卫士"既可以防止一些有害插件、木马，还可以清理计算机中的一些垃圾等，如图1-7所示。

图 1-7　360 安全卫士

4. 图形图像软件

图形图像软件是浏览、编辑、捕捉、制作、管理各种图形和图像文档的软件。其中，既包含有各种专业设计师开发使用的图像处理软件，如 Photoshop 等，如图1-8所示，也包括图像浏览和管理软件，如 ACDSee 等，以及捕捉桌面图像的软件，如 HyperSnap 等。

图 1-8　Photoshop 应用软件

5. 多媒体软件

多媒体软件是指对视频、音频等数据进行播放、编辑、分割、转换等处理的相关软件。例如，在网络中经常使用"酷我音乐"来播放网络歌曲；通过"迅雷看看"来播放网络视频等，如图1-9所示。

6. 行业软件

行业软件是指针对特定行业定制的、具有明显行业特点的软件。随着办公自动化的普及，越来越多的行业软件被应用到生产活动中。常用的行业软件包括各种股票分析软件、列车时刻查询软件、科学计算软件、辅助设计软件等。

行业软件的产生和发展，极大地提高了各种生产活动的效率。尤其计算机辅助设计的出现，使工业设计人员从大量繁复的绘图中解脱出来。最著名的计算机辅助设计软件是 AutoCAD，如图1-10所示。

图1-9 "迅雷看看"播放器

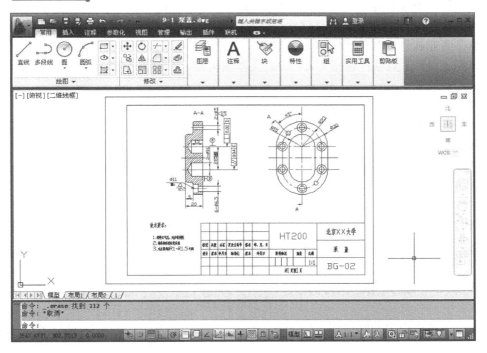

图1-10 AutoCAD 软件

7. 桌面工具

桌面工具主要是指一些应用于桌面的小型软件,可以帮助用户实现一些简单而琐碎的功能,提高用户使用计算机的效率或为用户带来一些简单而有趣味的体验。例如,帮助用户定时清理桌面、进行四则运算、即时翻译单词和语句、提供日历和日程提醒、改变操作系统的界面外观等。

在各种桌面工具中,最著名且常用的就是微软在 Windows 中提供的各种附件了,包括计算器、画图、记事本、放大镜等。除此之外,Windows 7 还提供了一些桌面小工具,如图 1-11 所示。

1.2 工具软件概述

工具软件用来辅助人们学习、工作、软件开发、生活娱乐、专业知识等各方面的应用。使用工具软件能提高工作、生产、学习等效率。

1.2.1 工具软件简介

工具软件是在电脑中进行学习和示意的软件，类似于用户所了解

图 1-11　桌面小工具集

的应用软件，不仅仅包含应用软件所包含的内容。它是指除操作系统、大型商业应用软件之外的一些软件。大多数工具软件是共享软件、免费软件、自由软件或者软件厂商开发的小型商业软件。其代码的编写量较小，功能相对单一，但却是用户解决一些特定问题的有利工具。工具软件包括 Ultra Edit 文本编辑器、WinRAR 解压缩软件、QQ 音乐播放器等。

因此，相比其他系统或者较大的商用应用软件来说，工具软件没有那么风光，没有厂商耗资巨大的宣传推广，也没有繁多的认证考试等，似乎显得默默无闻且无足轻重。

虽然如此，用户还是需要工具软件的一些帮助文档、应用教程等。若没这些描述性教程内容，用户是不可能玩得转它的。甚至有些开发不足的工具软件，还会存在一些无法解决的问题。

工具软件有着广阔的发展空间，是计算机技术中不可缺少的组成部分。许多看似复杂繁琐的事情，只要找对了相应工具软件都可以轻易地解决，如查看 CPU 信息、整理内存、优化系统、播放在线视频文件、在线英文翻译等。

1.2.2 工具软件的分类

针对计算机应用及网络和各行领域，有着不同的面向应用、管理、维护等的工具软件。下面通过一些简单的分类来了解工具软件所包含的内容。

1．硬件检测软件

硬件检测软件主要进行出厂、型号、运转情况等的优化、查看、管理等信息的处理，例如 CPU-Z 软件便是一款专门用于检测 CPU 硬件的软件，如图 1-12 所示。对个别硬件，硬件检测软件还可对其进行维护、维修等处理，如硬盘、内存等。

图 1-12　CPU-Z 软件界面

电脑常用工具软件标准教程（2015—2018 版）

2．系统维护软件

系统维护软件主要是对计算机操作系统进行必要的垃圾清理、开机优化、运行优化、维护、备份等操作。例如，Windows 大师软件，不仅可以清除系统中的垃圾文件，还可以对系统进行优化、检测和维护，如图 1-13 所示。

3．文本编辑与语音软件

文件编辑和语音软件是两方面的内容。其中，文本编辑软件除了包含商用的 Office

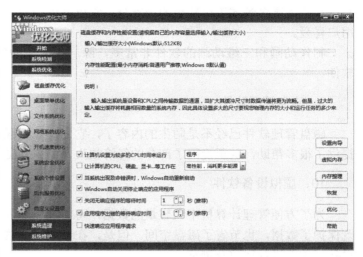

图 1-13　Windows 优化大师界面

应用工具之外，还包含一些其他的编辑工具，如代码、软件项目工程方面的编辑等。

语音软件主要是针对老年群体的在线阅读工具，以方便视力不好的人士利用语音软件来听取文本性内容。

4．文件管理软件

文件管理是针对计算机中一些文本及文件夹的管理。除了操作系统对文件以及文件夹的基本管理之外，用户还可以通过一些工具软件进行必要的安全性管理，如压缩、加密等。

5．个性桌面软件

个性桌面打破了死气沉沉、呆板的系统自带桌面，用户可以使用自己喜欢的明星照片、个性图片作为桌面背景。

6．多媒体编辑软件

在当今娱乐与生活相结合的年代，多媒体在生活中是必不可少的。例如，通过网络看电影、电视剧等视频文件，听歌曲、听唱片、听广播等一些音频文件。

另外，多媒体还包含对视频和音频文件的编辑、采集等。

7．图像处理软件

说到图像处理，人们可以快速地想起 Photoshop 商业软件，它在图像处理领域占据着非常重要的地位。

但除此之外，还有不同的图像处理小工具软件，如查看工具软件、编辑工具软件，以及将图像制成 TV、制作成相册的工具软件等。

8．动画与三维动画软件

不管是生活娱乐、影视媒体，还是网页设计中，都可以看到动画的身影。可见，动画已经成为诸多领域不可缺少的一部分，它更多以强烈、直观、形象的方式表达，深受用户喜爱。

制作动画和三维动画的软件非常多，除一些大型的商业软件外，还包含一些工具软件。

9．磁盘管理软件

磁盘管理软件已经不是陌生的内容了，它为计算机服务很多年。并且，为用户数据提供了很多帮助，甚至挽回了部分的经济损失，如恢复磁盘数据软件。

10．虚拟设备软件

为了方便管理计算机中大容量的数据，可将其压缩为一些光盘格式的文件。这样，既保护了数据，也节省了磁盘空间。但是，在读取这些数据时，需要通过一些虚拟光驱设备，才能进行播放及浏览。

除此之外，在虚拟设备中还包含一些用于系统方式的虚拟机。可以通过虚拟机，安装一些与计算机操作系统不同或者相同的系统软件，以方便用户学习。

11．光盘刻录软件

为了便于数据的保存与携带，用户更多地将数据复制到 U 盘中。但是，在没有 U 盘之前，更多的用户将数据刻录到光盘上，所以这就必须要使用光盘刻录软件。

那么，有了 U 盘为什么还要使用光盘刻录软件呢？因为，有一些数据使用 U 盘较不方便；与 U 盘相比，光盘的成本要低得多。例如，用户可以将一些操作系统文件制作成光盘启动及安装文件。

12．网络应用软件

网络已经成为人们生活中的一部分，而在这浩瀚汪洋的网络中，如果快速前进，没有辅助的工具软件是非常难于驾驭的。

因此，在网络应用软件中，本书将介绍一些简单的网络应用工具，如网页浏览软件、网络传输软件、网络共享软件等。

13．网络通信软件

在网络资源共享、信息通信中，工具软件都是必不可少的。因此，用户可以借助一些可视化、操作灵活的工具软件进行通信，如电子邮件软件、即时通信软件、网络电话与传真等。

14．网络聊天软件

除了上述的网络通信软件外，现在最流行、使用最广泛的就是聊天软件了，如 QQ 通信工具、飞信（Fetion）、阿里旺旺等。

15．计算机安全软件

在网络中翱翔时间长了，难免要遇到一些木马、病毒类的东西，使用户非常担心。

电脑常用工具软件标准教程（2015—2018 版）

因此，本书较多地介绍了安全软件方面的内容和安全卫士、杀毒软件之类的应用。

16．手机管理软件

现在，手机用户已经超过了个人计算机的数量，并且随着手机不断发展、智能手机的不断普及，手机的应用软件也随之变得非常广泛，并且与计算机之间的连接维护、升级也在不断地变化。

本书主要介绍通过个人计算机来安装手机驱动、安装手机管理工具，以及升级手机系统等的知识。

17．电子书与 RSS 阅读软件

在高歌猛进的数字化进程中，电子书已经离人们越来越近了。电子书方便用户阅读，并且降低了消费成本。而通过电子书和 RSS 订阅，可以非常方便地获取最新的信息。

18．汉化与翻译软件

在生活、工作以及网络中，人们可能会阅读一些外文资料，不太专业的人士阅读起来非常吃力。这时，就需要借助一些汉化或者翻译方面的工具软件，它就类似于翻译词典，将一些内容直译成汉语。

19．学生教育软件

在网络中，可以非常方便地搜索出一些关于辅助学生教育方面的软件，如英语家教、同步练习等。有些软件，用户可以直接安装到计算机中使用，便于学习。在学习过程中，软件可以与服务器同步更新，便于及时了解最新知识。

20．行业管理软件

说起"行业软件"，显而易见，这些软件针对性比较强，并且对某些行业非常有帮助。例如，一些会计软件、律师软件，时刻给用户提供一些专业方面的知识，以及一些典型的案例等。

1.3 软件的获取、安装与卸载

用户在使用工具软件之前，需要先获取工具软件源程序，并将其安装到计算机中。这样用户才能使用这些软件，并为之进行必要的管理及应用。而对于不需要的软件，用户还可以进行卸载，还原计算机磁盘空间及减小计算机运行负载。

1.3.1 安装软件

获取软件之后，用户即可在电脑中安装该软件。在 Windows 操作系统中，工具软件的安装通常都是通过图形化的安装向导进行的，用户只需要在安装向导过程中设置一些相关的选项即可。

大多数软件的安装都会包括确认用户协议、选择安装路径、选择软件组件、安装软

件文件以及完成安装等步骤，而部分软件还需要输入安装秘钥。其不同的软件的安装步骤也不尽相同，用户只需根据提示，一步一步地进行操作即可。下面，将以安装"光影魔术手"图像处理软件为例，详细介绍安装软件的操作方法。

首先，下载该软件，找到安装包，双击软件安装程序的图，打开软件安装向导。此时，安装程序会自动弹出"欢迎"页面，单击【接受】按钮确认用户协议，如图 1-14 所示。

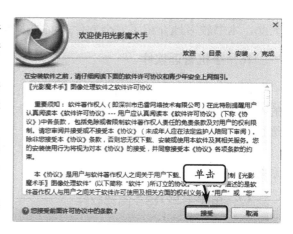

图 1-14　确认用户协议

然后，在【目录】页面中的【请选择程序安装目录】文本框中，输入软件的安装目录，或者单击【浏览】按钮选择安装目录，如图 1-15 所示。

此时，系统会自动安装软件，并显示安装进度。安装完成之后，会在【完成】页面中显示安装完成信息，并要求用户根据所需选择附加软件或运行该软件，如图 1-16 所示。

提　示

由于目前的免费软件中都捆绑了第三方软件，也就是附加软件；所以在安装过程中，用户需要仔细查看每一个安装步骤，以防止在不知情的情况下安装许多无用的软件。

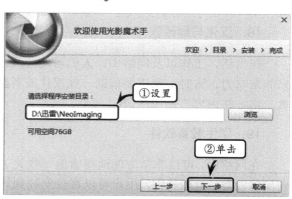

图 1-15　选择安装路径

1.3.2　卸载软件

如果用户不再需要使用某个软件，则可将该软件从 Windows 操作系统中卸载。其中，卸载软件主要包括下列 3 种方法。

1. 使用软件自带卸载程序

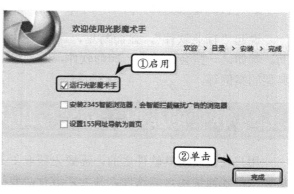

图 1-16　完成安装

大多数软件都会自带一个软件卸载程序。用户可以从【开始】|【所有程序】|软件名称的目录下，执行相关的卸载命令。或者，直接在该软件的安装目录下，查找卸载程序文件，并双击该文件即可，如图 1-17 所示。

提　示

如果用户不知道软件的安装目录，可以右击该软件桌面的快捷图标，执行【属性】命令。然后，在弹出的属性对话框中，单击【查找目标】按钮即可。

2. 使用 Windows 中的添加或卸载程序

Windows 系统自带了添加卸载程序，以帮助用户卸载不必要的程序软件。在【开始】菜单中，执行【控制面板】命令。在弹出的【控制面板】窗口中，单击【程序和功能】图标，如图 1-18 所示。

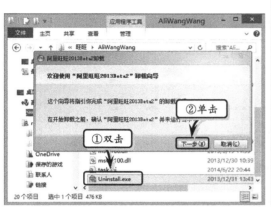

图 1-17 打开卸载程序

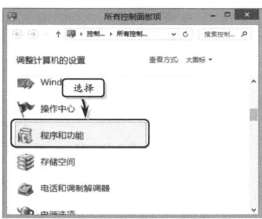

图 1-18 【控制面板】窗口

提 示

对于 Windows 8 操作系统，则需要右击【开始】图标，执行【控制面板】命令，来打开【控制面板】窗口。

然后，在弹出的【程序和功能】对话框中，右击需要删除的程序，执行【卸载】命令，如图 1-19 所示。最后，在弹出的卸载对话框中，根据提示进行卸载即可。

3. 使用工具软件进行卸载

卸载工具软件或者商业软件时，用户也可以利用专门的软件卸载工具或者其他软件所包含的卸载功能，来卸载该软件。

例如，在【360 安全卫士】软件中，激活【软件管家】选项卡。然后，在弹出的对话框

图 1-19 卸载程序

中，激活【软件卸载】选项卡，单击软件对应的【一键卸载】或【卸载】按钮，即可卸载该软件，如图 1-20 所示。

图 1-20　使用工具软件进行卸载

1.4　思考与练习

一、填空题

1．根据计算机软件的用途，可以将其分为两大类，即_____和_____。

2．操作系统的功能通常包括_____、文件管理、_____、设备管理和_____等。

3．_____是用户可以使用的各种程序设计语言，以及用各种程序设计语言编制的应用程序的集合。其可分为应用软件包和用户程序。

4．_____是指除操作系统、大型商业应用软件之外的一些软件。大多数工具软件是共享软件、_____、自由软件或者软件厂商开发的小型商业软件。

5．_____是电脑必不可少的工具软件之一，它是为将各种符号输入电脑而采用的一种编码方法。

二、选择题

1．以下哪一种软件属于系统软件？_____
- A．Office
- B．Windows XP
- C．Photoshop
- D．酷我音乐盒

2．以下哪一款软件不属于办公软件？_____
- A．MySQL
- B．金山 WPS
- C．永中 Office
- D．红旗 2000 RedOffice

3．微软所有操作系统中，寿命最短的一个操作系统为_____。
- A．Windows XP
- B．Windows Vista
- C．Windows 7
- D．Windows 8

4．_____管理程序是一种操纵和管理数据库的大型软件，用于建立、使用和维护数据库。
- A．系统辅助
- B．数据库
- C．语言
- D．程序设计

5．程序设计语言的发展经历了机器语言、汇编语言、_____非过程化语言和智能化语言。
- A．编程语言
- B．过程化语言
- C．高级语言
- D．C 语言

6．系统辅助处理程序也称为"软件研制开发工具"、"支持软件"、"软件工具"，主要有编辑程序、_____、装备和连接程序等。

    A．运行程序

    B．调试程序

    C．控制程序

    D．处理程序

三、问答题

1．系统软件都包括哪些类别？并为每个类别举出一个实例。

2．什么是编译软件？常用的编译软件主要包括哪些？并举出两个例子。

3．大多数软件在安装过程中都包括哪些步骤？

四、上机练习

1．查看硬件配置信息

在本练习中，将运用操作系统自带的一些功能来查看本地计算机的硬件配置信息，如图1-21所示。首先，右击桌面中的【计算机】图标，执行【属性】命令。然后，在弹出的【系统】对话框中，即可查看当前计算机的操作系统、分级、处理器、安装内存、系统类型等信息。

图1-21　查看硬件配置信息

2．查看计算机的运行性能

在本实例中，将运用 Windows 8 操作系统中自带的"任务管理器"中的"性能"功能，来查看计算机的运行性能，如图1-22所示。首先，右击【开始】图标，执行【任务管理器】命令，打开【任务管理器】窗口。然后，激活【性能】选项卡，查看计算机运行过程中 CPU、内存、硬盘和以太网的运行状态。最后，选择 CPU，在右侧窗格中查看 CPU 运行的详细数据。

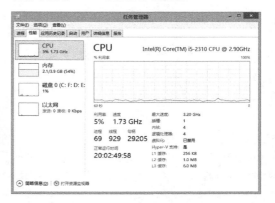

图1-22　查看计算机的运行性能

第 2 章

硬件检测软件

    硬件设备是计算机的基础，每一种硬件设备都具有其独特的作用，但每一种硬件设备的微小故障也都会引起计算机运行的不稳定性，甚至瘫痪。因此，了解和掌握计算机硬件的运行性能，逐渐成为用户安全使用和检测计算机的必备技能。计算机的硬件性能，不同于硬件，它是不可见、不可触摸的一种数字信息。用户可以使用专门的硬件检测软件，通过检测硬件的基础信息、性能参数等参数信息，来了解硬件的具体性能和运行状态。

    在本章中，将详细介绍计算机常用主要硬件的一些专用检测软件，促使用户熟悉并掌握常用硬件检测软件的基本使用方法的同时，帮助用户更好地了解和学习计算机的硬件知识。

本章学习内容：

- ➤ CPU 检测软件
- ➤ 内存检测软件
- ➤ 硬盘检测软件
- ➤ 整机检测软件
- ➤ MyCPU
- ➤ HWMonitor
- ➤ MDM
- ➤ RAMExpert
- ➤ Crystal Disk Mark
- ➤ EVEREST

2.1 CPU 检测软件

    CPU 是计算机最为重要的硬件之一，其性能往往在一定程度上决定了计算机的整体性能。而 CPU 检测软件主要是对计算机 CPU 的相关信息进行检测，使用户无须打开机箱查看实物，即可了解 CPU 的型号、主频、缓存等信息。在使用检测软件对 CPU 进行检测之前，还需要先了解 CPU 的基础知识和工作原理，以帮助用户可以使用检测软件解决 CPU 中的各类问题。

2.1.1 CPU 的组成结构

CPU 为一块超大规模的集成电路，是计算机的运算核心和控制核心。主要包括运算器和控制器两大部件。此外，还包括若干个寄存器和高速缓冲存储器及实现它们之间联系的数据、控制及状态的总线，如图 2-1 所示。

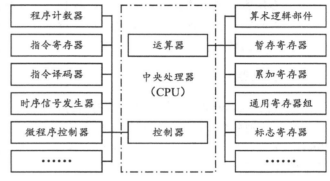

图 2-1 CPU 的逻辑结构

1. 运算器

运算器（Arithmetic Unit）的功能是执行定点或浮点算术和逻辑运算操作，包括四则运算（加、减、乘、除）、逻辑操作（与、或、非、异或等操作），以及移位、比较和传送等操作，因此也称算术逻辑部件（ALU）。

图 2-2 运算器

运算器的结构决定了整个计算机的设计思路和要求，不同的运算方法会导致不同的运算器结构；但由于各个类型的运算器具有相同的基本功能，其运算方法也大体相同，所以各个类型的运算器也都是大同小异，没太大区别，如图 2-2 所示。

一般情况下，运算器主要由算术逻辑部件、通用寄存器组和状态寄存器组成：

❑ **算术逻辑部件** 算术逻辑部件（ALU）是运算器的核心部件，它是一种功能较强的组合逻辑电路，用于完成对二进制信息的定点算术运算、逻辑运算和各种移位操作。其中，算术运算包括定点加、减、乘和除运算；逻辑运算包括逻辑与、逻辑或、逻辑异或和逻辑非操作；移位操作包括逻辑左移和右移、算术左移和右移及其他一些移位操作。

❑ **通用寄存器组** 通用寄存器组主要用来保存参加运算的操作数和运算结果，寄存器又称为累加器，具有非常快的数据存取功能，可达到十几个微秒（μs）。另外，通用寄存器可以兼做专用寄存器，包括用于计算操作数的地址。

❑ **状态寄存器** 状态寄存器又称为条件码寄存器，主要用来记录算术、逻辑或测试操作的结果状态，通常用作条件转移指令的判断条件，包括零标志位（Z）、负标志位（N）、溢出标志位（V）和进位或借位标志（C）4 种设置状态。

2. 寄存器

寄存器（Register）又称为"架构寄存器"，是一种存储容量有限的高速存储部件，能够用于暂存指令、数据和地址信息，它是内存阶层中的最顶端，亦是系统获得操作资料的最快速途径。

寄存器通常是由自身可保存的位元数量来估量，例如通常所说的"8 位元寄存器"或"32 位元寄存器"。而一个 86 指令集定义 8 个 32 位元寄存器的集合，但一个实际 x86 指令集的 CPU 可以包含比 8 个更多的寄存器。

寄存器是 CPU 内部的元件，包括通用寄存器、专用寄存器和控制寄存器。

- ❑ **通用寄存器**　通用寄存器是 CPU 的重要组成部分，可分为定点数和浮点数两种类型，主要用来保存指令执行过程中临时存放的寄存器操作数和最终操作结果。
- ❑ **专用寄存器**　专用寄存器是为了执行一些特殊操作而存在的一种寄存器。
- ❑ **控制寄存器**　控制寄存器主要用来控制和确定 CPU 的操作模式以及当前所执行任务的特性。

3．控制器

控制器（Controller）负责决定执行程序的顺序，给出执行指令时计算机各部件所需要的操作控制命令，是向计算机发布命令的神经中枢，一般由指令寄存器 IR（Instruction Register）、程序计数器 PC（Program Counter）和操作控制器 OC（Operation Controller）三个部件组成。

2.1.2　CPU 的工作原理

计算机的所有操作都受 CPU 控制，它直接从存储器或高速缓冲存储器中获取指令，放入指令寄存器并对指令进行译码。一般情况下，CPU 可分为提取、解码、执行和写回四个工作过程。

1．提取

提取是 CPU 工作过程中的第一阶段，是 CPU 从存储器或高速缓冲存储器中检索指令的过程。在该过程中，由程序计数器指定存储器的位置。其中，程序计数器记录了 CPU 在目前程序中的踪迹，提取指令之后，程序计数器则根据指令的长度来增加存储单元。

2．解码

解码是 CPU 工作的第二个阶段，在该阶段中，CPU 将存储器中提取的指令拆解为有意义的片段，并根据 CPU 中的指令集架构（ISA）定义将数值片段解释为指令。解释后的指令数值被分为两部分，一部分表现为运算码（Opcode），用于指示需要进行的运算；而另一部分供给指令所必要的信息。

3．执行

在 CPU 提取和解码指令之后，便可以进入到执行阶段。在该阶段中，主要用于连接各种可以进行所需运算的 CPU 部件。例如，当前需要进行一个加法运算，此时算数逻辑单元（Arithmetic Logic Unit，ALU）将会自动连接到一组输入和一组输出；其中输入提供了需要进行相加的数值，而输出则提供了含有总和的结果。但是，当在加法运算中产生了一个相对于 CPU 处理而言过大的结果时，则在标志暂存器里，将会被设置为运算溢出（Arithmetic Overflow）标志。

4．写回

写回是 CPU 工作过程中的最终阶段，主要是以一定的格式将执行阶段的结果进行简单的写回。其运算结果则被写入 CPU 内部的暂存器中，以供随后的指令进行快速存取。在写回阶段，会出现"跳转"（Jumps）现象，该现象是由于某些类型的指令会不直接产生结果，而是操作程序计数器所导致的。其中，"跳转"现象会在程序中带来循环行为、条件性执行（透过条件跳转）和函式。

●┈ 2.1.3　常用 CPU 检测软件 ┈、

目前，市场中用于检测 CPU 的软件主要包括用于超频检测的 MyCPU、用于温度测试的 HWMonitor、用于频率测试的 Intel Processor Frequency ID Utility、用于稳定性测试的 Hot CPU Tester Pro 等软件。在本小节中，将详细介绍用于 CPU 检测的常用软件，以帮助用户检测本地计算机的 CPU 性能。

1．MyCPU

MyCPU 是一款 CPU 效能测试软件，主要用于测试 CPU 的超频性能。除了可以检测 CPU 的超频性能之外，还可以检测 CPU 的制造商、CPU 的系列、CPU 的型号、工作频率等信息，如图 2-3 所示。

图 2-3　MyCPU 主界面

> **提　示**
>
> 在 MyCPU 主界面中，单击【保存】按钮，可将检测结果保存为 HTML 格式；而单击【复制】按钮，则可以复制检测结果。

在 MyCPU 主界面中，单击【CPU 特性】按钮，可在弹出的【CPU 特性】对话框中，查看 CPU 的缓存信息、扩展指令集和处理器标志等，如图 2-4 所示。

2．HWMonitor

HWMonitor 是一款 CPUID 的新软件，又称为 CPUID HWMonitor。其继承了免安装的优良传统，具有实时检测 CPU 的电压、温度、功率等检测功能，比较适用于笔记本电脑，如图 2-5 所示。

图 2-4　查看 CPU 特性

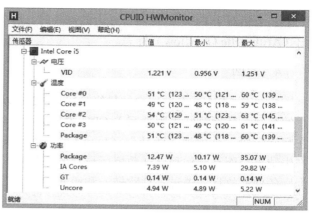

提 示

在 HWMonitor 检测界面中，还可以查看主板、硬盘、显卡等硬件的温度、电压和风扇转速等硬件信息。

3. Hot CPU Tester Pro

Hot CPU Tester Pro 是一款用于测试 CPU 稳定性的工具软件，特别适用于检测 CPU 超频后的稳定性，以显示 CPU 的最高超频点或缺陷。除此之外，该软件还具有 CPU/内存预烧和检测 CPU 详细信息的功能，以帮助用户更详细地了解 CPU 的最佳性能。

图 2-5　HWMonitor 检测界面

下载安装并启动该软件，此时软件默认的主界面为【诊断】界面，单击【运行测试】按钮，即可测试本机 CPU 的详细性能，如图 2-6 所示。

提 示

运行监测之后，软件需要较长时间进行运算与检测。然后，单击【结束测试】按钮，软件会自动弹出【检测报告】对话框，显示检测结果。

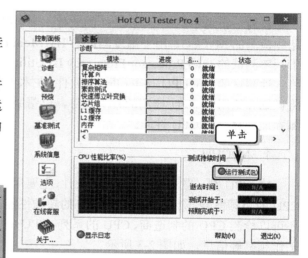

图 2-6　诊断详细性能

对于新购买的电脑来讲，对 CPU 进行预烧可以详细获知 CPU 的最佳性能。选择左侧【控制面板】栏中的【预烧】选项，在展开的【预烧】界面中，单击【运行 CPU 预烧】按钮，便开始对 CPU 进行预烧状态测试，如图 2-7 所示。

提 示

用户可在【控制面板】栏中，选择【选项】选项来保存检测结果；或者选择【系统信息】选项，来查看电脑的基本系统信息。

除了诊断 CPU 和预烧 CPU 之外，该软件还具有对 CPU 进行基准测试的功能。在【控制面板】栏中选择【基础

图 2-7　预烧 CPU

测试】选项，在弹出的界面中单击【运行基准测试】按钮。此时，软件会自动测试CPU 的整数指令集、浮点指令集、SSE 指令集等信息，并在界面中显示测试结果，如图 2-8 所示。

图 2-8　基准测试 CPU

提 示

对于 CPU 的一些常用检测软件来讲，除了上述 3 种之外，还包括用于 CPU 风扇转速温度监控的 SpeedFan、用于 CPU 浮点运算能力和烤机测试的 IntelBurnTest、CPU 运算能力测试的 Super PI、用于多线程 CPU 性能测试的 wPrime 等软件。

● 2.1.4　练习：使用 CPU-Z 检测 CPU 信息

用户在检测 CPU 时，除了使用 Intel 或 AMD 自己的检测软件之外，最常使用的检测软件便是 CPU-Z。它不仅具有启动及检测速度相当快、支持 CPU 种类极为全面的特点，而且还具有检测主板和内存的相关信息，以及检测常用的内存双通道等功能。

操作步骤

1 启动 CPU-Z 后，将在【处理器】选项卡显示处理器的名称、开发代号、封装及制造工艺，以及处理器规格、支持的指令集和时钟速率与缓存等基本信息，如图 2-9 所示。

图 2-9　查看处理器信息

2 在 CPU-Z 窗口中，激活【缓存】选项卡，查看 CPU 缓存的详细信息，包括一级数据缓存、一级指令缓存、二级缓存和三级缓存信息，如图 2-10 所示。

图 2-10　查看缓存信息

3 在 CPU-Z 窗口中，激活【主板】选项卡，查看主板的型号、模型、芯片组类型，以及 BIOS 版本、发布日期和图形接口等内容，如图 2-11 所示。

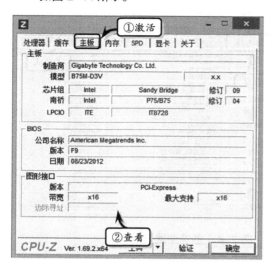

图 2-11 查看主板信息

4 在 CPU-Z 窗口中，激活【内存】选项卡，查看内存的类型、通道数、大小，以及内存频率、循环周期、指令比率等时序信息，如图 2-12 所示。

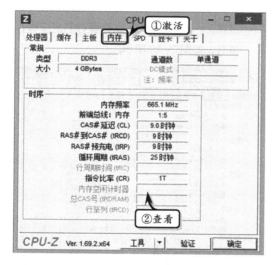

图 2-12 查看内存信息

5 在 CPU-Z 窗口中，激活【SPD】选项卡，查看内存 SPD 芯片所记录的内存条信息，如图 2-13 所示。

6 在 CPU-Z 窗口中，激活【显卡】选项卡，查看显卡的设备信息、性能等级、图形处理器信息、时钟、显存等内容，如图 2-14 所示。

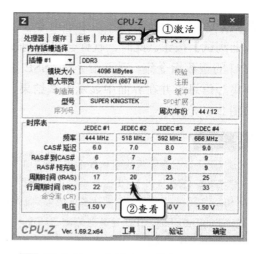

图 2-13 查看 SPD 信息

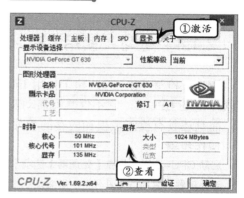

图 2-14 查看显卡信息

7 在 CPU-Z 窗口中，激活【关于】选项卡，单击【保存报告（.TXT）】按钮，可在弹出的对话框中保存检测数据，如图 2-15 所示。

图 2-15 保存检测报告

2.2 内存检测软件

内存主要用来存储当前执行程序的数据，并与 CPU 进行交换。使用内存检测工具可以快速扫描内存，测试内存的性能。在使用检测软件对内存进行检测之前，还需要先了解一下内存的基础知识和工作原理，以帮助用户可以使用检测软件解决内存中的各类问题。

2.2.1 内存概述

内存（Memory）又被称为内存储器，主要用于暂时存放 CPU 中的运算数据和外部存储器交互数据，其稳定性和功能性直接决定了计算机运行的整体性能，是计算机重要的组成部件之一。

存储器的种类繁多，按用途划分可分为主存储器和辅助存储器，其中主存储器又称为内存储器（内存），而辅助存储器又称为外存储器（外存）。外存储器为通常所说的光盘、硬盘、移动硬盘等外接存储器，而内存储器则是指主板中的存储部件，是一种 CPU 直接与之沟通并存储数据的部件，一般存储一些临时的且量少的数据，一旦关闭计算机或突然断电，其内存数据便会丢失。

内存又称为主存，由内存芯片、电路板、金手指等部分组成，是 CPU 能直接寻址的存储空间，具有存取速率快的特点。内存一般采用半导体存储单元，包括随机存储器（RAM）、只读存储器（ROM）以及高速缓存（Cache）。

1. 随机存储器

随机存储器（Random Access Memory）简称 RAM，该存储器中的内部信息不仅可以随意修改，而且还可以读取或写入新数据。由于 RAM 内的信息会随着计算机关闭或突然断电而自动消失，因此只能用于存放临时数据。

根据计算机所使用 RAM 工作方式的不同，可以将其分为静态 SRAM 和动态 DRAM 两种类型。两者间的差别在于，DRAM 需要不断地刷新电路，否则便会丢失其内部的数据，因此速度稍慢；SRAM 无须刷新电路即可持续保存内部存储的数据，因此速度相对较快。事实上，SRAM 是高速缓冲存储器（Cache）的主要构成部分，而 DRAM 则是主存（通常我们所说的内存便是指主存，其物理部件俗称为"内存条"）的主要构成部分。

2. 只读存储器

只读存储器（Read Only Memory）简称 ROM，该存储器在制造时其信息便已经被存入并永久保存，这些信息只能读取，而不能修改或写入新信息。由于关闭计算机或突然断电，被存入的数据也不会丢失；因此其内部存储的都是系统引导程序、自检程序，以及输入/输出驱动程序等重要程序。

3. 高速缓存

高速缓存（Cache）通常指一级缓存（L1 Cache）、二级缓存（L2 Cache）和三级缓存（L3 Cache）等类型的数据，一般位于 CPU 和内存之间，其读写速度远远高于内存的读写速度。在 CPU 向内存中读写数据时，被读写的数据同样也被存储在高速缓冲存储器中；而当 CPU 需要这些被读写的数据时，不是直接访问内存，而是直接从高速缓冲存储器中读取数据；而当高速缓冲存储器中没有 CPU 所需要读取的数据时，CPU 则会直接在内存中读取所需要的数据。

2.2.2 内存的性能指标

内存对计算机的整体性能影响很大，计算机在执行很多任务时的效率都会受到内存性能的影响。为了更加深入地了解内存的各种特性，必须全面掌握内存的各项性能指标。

1. 内存的容量

内存容量是指该内存条的存储容量，是用户接触最多的内容性能指标之一，也是评判内存性能的一项主要指标。内存的容量一般都是 2 的整次方倍，例如 128MB、256MB 等。目前，内存容量已经开始使用 GB 作为单位，如常见内存至少都是 1GB，而更大容量的 2GB、4GB、6GB 等内存也已逐渐普及。

主板中内存插槽的数量决定了内存的数量，而系统中的内存容量则等于所有插槽中内存条容量的总和。由于主板的芯片组决定了单个内存插槽所支持的最大容量，因此主板内存插槽的数量，在一定程度上限制了内存的容量。用户在选择内存条时，还应考虑主板内存插槽的数量。

2. 内存的主频

内存主频采用 MHz 为单位进行计量，表示该内存所能达到的最高工作频率。内存的主频越高，表示内存所能达到的速度越快，性能自然也就越好。目前主流内存的频率为 800MHz、1066MHz、1333MHz，甚至达到了 1333MHz。至于之前 667MHz 的内存，则基本上已经被市场所淘汰。

内存在工作时，一般具有同步工作模式和异步工作模式 2 个工作模式。

❑ **同步工作模式** 在同步工作模式下，内存的实际工作频率与 CPU 外频一致，在通过主板调节 CPU 外频的时候，也就同时调整了内存的实际工作频率。同步工作模式是大部分主板所采用的默认内存工作模式。

❑ **异步工作模式** 异步工作模式使内存的工作频率与 CPU 外频的工作频率存在一定的差异，它可以允许内存工作高于或低于系统总线速度 33MHz，或者允许内存和外频的频率按照 3：4 或 4：5 等特定比例运行。通过异步工作模板，可以避免因超频而导致的内存"瓶颈"问题，目前大部分主板芯片组都支持内存异步。

3. 内存的延迟时间

内存延迟表示系统进入数据存取操作就绪状态前等待内存相应的时间，通常用 4 个连着的阿拉伯数字来表示，如 3-4-4-8、4-4-4-12 等，分别代表 CL-TRP-TRCD-TRAS。一般而言，这 4 个数字越小，表示内存的性能越好。

不过，也并非延迟越小，内存的性能越高。因为，这四项是配合使用的，相互之间

电脑常用工具软件标准教程（2015—2018版）

的影响非常大，参数配比合适的内存往往优于配比较差的内存。

- ❑ **CL**　在内存的 4 项延迟参数中，该项最为重要，表示内存在收到数据读取指令到输出第一个数据之间的延迟。CL 的单位是时钟周期，即纵向地址脉冲的反应时间。
- ❑ **TRP**　该项用于标识内存行地址控制器预充电的时间，即内存从结束一个行访问到重新开始的间隔时间。
- ❑ **TRCD**　该项所表示的是从内存行地址到列地址的延迟时间。
- ❑ **TRAS 延迟**　该数字表示内存行地址控制器的激活时间。

4．内存的带宽

内存是内存控制器与 CPU 之间的桥梁与仓库，桥梁与仓库两者缺一不可，其内存的容量直接决定了仓库的大小，而内存的带宽则决定了"桥梁"的宽度，即内存速度。提高内存带宽，在一定程度上可以快速提升内存的整体性能。

内存带宽之所以具有一定的重要性，是因为计算机在运行过程中，会将指令反馈给 CPU，而 CPU 接收到指令后，首先会在一级缓存（L1 Cache）中寻址相关的数据，当一级缓存中没有所需寻址的数据时，便会向二级缓存（L2 Cache）中寻找，依此类推到三级缓存（L3 Cache）、内存和硬盘。由于系统在处理数据时，几乎每个步骤都需要经过内存来处理，因此内存的性能在一定程度上直接决定了系统的整体性能。而内存带宽又直接决定了内存的整体性能。由此可见，内存带宽的重要性也是不言而喻的了。

内存的带宽直接受总线宽度、总线频率和一个时钟周期内交换的数据包数量的影响，其计算公式为：带宽=总线宽度×总线频率×一个时钟周期内交换的数据包个数。

2.2.3　常用内存检测软件

目前，市场中用于检测内存的软件主要包括用于优化内存的 DMD、用于扩充容量检测的 MyDiskTest、用于内存稳定性测试的 RightMark Memory Analyzer 等软件。在本小节中，将详细介绍用于内存检测的常用软件，以帮助用户检测本地计算机的内存性能。

1．DMD

DMD（系统资源监测与内存优化工具）由汇编语言编写，是一款可运行在 Windows 平台的资源监测与内存优化的软件，该软件为腾龙备份大师的配套增值软件，无须安装，直接解压缩即可运行。

启动 DMD 软件，在 DMD 界面中，用户可以很直观地看到系统资源所处的状态。使用该软件的优化功能，可以让系统长时间处于最佳的运行状态，如图 2-16 所示。

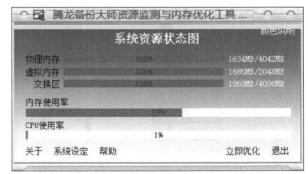

图 2-16　DMD 主界面

在该软件窗口中，将光标放置在"颜色说明"文本上方，即可在弹出的颜色说明浮动框中查看绿色、黄色、红色所代表的含义，如图 2-17 所示。

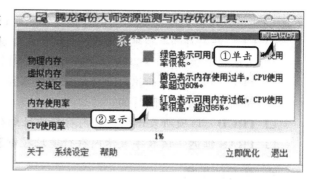

图 2-17　查看颜色说明

在主界面中，选择【系统设定】选项，在弹出的【设定】对话框中，用光标拖动内存滑块来调整内存的使用限定值，同时分别启用【计算机启动时自动运行本系统】和【整理前显示警告信息】复选框，如图 2-18 所示。

设置完系统参数之后，在主界面中选择【立即优化】选项，系统会自动弹出警告信息，单击【立刻整理】按钮，系统开始优化内存，如图 2-19 所示。

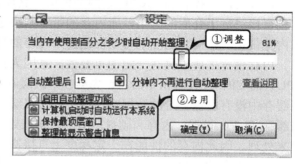

图 2-18　设置系统参数

2．RAMExpert

RAMExpert 为内存条的型号检测软件，主要用于查看内存条的型号和容量，以及制造商等基础信息。下载安装并启动 RAMExpert，软件会自动检测本地电脑中内存条信息，并显示检测结果。在该界面中，主要显示了内存插槽数量（Number of slots）、当前内存（Current memory）、最大内存（Maximum memory），以及物理内存的使用情况和使用插槽的参数，如图 2-20 所示。

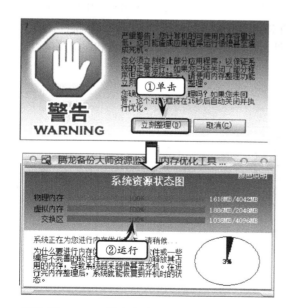

图 2-19　整理内存

图 2-20　RAMExpert 主界面

2.2.4 练习：使用 MemTest 检测内存

MemTest 是在 Windows 中运行的内存检测软件之一，它会循环不断地对内存进行检测，直到用户终止程序。如果内存出现任何质量问题，MemTest 都会有所提示，为了尽可能地提高 MemTest 检测结果的准确性，建议用户在准备长时间不使用计算机时进行检测。

操作步骤

1 首次使用 MemTest 测试时，会显示欢迎对话框，显示用户在测试过程中应该注意的一些内容，如图 2-21 所示。

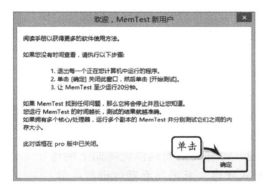

图 2-21 欢迎界面

2 然后，在主界面中的【请输入要测试的内存大小】文本框中输入需要测试内存的大小值，单击【开始测试】按钮，如图 2-22 所示。

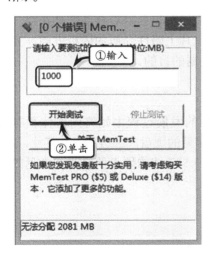

图 2-22 设置测试值

3 此时，系统会自动弹出【首次使用提示信息】对话框，提示用户使用注意事项，如图 2-23 所示。

图 2-23 提示信息

4 此时，MemTest 将从 1000MB 开始进行内存测试，并在对话框底部显示测试进度，以及测试时所测出的错误信息次数，如图 2-24 所示。

图 2-24 查看测试进度

2.3 硬盘检测软件

硬盘（Hard Disk）是目前计算机中最为主要的物理存储设备，不仅可以存储计算机中的所有数据，而且还可以随时供用户调取和使用硬盘内的数据，是计算机具备"记忆"能力的原因所在。在本小节中，将详细介绍硬盘的基础知识和常用检测软件，以帮助用户熟悉并完全了解硬盘的物理性质。

2.3.1 硬盘概述

硬盘（Hard Disk Drive，HDD）是电脑上使用坚硬的旋转盘片为基础的非易失性（non-volatile）存储设备，由一个或者多个覆盖有贴磁性材料的铝制或者玻璃制的碟片组成。由于硬盘具有体积小、容量大、速度快和使用方便等特性，现已称为计算机的标准配置。

1. 硬盘的种类

目前市场中绝大多数的硬盘都是被永久性地封闭并固定在硬盘驱动器中的固定硬盘，随着硬盘的普及，其种类也越来越多。一般情况下，硬盘可分为固态硬盘（SSD）、机械硬盘（HDD）和混合硬盘（HHD）3 种类型，每种类型的具体说明如下所述。

- ❏ **固态硬盘（SSD）** 该类型的硬盘属于新式硬盘，采用闪存颗粒进行存储。
- ❏ **机械硬盘（HDD）** 该类型的硬盘属于传统硬盘，采用磁性碟片来存储。
- ❏ **混合硬盘（HHD）** 该类型的硬盘是将磁性硬盘和闪存集成在一起的一种硬盘，它是由传统机械硬盘诞生出来的新型硬盘。

2. 硬盘的工作原理

硬盘是采用磁性介质记录（存储）和读取（输出）数据的设备。当硬盘工作时，硬盘内的盘片会在主轴电机的带动下进行高速旋转，而磁头也会随着传动部件在盘片上不断移动。在上述过程中，磁头通过不断感应和改变盘片上磁性介质的磁极方向，完成读取和记录 0、1 信号的工作，从而实现输出和存储数据的目的。

3. 硬盘尺寸

作为计算机中的重要组成部件，硬盘在几十年的发展过程中始终向着体积越来越小，容量却越来越大的方向发展着。目前，市场上常见的硬盘产品分为 3.5 英寸、2.5 英寸、1.8 英寸和 1 英寸（及更小）4 种规格。其中，3.5 英寸的硬盘便是我们常见的台式机硬盘，特点是容量大、价格低，且较为普及。

2.3.2 硬盘的技术参数

评定硬盘性能的标准有很多，但大都是由综合评估容量、平均寻道时间、转速、最大外部数据传输率等技术参数得出的结论。为此，我们将对影响硬盘性能的常用技术指标及其含义进行讲解，使用户能够通过技术参数了解到硬盘的实际性能。

1. 容量

容量是硬盘最直观也是最重要的性能指标，容量越大，所能存储的信息量也就越大。目前，主流硬盘的容量已经达到 1TB，其海量的存储能力足以满足目前绝大多数用户的日常需求。

然而，硬盘总容量的大小与硬盘的性能无关，真正影响硬盘性能的是单碟容量。简单地说，硬盘的单碟容量越大，性能相对越好，反之则会稍差。

2. 数据传输速率

硬盘数据传输速率的快慢直接影响着系统的运行速度。不同类型的硬盘，其传输速率也不同，但都有内部传输速率与外部传输速率之分。

其中，内部数据传输率是指磁头到硬盘高速缓存之间的数据传输速度，通常使用 MB/s（兆字节每秒）或 Mb/s（兆位每秒）为单位，其换算方式如下所示：

```
1MB/s=1Mb/s×8
```

外部传输速率是指硬盘高速缓存与硬盘接口之间的数据传输速度，由于该参数与硬盘的接口类型有着直接关系，因此通常使用数据接口的速率来代替，单位为 MB/s。

3. 平均寻道时间

平均寻道时间（Average Seek Time）是指硬盘在接到系统指令后，磁头从开始移动到移动至数据所在磁道所花费时间的平均值，其单位为毫秒（ms）。在一定程度上，平均寻道时间体现了硬盘读取数据的能力，也是影响硬盘内部数据传输率的重要因素。

4. 缓存

缓存（Cache memory）是硬盘控制器上的一块内存芯片，具有极快的存取速度，在硬盘和内存间起到一个数据缓冲的作用，以解决低速设备在与高速设备进行数据传输时的"瓶颈"问题。在实际应用中，缓存的大小直接关系到硬盘的性能，其作用主要体现在预读取、预存储和存储最近访问的数据 3 个方面。

2.3.3 常用硬盘检测软件

随着计算机的普及，购买计算机的用户越来越多，而用户对计算机硬件的了解和掌握也越来越熟悉。通常情况下，在购买计算机之后用户习惯使用硬盘检测软件来检测硬盘的相关信息，以用来辨别硬盘的真伪与优劣。

1. ATTO Disk Benchmarks

ATTO Disk Benchmarks 是一款免费检测软件，支持检测稳定性和突发性的传输速率的读写状况，一般适用于检测常规硬盘、RAID、移动影音设备的存储卡等的读写性能。

启用 ATTO Disk Benchmarks，在主界面中设置【驱动器】选项、【传输大小】选项、【总长度】选项，以及其他选项，单击【开始】按钮，系统便会自动检测所设盘符的读写性能，并显示检测结果，如图 2-25 所示。

2. Crystal Disk Mark

CrystalDiskMark 是一款测试硬盘的简易软件，主要用于测试硬盘的随机读写速度和连续读写速度，以用来判别磁盘的性能及质量的优劣。启动 CrystalDiskMark，在主界面中设置需要检测的硬盘盘符，单击【All】按钮，检测所设的硬盘，如图 2-26 所示。

另外，执行【文件】|【测试数据】命令，在其级联菜单中选择相应的选项，即可更改测试数据，如图 2-27 所示。在该菜单中，包括默认随机、All 0×00 (0Fill)、All 0×FF (1 Fill)选项。

3. Crystal Disk Info

CrystalDiskInfo 简称 CDI，是一款用于检测硬盘健康状况的工具软件，它可以通过读取 S.M.A.R.T 了解硬盘健康状况。运行该软件之后，系统会自动检测本机硬盘的接口、转速、温度等详细信息，并根据 S.M.A.R.T 的评分对硬盘做出评估，如图 2-28 所示。

用户可以通过 CDI 中的"图表"功能查看硬盘信息的变化状况。在 CDI 主界面中，执行【功能】|【图表】命令，在弹出的对话框中单

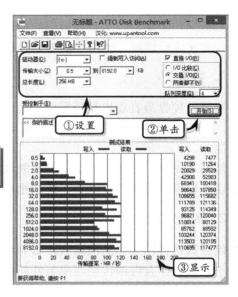

图 2-25 ATTO Disk Benchmarks 界面

图 2-26 检测硬盘

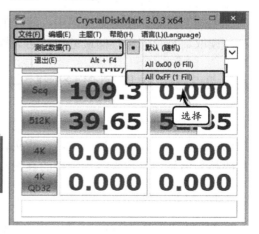

图 2-27 更改测试数据

击图表标志后面的下拉按钮，选择硬盘信息，查看相应信息的折线图表，如图 2-29 所示。

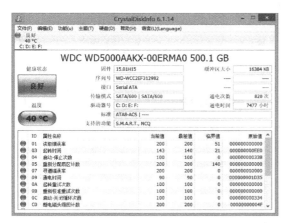

图 2-28 CDI 主界面

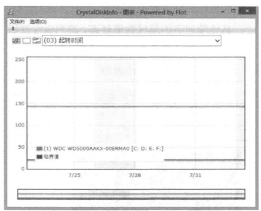

图 2-29 图表显示信息

提 示

在使用图表查看硬盘信息时，需要长时间运行该软件，不然只会显示一条直线。同时，在图表对话框中，执行【选项】命令，则可以设置图表的图例位置、最大绘图点、时间格式和属性。

2.3.4 练习：使用 HD Tune Pro 检测硬盘信息

HD Tune Pro 是一款小巧易用的硬件检测工具，不仅能够查看硬盘的固件版本、序列号、容量、缓存大小及工作模式等硬件信息，还能够对硬盘的传输速率、健康状况和随机存取能力进行测试。因此，HD Tune Pro 成为了众多用户评测硬盘性能的重要工具。

操作步骤

1 启动 HD Tune Pro，激活【磁盘信息】选项卡，查看当前磁盘的分区状况，以及所支持的技术特性和部分硬盘信息，如图 2-30 所示。

2 激活【健康状况】选项卡，查看磁盘当前运行状况与工作记录累计数据等信息，如图 2-31 所示。

图 2-30 查看磁盘信息

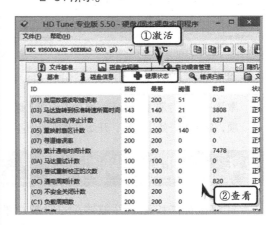

图 2-31 查看健康状况

3 激活【基准】选项卡，单击【开始】按钮，综合检测硬盘数据传输率，如图 2-32 所示。其传输速率的测试数值越高，表明磁盘性能越好；而【存取时间】和【CPU 占用】项的测试数值则是越小越好。

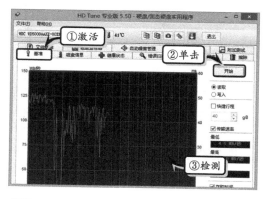

图 2-32　基准检测

4 激活【文件基准】选项卡，设置驱动器和文件长度，单击【开始】按钮，测试硬盘对不同大小文件块的数据传输率，如图 2-33 所示。

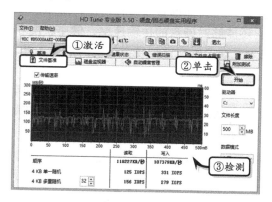

图 2-33　文件基准测试

5 激活【随机存取】选项卡，选中【读取】选项，单击【开始】按钮，开始检测硬盘对不

同长度文件的随机读取能力，如图 2-34 所示。

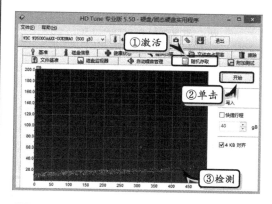

图 2-34　随机存取检测

6 激活【自动噪音管理】选项卡，启用【启用】复选框，拖动滑块调整噪音级别。同时，单击【测试】按钮，如图 2-35 所示。

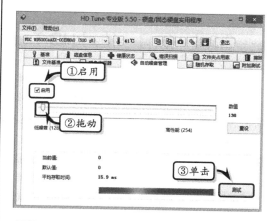

图 2-35　设置噪音选项

提　示

用户通过选中【读取】或【写入】选项，来检测硬盘的读取和写入速度。

2.4　整机检测软件

计算机性能检测软件能够测试计算机的性能，并且对单个硬件设备或整体性能进行评估和打分等，为用户研究计算机的性能、购买和升级计算机硬件提供一定的参考。

2.4.1 计算机的硬件组成

计算机发展至今，不同类型计算机的组成部件虽然有所差异，但硬件系统的设计思路全都采用了冯·诺依曼体系结构，即计算机硬件系统由运算器、控制器、存储器、输入设备和输出设备 5 大功能部件所组成。

1. 中央处理器

中央处理器（Central Processing Unit，CPU）由运算器和控制器组成，是现代计算机系统的核心组成部件。随着大规模和超大规模集成电路技术的发展，微型计算机内的 CPU 已经集成为一个被称为微处理器（Micro Processor Unit，MPU）的芯片。作为计算机的核心部件，中央处理器的重要性好比人的心脏，但由于它要负责处理和运算数据，因此其作用更像人的大脑。

2. 存储器

存储器是计算机专门用于存储数据的装置，计算机内的所有数据（包括刚刚输入的原始数据、经过初步加工的中间数据以及最后处理完成的有用数据）都要记录在存储器中。在现代计算机中，存储器分为内部存储器（主存储器）和外部存储器（辅助存储器）两大类型，两者都由地址译码器、存储矩阵、逻辑控制和三状态双向缓冲器等部件组成。

内部存储器分为两种类型，一种是其内部信息只能读取、而不能修改或写入新信息的只读存储器（Read Only Memory，ROM）；另一类则是内部信息可随时修改、写入或读取的随机存储器（Random Access Memory，RAM），如图 2-36 所示。

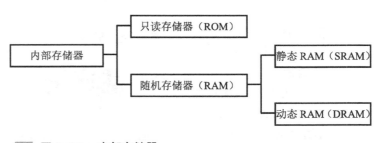

◇ **图 2-36** 内部存储器

- □ **只读存储器** ROM 的特点是保存的信息在断电后也不会丢失，因此其内部存储的都是系统引导程序、自检程序，以及输入/输出驱动程序等重要程序。相比之下，RAM 内的信息则会随着电力供应的中断而消失，因此只能用于存放临时信息。
- □ **随机存储器** 在计算机所使用的 RAM 中，根据工作方式的不同可以将其分为静态 RAM（static RAM，SRAM）和动态 RAM（Dynamic RAM，DRAM）两种类型。两者间的差别在于，DRAM 需要不断地刷新电路，否则便会丢失其内部的数据，因此速度稍慢；SRAM 无须刷新电路即可持续保存内部存储的数据，因此速度相对较快。

而外部存储器的作用是长期保存计算机内的各种数据，特点是存储容量大，但存储速度较慢。目前，计算机上的常用外部存储器主要有硬盘、光盘和 U 盘等，如图 2-37

所示。

3. 输入/输出部分

输入/输出设备（Input/ Output，I/O）是用户和计算机系统之间进行信息交换的重要设备，也是用户与计算机通信的桥梁。到目前为止，计算机能够接收、存储、处理和输出的既可以是数值型数据，也可以是图形、图像、声音等非数值型数据，而且其方式和途径也多种多样。

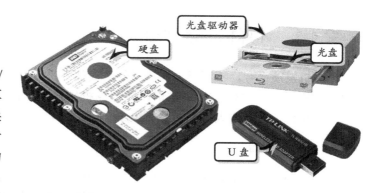

图 2-37　外部存储器

例如，按照输入设备的功能和数据输入形式，可以将目前常见的输入设备分为以下几种类型，如图 2-38 所示。

❏ **字符输入设备**　键盘。
❏ **图形输入设备**　鼠标、操纵杆、光笔。

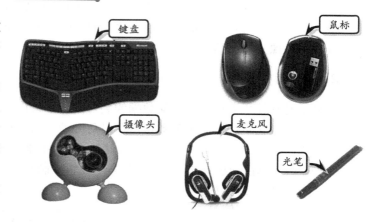

图 2-38　输入设备

❏ **图像输入设备**　摄像机（摄像头）、扫描仪、传真机。
❏ **音频输入设备**　麦克风。

在数据输出方面，计算机上任何输出设备的主要功能都是将计算机内的数据处理结果以字符、图形、图像、声音等人们所能够接受的媒体信息展现给用户。根据输出形式的不同，可以将目前常见的输出设备分为以下几种类型，如图 2-39 所示。

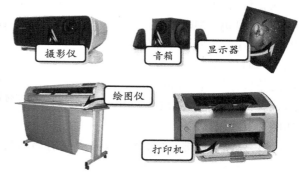

图 2-39　输出设备

❏ **影像输出设备**　显示器、投影仪。
❏ **打印输出设备**　打印机、绘图仪。
❏ **音频输出设备**　耳机、音箱。

2.4.2　常用整机检测软件

用户新购计算机或对计算机使用一段时间后，可以使用一些常见的整机检测软件来

电脑常用工具软件标准教程（2015—2018 版）

检测当前计算机的整体性能。例如，使用 Performance Test 和 PCMark 软件来全面检测计算机的硬件性能，或者使用 SiSoftware Sandra 软件来对比分析计算机的各硬件性能。

1. Performance Test

Performance Test 是一款测试计算机性能的专用测试程序，有 22 种独立的测试项目，包括浮点运算器测试、标准 2D 图形性能测试、3D 图形性能测试、磁盘文件读写及搜索测试、内存测试和 CPU 的 MMX 相容性测试等 6 类。

❑ **CUP 性能测试**

运行 Performance Test 软件，单击工具栏中的【运行 CPU 测试组件】按钮，即可开始进行 CPU 性能测试。此时，程序界面将显示 CPU 测试的进度，并提示正在对 CPU 所做的测试内容，如"正在运行[CPU - 整数数学]"等信息，如图 2-40 所示。

待进度条完成后，即可结束测试，显示 CPU 测试结果，包括整数数学、浮点数学、查找素数、SSE/3DNow!、压缩、加密、图像旋转、字符排序等信息，如图 2-41 所示。

❑ **2D 图形测试**

在 Performance Test 主界面中，单击【运行 2D 图形测试组件】按钮，即可对计算机的 2D 绘图能力进行测试，包括绘制线、绘制矩形、绘制形状、绘制字体和文本、GUI 绘制等项目，如图 2-42 所示。

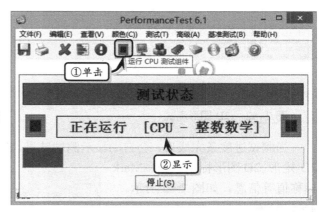

图 2-40 运行 CPU 测试组件

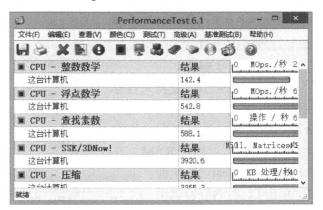

图 2-41 显示测试结果

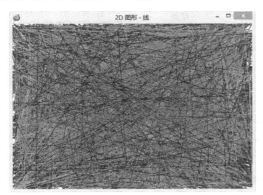

对线进行测试

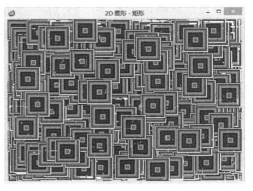

对矩形测试

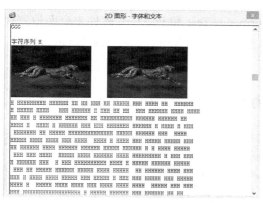
对字体和文本测试

GUI 测试

图 2-42 2D 图形测试

当测试进度条完成后，会自动显示测试结果，包括图形 2D-GUI、图形 2D-线、图形 2D-矩形、2D 图形标记和 PassMark 标称值等信息，如图 2-43 所示。

❑ 内存性能测试

Performance Test 支持对内存性能进行测试，其测试项目包括分配小信息块、读取缓存、读取无缓存、写入、大的 RAM。在 Performance Test 主界面中，单击【运行内存测试组件】按钮，开始进行内存测试，当进度条完成后，即可显示内存性能测试结果，如图 2-44 所示。

❑ 导出测试结果

执行【文件】|【另存为图像】命令，如图 2-42 所示。在打开的【另存为图像】对话框中，设置文件名和文件格式，单击【保存】按钮，即可将窗口中的全部内容保存为 GIF 图像，如

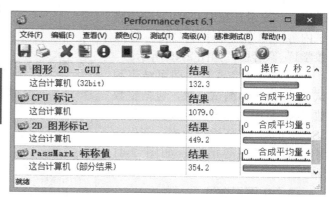
图 2-43 显示测试结果

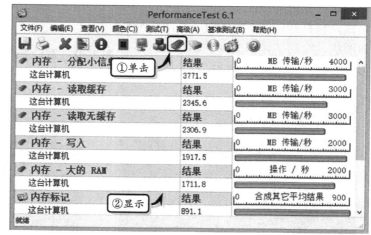
图 2-44 内存性能测试

图 2-45 所示。

2．SiSoftware Sandra

SiSoftware Sandra 是一套基于 32 位与 64 位 Windows 平台的整机分析测评软件，拥有 CPU、Drives、CD-ROM/DVD、Memory 、 SCSI 、 APM/ACPI、鼠标、键盘、网络、主板、打印机等 30 种以上的测试项目，全面支持当前各种 VIA、ALI 芯片组和 Pentium 4 、 AMD DDR 平台。

❑ 性能测试

运行 SiSoftware Sandra 软件，激活【性能测试】选项卡，双击【性能指标】选项。然后，在弹出的【性能指标】对话框中，单击【确定】按钮，开始测试，如图 2-46 所示。

此时，软件会自动检测计算机的自身性能，并显示检测结果，包括详细性能、排名、热门排名榜、性能对比性能、容量比功率、性能对比速度等内容，如图 2-47 所示。

❑ 硬件检测

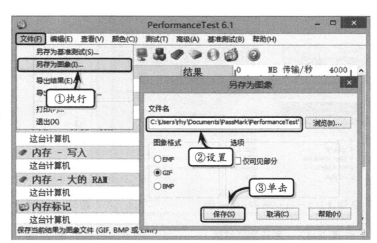

图 2-45 导出测试结果

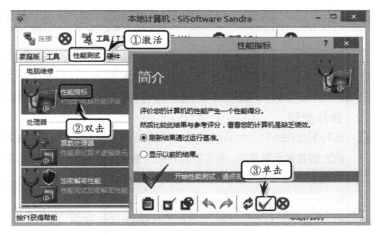

图 2-46 性能测试

在 SiSoftware Sandra 主界面中，激活【硬件】选项卡，双击【电脑】选项。系统会自动检测当前计算机所有硬件的参数和设定值，包括系统、处理器、芯片组、内存模块、图像系统、图形处理器、物理存储设备等内容，如图 2-48 所示。

提 示

在【电脑】对话框中，单击【更新】按钮，可更新当前的检测结果。

图 2-47　显示测试结果

图 2-48　检测硬件信息

2.4.3　练习：使用 EVEREST 检测计算机硬件

EVEREST Ultimate Edition 是一款能够检测所有计算机的硬件型号的检测工具，可以检测并详细显示每个计算机硬件设备的各种信息。在本练习中，将详细介绍使用 EVEREST Ultimate Edition 检测整体计算机硬件性能的操作方法和技巧。

操作步骤

1 运行 EVEREST Ultimate Edition，在主界面的左侧将显示菜单项，而主界面右侧的窗格中则显示菜单项中的分类项，如图 2-49 所示。

图 2-49　主界面

2 展开【菜单】列表中的【主板】选项，并选

择【中央处理器（CPU）】选项，查看 CPU 的基础信息，如图 2-50 所示。

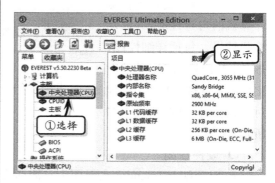

图 2-50　查看 CPU 信息

3 选择【主板】选项下的【内存】选项，会在右侧显示内存的基础信息，如图 2-51 所示。

4 展开【菜单】选项卡中的【显示设备】选项，选择【Windows 视频】选项，查看显卡信息，如图 2-52 所示。

图 2-51 查看内存信息

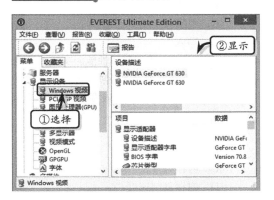

图 2-52 查看显卡信息

5 展开【菜单】选项卡中的【性能测试】选项，选择【内存读取】选项，查看内存的读取速度，如图 2-53 所示。

6 选择【性能测试】选项下的【CPU ZLib】选项，查看 CPU 的整体运算能力，如图 2-54 所示。

7 选择【性能测试】选项下的【CPU Queen】选项，查看 CPU 的分支预测能力，以及预测错误时所造成的效能影响程度，如图 2-55 所示。

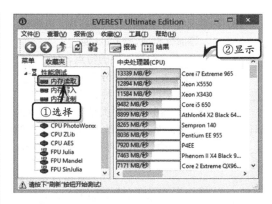

图 2-53 检测内存读取速度

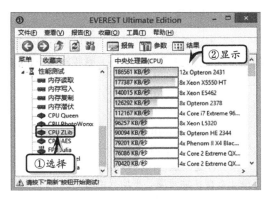

图 2-54 查看 CPU 整体运算能力

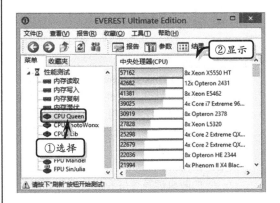

图 2-55 查看 CPU 的分支预测能力

2.5 思考与练习

一、填空题

1. CPU 为一块超大规模的集成电路，是计算机的运算核心和控制核心，主要包括_____和_____两大部件。

2. 一般情况下，运算器主要由_____、_____和状态寄存器组成。

3．内存又称为主存，由内存芯片、电路板、_____等部分组成，是 CPU 能_____的存储空间，具有存取速率快的特点。

4．一般情况下，硬盘可分为_____、_____、_____ 3 种类型。

5．内部存储器分为两种类型，一种是其内部信息只能读取、而不能修改或写入新信息的_____，另一类则是内部信息可随时修改、写入或读取的_____。

6．_____是用户和计算机系统之间进行信息交换的重要设备，也是用户与计算机通信的桥梁。

二、选择题

1．根据输出形式的不同，可以将目前常见的输出设备分为打印输出设备、音频输出设备和_____ 3 种类型。

    A．笔画输出设备

    B．影音输出设备

    C．影像输出设备

    D．声音输出设备

2．评定硬盘性能的标准有很多，一般包括容量、数据传输速率、平均寻道时间和_____。

    A．一级缓存

    B．二级缓存

    C．缓存

    D．转速

3．对于一些常用的硬盘检测软件，下列选项中描述错误的一项为_____。

    A．ATTO Disk Benchmarks 支持检测硬盘稳定性和突发性的传输速率的读写状况，一般适用于检测常规硬盘、RAID、移动影音设备的存储卡等的读写性能。

    B．Crystal DiskMark 主要用于测试硬盘的随机读写速度和连续读写速度，以用来判别磁盘的性能及质量的优劣。

    C．Crystal Disk Info 简称 CDI，是一款用于检测硬盘健康状况的工具软件，它可以通过检测硬盘稳定性和突发性来了解硬盘健康状况。

    D．HD Tune Pro 不仅能够查看硬盘的固件版本、序列号、容量、缓存大小及工作模式等硬件信息，还能够对硬盘的传输速率、健康状况和随机存取能力进行测试。

4．内存一般采用半导体存储单元，包括随机存储器（RAM）、只读存储器（ROM），以及_____。

    A．一级缓存（L1 Cache）

    B．高速缓存（Cache）

    C．静态 SRAM

    D．动态 DRAM

5．计算机的所有操作都受 CPU 控制，而 CPU 的工作过程可分为提取、_____、执行和写回。

    A．解码

    B．编码

    C．组码

    D．写入

6．内存对计算机的整体性能影响很大，在购买内存时需要掌握内存的各项性能指标，包括内存的容量、内存的主频、内存的延迟时间和_____。

    A．内存读取速度

    B．内容的写入速度

    C．内存的带宽

    D．内存复制速度

三、问答题

1．简述 CPU 的组成结构。

2．简述计算机的硬件组成。

3．简述硬盘的工作原理。

4．常用的内存检测软件有哪些？

四、上机练习

1．创建 SiSoftware Sandra 报告

在本练习中，将运用 SiSoftware Sandra 中的工具模板，来创建有关电脑的检测报告，如图 2-56 所示。首先，运行 SiSoftware Sandra，激活【工具】选项卡，双击【创建报告】选项。然后，在弹出的【创建报告】对话框中，单击【下一步】按钮。在【设置】列表中，单击【下一步】按钮，在【硬件】列表中选择需要创建报告的硬件名称，并单击【下一步】按钮。此时，根据向导提示，一步一步地进行。最后，在【文件】列表中，设置文件名称，并单击【确定】按钮。

图 2-56 创建 SiSoftware Sandra 报告

2. 使用"鲁大师"查看计算机信息

在本实例中，将运用鲁大师检测软件，来查

看计算机的详细信息，如图 2-57 所示。首先，安装并启用鲁大师软件，在【电脑概述】界面中查看计算机的基础信息，以及电脑目前的状态。然后，激活【硬件健康】选项卡，查看计算机的硬件使用情况和制造日期。最后，激活【处理器信息】选项卡，查看计算机处理器的基础信息。

图 2-57 鲁大师软件界面

第 3 章

磁盘管理软件

　　计算机中的硬盘又称为磁盘，是利用磁性来长期保持计算机海量数据的一种存储设备，也是计算机的标配硬件之一。由于磁盘保存了计算机中的所有数据，因此在使用磁盘时还需要使用专门的磁盘管理工具对磁盘中的数据进行管理，以保证数据的安全性、准确性与稳定性。在本章中，将详细介绍磁盘管理中的一些基础知识，以及常见磁盘管理工具的使用方法，以帮助用户更好地管理本机磁盘，保证计算机的稳定运行。

本章学习内容：

- ➢ 磁盘分区软件
- ➢ 磁盘碎片整理软件
- ➢ 磁盘数据恢复软件
- ➢ Partition Manager
- ➢ Diskeeper
- ➢ EasyRecovery
- ➢ R-Studio
- ➢ DataExplore
- ➢ Auslogics Disk Defag

3.1　磁盘分区软件

　　作为计算机存储系统中的重要组成部分，磁盘无时无刻不在向计算机提供着系统运行时所必需的数据资源。但是，磁盘在出厂后，必须对磁盘进行分区操作，才可以发挥磁盘的最大功效。在本小节中，将详细介绍磁盘分区的基础知识，以及常用磁盘分区软件的使用方法和技巧。

3.1.1 磁盘分区概述

磁盘分区，又称为"硬盘分区"。硬盘从厂家生产出来后，是没有进行分区激活的，而若要在磁盘上安装操作系统，必须要有一个被激活的活动分区，才能进行读写操作。例如，在计算机中，用户可以将一个硬盘分成多个区（如"本地磁盘（C:）"为一个区），如图3-1所示。

磁盘的格式化分为物理格式化和逻辑格式化。物理格式化又称低级格式化，是对磁盘的物理表面进行处理，在磁盘上建立标准的磁盘记录格式，划分磁道（Track）和扇区（Sector）。

逻辑格式化又称高级格式化，是在磁盘上建立一个系统存储区域，包括引导记录区、文件目录区FCT、文件分配表FAT。

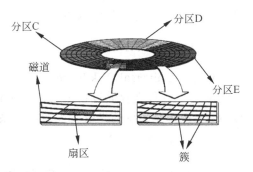

图 3-1　磁盘分区

在格式化磁盘分区时，还要确定磁盘分区所使用的文件系统。文件系统是操作系统存储文件和数据的规范和标准。每一种操作系统通常都会支持一种乃至几种文件系统。常见的文件系统主要有以下几种。

1. FAT/FAT32 文件系统

FAT（File Allocation Table，文件分配表）/FAT32 是在 Windows Vista 出现之前，个人计算机最常用的文件系统，是一种简单文件系统。

从 1996 年 8 月发布的第二版 Windows 95 开始，发布了支持 32 位的 FAT 文件系统，被称作 FAT32 文件系统。

FAT32 文件系统作为一种简单文件系统，几乎被所有的操作系统乃至各种数码外置设备支持；例如，Linux、MAC、UNIX 等操作系统以及各种 MP3、数码相机和数码摄像机等。

理论上，FAT32 格式允许用户使用不超过约 8TB 的磁盘分区。事实上，由于 Windows 自带的 Scandisk 工具限制，每个 FAT32 格式的磁盘分区不得超过 124.55GB，这也是大多数磁盘管理软件格式化 FAT32 格式磁盘分区的最大限制。

提 示

在 Windows 自带格式化工具下，最多只允许用户格式化不超过 32GB 的磁盘，但 Windows 2000、Windows XP 和 Windows Vista 等版本超过 5.0 的 Windows 系统可以读写任意大小的 FAT32 格式磁盘。FAT32 格式的文件系统，单个文件最大限制是 4GB。

2. NTFS

NTFS（New Technology File System，新技术文件系统）是 Windows NT 及之后 NT 内核操作系统所使用的标准文件系统。自 Windows XP 操作系统发布以后，逐渐取代了 FAT/FAT32，成为最常见的文件系统。

NTFS 支持加密、压缩和磁盘限额管理，允许为每一个用户划分指定大小的空间。在任意 Windows 操作系统下，都允许用户创建不超过 2TB 的磁盘分区。如超过 2TB，则需要用户建立动态分区。在 NTFS 文件系统下，允许用户创建不超过 16TB 的单个文件。

在当前的 Windows 操作系统中，使用 NTFS 文件系统功能更强，也更加稳定。因此，越来越多的用户开始使用 NTFS。

3．UDF 文件系统

UDF（Universal Disk Format，通用光盘格式）文件系统是一种通用的文件系统，被广泛应用于各种光存储设备中（包括 CD、DVD 等）。目前几乎所有的操作系统都支持读取 UDF 文件系统的光盘。少数操作系统（例如 Vista、Windows 2008 以及 MAC OS 等）甚至支持直接写入 UDF 文件系统（需要刻录机的支持）。

3.1.2 常用磁盘分区软件

在传统的磁盘管理中，将一个硬盘分为两大类分区：主分区和扩展分区。两者间的差别在于前者能够引导操作系统，并且可以直接存储数据；后者不但无法直接引导操作系统，而且必须在其内划分逻辑驱动器后，才能以逻辑驱动器的形式存储数据。

一般情况下，用户除了使用专门的分区软件对磁盘进行分区操作之外，还可以使用 Windows 自带的分区功能，对磁盘进行有效分区。

1．EASEUS Partition Master

EASEUS Partition Master 是一款多功能的硬盘分区管理工具，可轻松进行分区管理和磁盘管理，完全可与同类软件 Partition Magic 相媲美。

该软件简单易用，使用它，可以在不损失硬盘数据的前提下，调整大小/移动分区、扩展系统驱动器、复制磁盘及分区、合并分区、分割分区、重新分配空间、转换动态磁盘、分区恢复等，如图 3-2 所示。

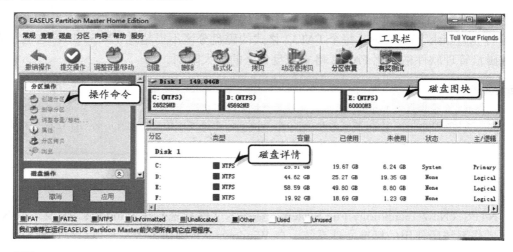

图 3-2 EASEUS Partition Master 窗口

❏ 调整逻辑分区

如果某一个磁盘中的空间不够使用，而想让另外一个磁盘中的空间分隔到相邻磁盘时，用户可以通过该软件来调整磁盘的空间大小。

首先，打开 EASEUS Partition Master 软件，右击需要调整空间的磁盘，执行【调整容量/移动】命令，如图 3-3 所示。

然后，将鼠标移到【容量和位置】图块后面箭头位置，当鼠标变成双向箭头 ↔ 时，向左拖动鼠标，即可改变【E:磁盘】的容量，如图 3-4 所示。

此时，用户可以发现，在【E:磁盘】和【F:磁盘】之间多出一个区域，而该区域是一个空白磁盘，如图 3-5 所示。

图 3-3 执行调整命令

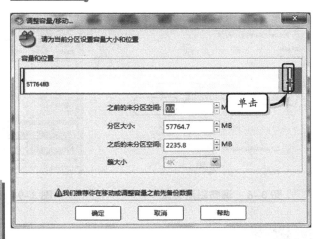

图 3-4 调整【E:磁盘】的容量

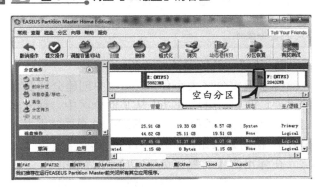

图 3-5 调整出的空白容量

> **提 示**
>
> 在调整磁盘空间时，用户需要先确定增加哪个磁盘空间；然后，再查看相邻磁盘上哪一个磁盘有空间可以调整出来一部分；最后，再调整需要增加空间的磁盘。

选择需要添加空间的磁盘，例如，选择【F:磁盘】图块，单击工具栏中的【调整容量/移动】按钮，如图 3-6 所示。

此时，在弹出的【调整容量/移动】对话框中，将在图块之前显示已经调整出来的空间区域，如图 3-7 所示。

将鼠标放在图块的左侧箭头上，并向左拖动鼠标，使箭头拖至最左侧。用户可以看到【之前的未分区空间】和【分区大小】之间数据的变化，如图 3-8 所示。

单击【确定】按钮，返回到窗口时，可以看到【F:磁盘】容量的变化。这样就实现了将【E:磁盘】部分的空间划分给【F:磁盘】，如图 3-9 所示。

最后，用户在窗口中，单击【应用】按钮，将上述所操作步骤，让软件进行执行操作。此时，将弹出提示信息框，提示"2 项任务待操作，需要现在执行吗？"信息，单击【是】按钮。然后，再次提示"一个或多个操作需要重启后执行。如果选择'是'，计算机将重启执行操作。"信息，如图 3-10 所示。

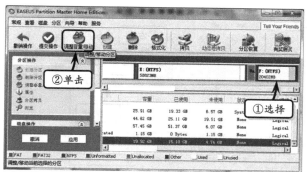

图 3-6　选择需要增加容量的磁盘

图 3-7　显示已经调整出的容量

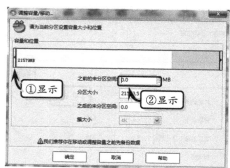

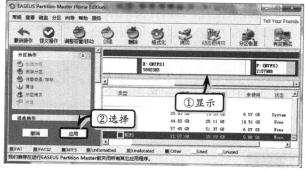

图 3-8　调整磁盘容量

图 3-9　磁盘调整步骤已经完成

❏ **格式化分区及添加卷标**

　　除了调整分区大小外，在磁盘中创建分区及卷标也非常重要。例如，用户可以先从其他分区中，划分出一个空白的区域，如选择【D:磁盘】图块，并单击工具栏中的【调整容量/移动】按钮，如图 3-11 所示。

　　在弹出的【调整容量/移动】对话框中，拖动鼠标并调整出一块空白区域，如图 3-12 所示，图中该区域大约为 3.3GB 左右。

　　此时，在窗口中可以看到已经划分出来的空白区域，选择该区域，单击工具栏中的【创建】按钮，如图 3-13 所示。

图 3-10　提示信息

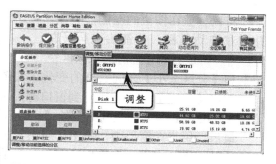

图 3-11　划分容量

图 3-12　调整分区　　　　　　　　　图 3-13　创建分区

在弹出的【创建分区】对话框中，用户可以输入【分区卷标】为"相册"，并设置【盘符】为"H:"，如图 3-14 所示。

单击【确定】按钮，即可返回到窗口中，并可以看到已经创建的磁盘。在该磁盘盘符后面，显示了所添加的卷标内容，如图 3-15 所示。

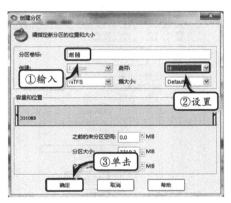
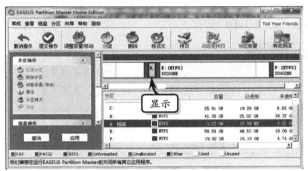

图 3-14　设置盘符与卷标　　　　　　　图 3-15　查看所创建磁盘

最后，用户在窗口中，单击左侧的【应用】按钮，并将所操作进行执行。否则，将对磁盘不会做任何改变。

2．Windows 7 自带分区

在 Windows 7 中，用户可以使用磁盘管理工具或者分区工具，来对磁盘进行操作。

但是，在 Windows 7 操作系统中，还包含了一个自带的分区工具，它可以非常方便地对硬盘中的分区进行操作。

例如，在桌面上右击【计算机】图标，并执行【管理】命令，弹出【计算机管理】对话框，选择左侧目录选项中的【磁盘管理】选项，将在中间栏中显示该计算机磁盘的分区情况，如图 3-16 所示。

在【磁盘 0】中，右击需要进行分区的磁盘，如【D:磁盘】图块，执行【压缩卷】命令，如图 3-17 所示。

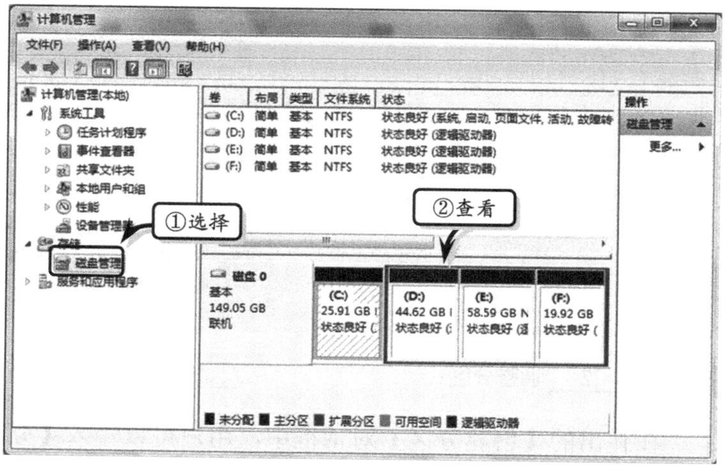

此时，将弹出一个提示信息框，并提示"正在查询卷以获取可用压缩空间，请稍候..."信息，如图 3-18 所示。

计算完成后，在弹出的【压缩 D:】对话框中，将显示【压缩前的总计大小】、【可用压缩空间大小】、【输入压缩空间量】和【压缩后的总计大小】。用户可以在【输入压缩空间量】后面的微调框中输入"5040"，并单击【压缩】按钮，如图 3-19 所示。

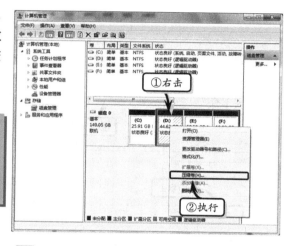

图 3-16 显示磁盘信息

提 示

硬盘压缩卷可以把该硬盘过多的存储空间分出相应的空间作为另一个空白盘，方便用户在不伤数据的前提下利用存储空间进行有用的工作，该功能在 Windows 下才可以实现，并且节省了用户数据转移的时间。

此时，在【计算机管理】对话框中，即可看到已经划分出来的新空间，并且图块颜色以绿色显示，如图 3-20 所示。

图 3-17 选择压缩磁盘

图 3-18 计算压缩空间

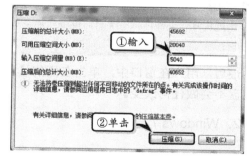

图 3-19 输入压缩大小

右击绿色图块的磁盘，执行【新建简单卷】命令，如图 3-21 所示。如果用户不创建该磁盘卷，则在【计算机】窗口无法看到该磁盘内容。

在弹出的【新建简单卷向导】对话框中，直接单击【下一步】按钮。然后，在弹出的【指定卷大小】对话框中，将全部的空间指定给该磁盘，并单击【下一步】按钮，如

图 3-22 所示。

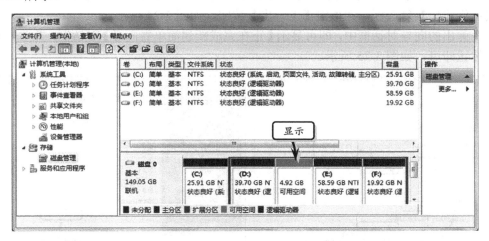

图 3-20 显示已经划分的图块

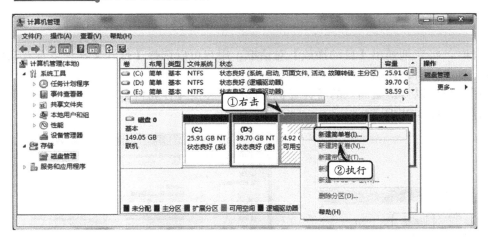

图 3-21 创建新磁盘卷

在弹出的【分配驱动器号和路径】对话框中，指定磁盘的盘符，并单击【下一步】按钮，如图 3-23 所示。

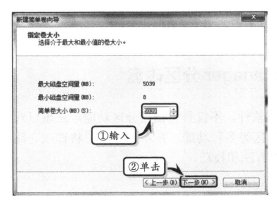

图 3-22 指定卷大小

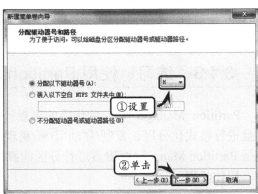

图 3-23 指定盘符

然后，在弹出的【格式化分区】对话框中，将【文件系统】设置为 NTFS，启用【执行快速格式化】复选框，并单击【下一步】按钮，如图 3-24 所示。

在弹出的向导对话框中，即可显示【正在完成新建简单卷向导】对话框，并单击【完成】按钮即可，如图 3-25 所示。

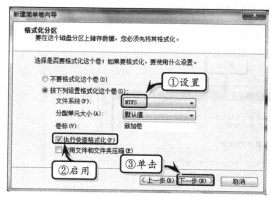

图 3-24　格式化分区

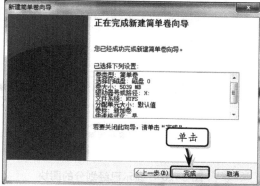

图 3-25　完成向导操作

此时，将立刻弹出【自动播放】对话框，用户可以选择【打开文件夹以查看文件】选项，来浏览所创建的新磁盘，如图 3-26 所示。

用户也可以双击桌面上的【计算机】图标，弹出【计算机】窗口，查看已经创建的新磁盘，如图 3-27 所示。

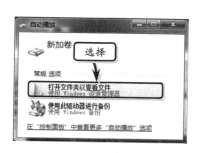

图 3-26　浏览新磁盘

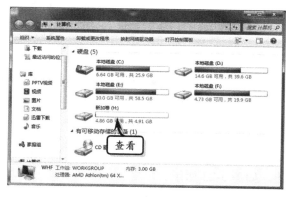

图 3-27　查看新磁盘

3.1.3　练习：使用 Partition Manager 分区磁盘

Partition Manager 是一款优秀的磁盘管理软件，不仅具有磁盘分区功能，还可以对磁盘进行格式化分区、复制/移动/隐藏/重现分区等多种功能。在本练习中，将详细介绍使用 Partition Manager 对磁盘进行分区的操作方法和技巧。

操作步骤

1 分区磁盘。启动 Partition Manager 后，选择需要分区的空白磁盘，并执行【分区】| 【创建分区】命令，如图 3-28 所示。

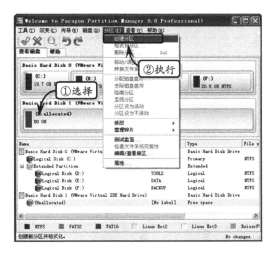

图 3-28 选择磁盘

2 在弹出的对话框中，将【创建新分区为】设置为"主分区"，分别设置所创建分区的容量、文件系统和盘符，并单击【是】按钮，如图 3-29 所示。

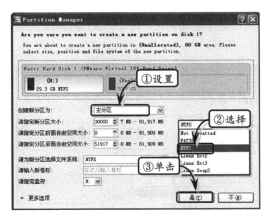

图 3-29 创建第一分区

3 在 Partition Manager 主界面中，右击磁盘未划分区域块，并执行【创建分区】按钮，如图 3-30 所示。

4 将【创建新分区为】设置为"扩展分区"，将【请指定新分区大小】选项设置为可分配的最大空间，并单击【是】按钮，如图 3-31 所示。使用同样方法，创建其他分区。

5 创建所有分区之后，单击工具栏中的【应用改变】按钮。此时，Partition Manager 便将逐一应用之前我们对磁盘进行的各项操作，

如图 3-32 所示。

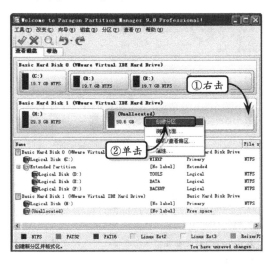

图 3-30 选择磁盘

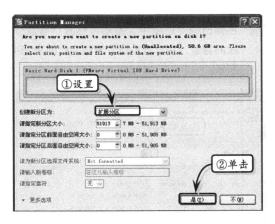

图 3-31 创建第二分区

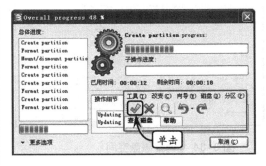

图 3-32 应用操作

6 调整分区容量。在主界面中，右击 I 盘分区块，执行【移动/调整分区大小】命令，如

图 3-33 所示。

图 3-33 选择磁盘

7 在弹出的对话框中，拖动鼠标减小当前分区的容量，并单击【是】按钮，如图 3-34 所示。

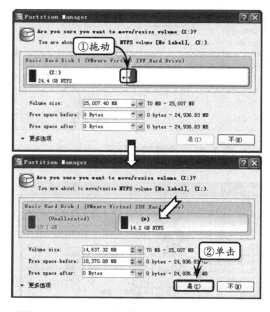

图 3-34 调整磁盘空间

8 右击扩展分区块，执行【移动/调整分区大小】命令，再次向右拖动分区边界，以减小扩展分区的容量大小，如图 3-35 所示。

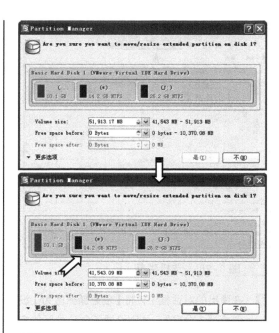

图 3-35 调整容量大小

9 返回程序主界面后，右击 H 盘分区块，并执行【移动/调整分区大小】命令，如图 3-36 所示。

图 3-36 选择磁盘

10 在弹出的 Partition Manager 对话框中，右击拖动 H 盘分区块的右边界，从而将 H 盘分区块右侧的空白磁盘空间划规至 H 盘分区块内，并单击【是】按钮，如图 3-37 所示。

电脑常用工具软件标准教程（2015—2018 版）

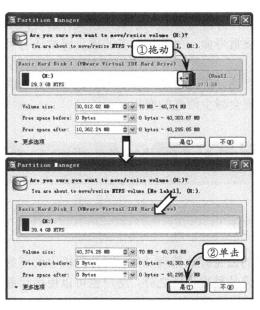

图 3-37 调整 H 盘大小

11 上述操作全部完成后，单击工具栏内的【应用改变】按钮，Partition Manager 便会自动调整各个分区的容量。

3.2 磁盘碎片整理软件

　　长期使用计算机时，会对磁盘进行频繁的读写，从而产生大量的碎片文件；而磁盘中的空闲扇区也会零散地分布在磁盘中，降低磁盘的读写速度，甚至影响磁盘的使用寿命。因此，为保证计算机磁盘的稳定性和使用寿命，还需要定期对磁盘进行碎片整理操作。

3.2.1 磁盘碎片整理概述

　　磁盘碎片应该称为文件碎片，是因为文件被分散保存到整个磁盘的不同地方，而不是连续地保存在磁盘连续的簇中形成的，如图 3-38 所示。

　　当应用程序所需的物理内存不足时，一般操作系统会在硬盘中产生临时交换文件，用该文件所占用的硬盘空间虚拟成内存。虚拟内存管理程序会对硬盘频繁读写，产生大量的碎片，这是产生硬盘碎片的主要原因。另外，浏览器浏览信息时生成的临时文件或临时文件目录的设置也会在系统中形成大量的碎片。

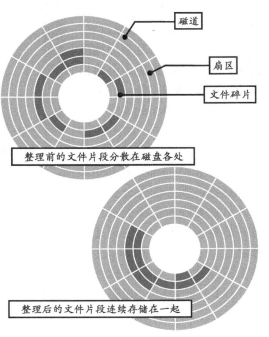

图 3-38 文件碎片

文件碎片一般不会在系统中引起问题，但文件碎片过多会使系统在读文件的时候来回寻找，引起系统性能下降，严重的还要缩短硬盘寿命。另外，过多的磁盘碎片还有可能导致存储文件的丢失。

因此，定期整理文件碎片是非常重要的。当然，碎片整理对硬盘里的运转部件来说的确是一项不小的工作。但定期的硬盘碎片整理会减少硬盘的磨损。

提 示

如果硬盘已经到了它生命的最后阶段，碎片整理的确有可能是一种自杀行为。但在这种情况下，即使用户不进行碎片整理，硬盘也会很快崩溃的。

3.2.2 常用磁盘碎片整理软件

一般情况下，用户可以使用 Windows 自带的磁盘碎片整理功能，对计算机中的硬盘进行碎片整理操作。除了 Windows 自带的磁盘碎片整理功能之外，用户也可以使用目前市场中免费的磁盘碎片整理软件，对磁盘进行深度整理。

1. Auslogics Disk Defrag

Auslogics Disk Defrag 是一款支持 FAT16、FAT32 和 NTFS 文件系统的免费磁盘整理软件。

该软件的用户界面十分友好，没有任何复杂的参数设置，使用非常简便，而且整理速度极快，在整理结束后还会给出详细的整理报告。打开 Auslogics Disk Defrag 软件，该软件界面十分简洁，如图 3-39 所示。

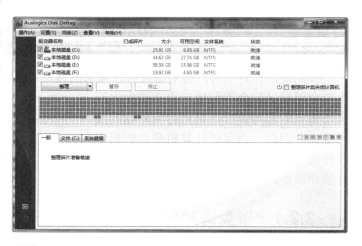

图 3-39 Auslogics Disk Defrag 界面

使用 Auslogics Disk Defrag 整理磁盘，其界面十分直观，用户只需要设置很少的项目即可开始整理。例如，启用【本地磁盘（E:）】复选框，单击【整理】下拉按钮，在其下拉列表中选择【分析】选项，如图 3-40 所示。

此时，该软件将对【本地磁盘（E:）】进行分析操作，并显示分析的进度，如图 3-41 所

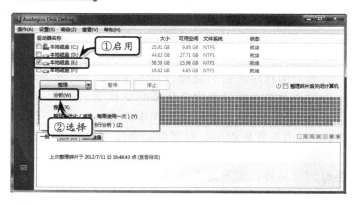

图 3-40 分析磁盘

电脑常用工具软件标准教程（2015—2018 版）

示。同时，在按钮下面将以不同图块来显示磁盘碎片情况。

分析完成后，除了利用图块代表磁盘的碎片信息外，还在【一般】、【文件】和【系统健康】选项卡中显示分析的结果信息，如图 3-42 所示。

此时，再次单击【整理】按钮，软件开始对该磁盘进行碎片整理操作，并分别在视图中和【一般】选项卡中，显示整理碎片的处理过程，如图 3-43 所示。

最后，碎片整理完成后，将分别在【一般】、【文件】和【系统健康】选项卡中显示整理碎片的情况。

2. Windows 8 自带整理功能

Windows 8 系统和 Windows 7 及 Windows XP 系统一样，为用户自备了磁盘碎片整理功能，以帮助用户将分散在磁盘内的文件碎片集合起来，连续地存放在一起，以提高系统对文件的操作速度。

首先，单击任务栏中的【设置】按钮，选择【控制

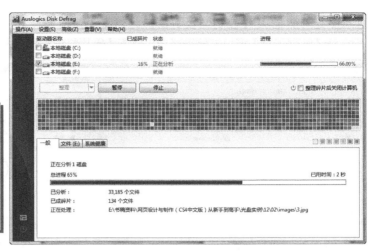

图 3-41 显示分析进度

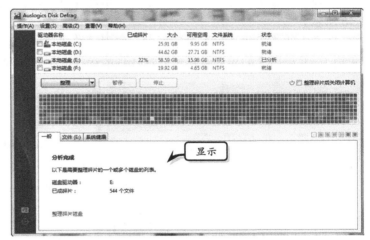

图 3-42 显示分析报告

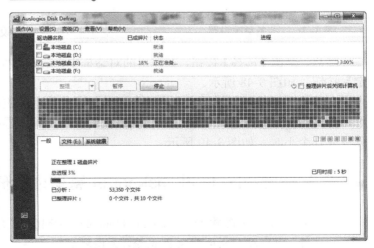

图 3-43 整理磁盘碎片

面板】选项，打开【控制面板】窗口。单击【管理工具】按钮，如图 3-44 所示。

在【管理工具】窗口右侧窗格内，双击【碎片整理和优化驱动器】图标，如图 3-45 所示。

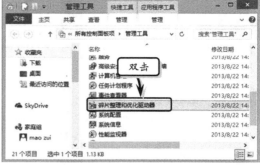

图 3-44　选择计算机设置　　　　图 3-45　选择碎片整理程序

在弹出的【优化驱动器】对话框中，单击【更改设置】按钮，设置配置计划，如图 3-46 所示。

在弹出的【优化计划】对话框中，启用【按计划运行】复选框，将【频率】设置为"每周"，并启用【如果连续错过三次计划的运行，则通知我】复选框，如图 3-47 所示。

图 3-46　准备更改设置　　　　图 3-47　设置优化计划

然后，单击【选择】按钮，在弹出的对话框中，选择需要优化的驱动器，并单击【确定】按钮，如图 3-48 所示。

在【优化驱动器】对话框中，选择要进行碎片整理的磁盘，单击【优化】按钮，即对磁盘进行碎片整理和优化操作。根据磁盘的大小和碎片零散程度，整理工作将持续几分钟或几个小时，如图 3-49 所示。

●--3.2.3　练习：使用 Diskeeper 整理磁盘碎片--

Diskeeper 整合了微软 Management Console（MMC），能整理 Windows 加密文件和压缩的文件；可自动分析磁盘文件系统，无论磁盘文件系统是 FAT16 或 NTFS 格式皆可安全、快速和最佳效能状态下整理。在本练习中，将详细介绍使用 Diskeeper 进行磁盘

电脑常用工具软件标准教程（2015—2018 版）

碎片整理的操作方法和实用技巧。

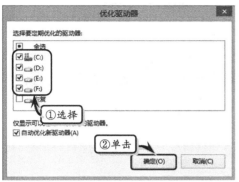

图 3-48　选择驱动器

图 3-49　优化磁盘

操作步骤

1 分析磁盘。选择要分析的卷，然后单击 Diskeeper 工具栏中的【分析】按钮，如图 3-50 所示。

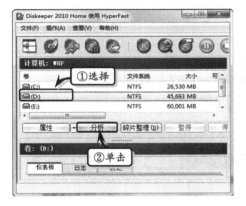

图 3-50　选择磁盘

2 在弹出的【D:】对话框中，将显示"手动分析作业显示"的结果，如图 3-51 所示。

图 3-51　显示分析结果

3 此时，激活【作业报告】选项卡，查看该卷分析结果的建议、健康情况、访问时间、统计信息、碎片程度严重的文件等内容，如图 3-52 所示。

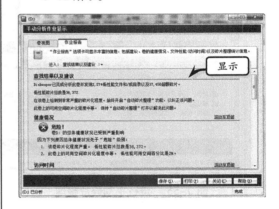

图 3-52　查看分析报告

4 手动整理碎片。在 Diskeeper 主界面中，选择【D:】磁盘，单击工具栏中的【碎片整理】按钮，如图 3-53 所示。

5 在弹出【手动碎片整理】对话框中，将显示"在手动碎片整理模式中运行 Diskeeper 有助于快速完成碎片整理……"提示信息，单击【确定】按钮开始整理，如图 3-54 所示。

6 此时，在弹出的【手动碎片整理作业显示】对话框中，将显示对碎片进行整理的进度，而"卷视图"中也会发生相应的变化，如图 3-55 所示。

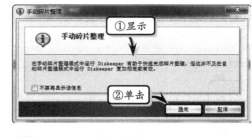

图 3-54 提示信息

图 3-53 Diskeeper 主界面

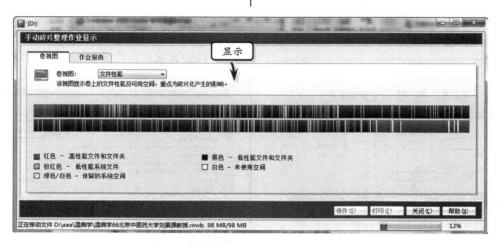

图 3-55 进行手动碎片整理

3.3 磁盘数据恢复软件

用户在使用计算机时，经常会因为误操作、软件使用不当或病毒感染等各种因素，而造成硬盘数据的丢失或无法读取和显示的情况。对于一些重要的硬盘数据，因上述原因造成的丢失，则可以使用专业的磁盘数据恢复软件，来修复磁盘并恢复磁盘中所丢失的数据。

3.3.1 磁盘数据恢复概述

在使用磁盘数据恢复软件来恢复硬盘数据之前，还需要先了解一下磁盘的基础知识，以及磁盘数据恢复所需注意的事项。

电脑常用工具软件标准教程（2015—2018 版）

1．磁盘概述

磁盘是磁盘驱动器的简称，泛指通过电磁感应，利用电流的磁效向带有磁性的盘片中写入数据的存储设备。广义的磁盘包括早期使用的各种软盘，以及现在广泛应用的各种机械硬盘。狭义的磁盘则仅指机械硬盘，是在铝合金圆盘上涂有磁表面记录层的磁记录载体设备。

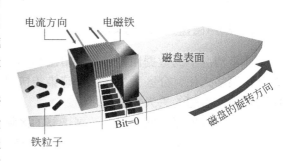

图 3-56　机械磁盘的结构

磁盘的最大优点是能够随机存取所需数据，存取速度快，适合用于存储可检索的大容量数据。由于软盘技术目前已经被淘汰，本节之后所提到的磁盘概念均指机械硬盘。机械硬盘的结构如图 3-56 所示。

早期的磁盘驱动器和软驱类似，都是安装在计算机内部，然后用户可以替换磁盘驱动器中的盘片。这样的磁盘驱动器优点在于，用户可以方便地对硬件进行升级；缺陷则是盘片容易因灰尘、潮湿空气而受损。

随着微电子技术的进步，人们制造的磁盘磁头（读取盘片数据的激光发射器）越来越灵敏，盘片中的数据也越来越密集，一点灰尘吸附到磁盘盘片上都会造成盘片的损坏。因此，为了保障数据的安全，人们开始将磁盘的盘片封装到驱动器中，如图 3-57 所示。

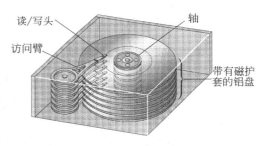

图 3-57　封装的多盘片磁盘驱动器

提　示

由于磁盘盘片很容易被灰尘损坏，所以磁盘盘片要求在无尘环境下生产。维修这些磁盘同样也需要在无尘环境下进行。除非在无尘环境下，否则用户不能打开磁盘。

目前在使用的主流磁盘主要包括如下 4 种技术规格。

- ❑ **ATA**　ATA（Advanced Technology Attachment，先进技术附件）是 20 世纪 90 年代时流行的磁盘技术标准，使用老式的 40 针并口数据线连接主板和硬盘，外部接口理论最大速度为 133MB/s，目前已逐渐淘汰，但仍有部分用户在使用。
- ❑ **SATA**　SATA（Serial Advanced Technology Attachment，串口先进技术附件），即使用串口的 ATA 硬盘。该标准又分 SATA Ⅰ和 SATA Ⅱ，其抗干扰能力强，支持热插拔功能，已逐渐取代 ATA 标准。SATA Ⅰ标准的理论传输速度为 150MB/s，而 SATA Ⅱ标准的理论传输速度为 300MB/s。其传输线比 ATA 传输线细得多，有利于机箱散热。
- ❑ **SCSI**　经历多年的发展，SCSI（Small Computer System Interface，小型计算机系统接口）从早期的 SCSI-II 发展为现在的 Ultra320 SCSI 和 Fiber-Channel，支持多种接口。同时，SCSI 标准的硬盘转速要比普通的 ATA 和 SATA 快许多，可以达

到 15000RPM，因此，磁盘存取的效率更高，然而价格也相当昂贵，因此多在网络服务器中使用。

❑ **SAS**　SAS（Serial Attached SCSI，串口附加 SCSI），是新一代的 SCSI 技术，其存取的速度可以达到 3GB/s，价格也最昂贵，目前只在很少的服务器中使用。

2．常用磁盘数据恢复功能

通常情况下的数据恢复分为逻辑层和物理层恢复，其中逻辑层恢复是指误删除、误克隆、误格式化、分区丢失、病毒感染等情况下的数据恢复，而物理层恢复是指由于硬件物理损伤引起的丢失数据恢复。

除了层次恢复不同之外，数据恢复的区域和种类也具有不同的层次，其中：

❑ **数据恢复故障**　适用于误删除、误格式化、文件系统损坏、误装系统、Ghost 分区对分区覆盖等数据丢失的现象。

❑ **全盘扫描**　适用于文件系统损坏、扫描丢失分区失败、以及其他数据恢复效果不明显的现象，而全盘扫描则可以通过虚构出分区信息的方法来提高数据恢复的成功率。

❑ **分区扫描**　适用于分区数据被删除、分区的文件系统无法打开，以及分区提示格式化、分区被格式化等现象。

3．磁盘数据恢复注意事项

目前市场中的数据恢复软件，通常是基于扫描文件目录来查找文件的具体内容，以及通过改写分区表的方法来恢复原来分区数据的。因此，在对磁盘数据恢复之前，用户还需要注意以下事项，以防止无法恢复数据而造成的损失。

❑ **禁止使用 DskChk 磁盘检测**　对于 FAT32 分区或者 NTFS 比较大的数据库文件出现错误后，系统开机后默认 10s 会自动进行 DskChk 磁盘检查操作。虽然该操作可以修复一些损坏的简单目录文件，但却无法成功恢复一些复杂的目录结构。

❑ **禁止格式分区**　由于用户格式分区而造成数据丢失（将 FAT32 分区格式为 NTFS 分区，或者原来是 NTFS 分区格式化为 FAT32 分区）时，禁止再次对分区进行格式化；因为再次格式化分区会破坏掉一些可以恢复的文件数据，从而造成永久性的损坏，即使使用再好的恢复软件也无法恢复了。

❑ **禁止存放新文件**　当数据丢失后，禁止在需要恢复的分区内存放新的文件。此时，最好关闭网络和不必要的应用程序，以免因文件覆盖造成数据永久无法恢复的缺憾。

❑ **禁止将数据恢复到源盘中**　一般用户在使用软件恢复数据时，会将恢复出来的文件直接还原到原来数据的目录下，这样相当于将新文件存放在需要恢复的分区内，将会破坏到原来的数据，从而导致一些数据被覆盖，造成永久无法恢复的缺憾。

●--- 3.3.2　常用磁盘数据恢复软件 ---、

目前市场中常见的磁盘数据恢复软件非常多，主要用于处理逻辑故障和物理故障造成的数据丢失，例如 R-Studio 软件、DataExplore 软件、安易硬盘数据恢复软件、

电脑常用工具软件标准教程（2015—2018 版）

EasyRecovery、数据恢复大师等。在本小节中，将详细介绍处理因逻辑故障和物理故障造成数据丢失的 2 款常用软件。

1．R-Studio

R-Studio 是一款功能强大的磁盘数据恢复工具，除常见的 FAT16、FAT32、NTFS 等文件系统外，还支持 Ext2FS（Linux 或其他系统）等文件系统的数据恢复，跨平台能力很强。除此之外，R-Studio 还可以连接到网络磁盘进行数据恢复。

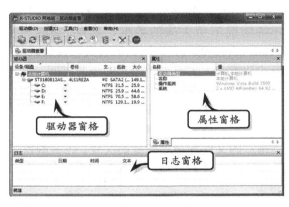

图 3-58　**R-Studio 窗口**

当用户启动 R-Studio 窗口后，可以看到其是由菜单栏、工具栏、驱动器查看窗格、属性窗格、日志窗格等构成的，如图 3-58 所示。

在 R-Studio 窗口中，显示了所扫描到的已删除的磁盘数据，方便用户查看和恢复数据。此时，选择需要打开和扫描的驱动器，单击【打开驱动器文件】按钮，如图 3-59 所示。

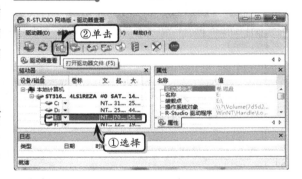

图 3-59　选择驱动器

此时，软件开始扫描驱动器，并显示扫描的进度。对所选择磁盘扫描完成后，在【文件夹】窗格将显示已经删除的内容，如图 3-60 所示。

最后，选择需要恢复的数据项，单击【恢复】按钮，如图 3-61 所示。

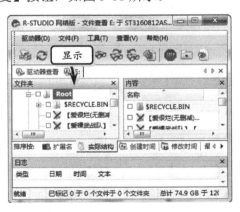

图 3-60　显示删除内容

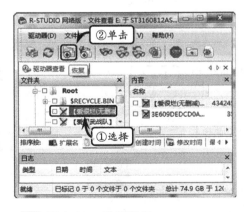

图 3-61　选择数据

在弹出的【恢复】对话框中，设置输出文件夹位置，单击【确定】按钮，即可恢复数据，如图 3-62 所示。

2．DataExplore

DataExplore 是一款功能强大的硬盘数据恢复软件，可以恢复被删除、被格式化、完全格式化、删除分区，以及分区表被破坏等情况下所丢失的数据。除此之外，DataExplore 还具有快速扫描丢失硬盘分区表的功能，大大节省了用户的恢复时间。

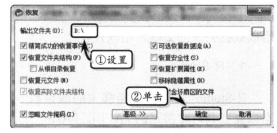

图 3-62　恢复设置

启动 DataExplore 软件，系统会自动弹出【选择数据】对话框，选择需要恢复的硬盘，并单击【确定】按钮，如图 3-63 所示。

此时，该软件将自动显示所扫描的结果，包括所选硬盘中的根目录、丢失的文件、已删除的文件和最近删除的文件。在右侧窗口中，双击所需恢复的文件夹，例如双击【最近删除的文件】选项，如图 3-64 所示。

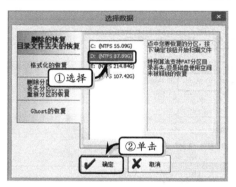

图 3-63　选择盘符　　　　图 3-64　选择文件夹

在右侧窗口列表中，右击需要恢复的文件，执行【预览数据】命令，在【预览数据】窗口中查看预览效果，如图 3-65 所示。

然后，选择预览数据文件，右击执行【导出】命令，在弹出的【浏览文件夹】对话框中选择需要导出的位置，单击【确定】按钮，即可导出丢失文件，如图 3-66 所示。

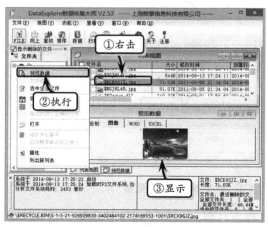

图 3-65　预览数据　　　　图 3-66　导出丢失文件

3.3.3 练习：使用 EasyRecovery 恢复磁盘数据

EasyRecovery 是由世界著名数据恢复公司 Ontrack 推出的一款技术精湛的数据恢复软件，它支持多种情况下的数据恢复，包括高级恢复、删除回复、格式化恢复和原始恢复。而且，EasyRecovery 不会向原始驱动器写入任何内容，其主要是在内存中重建文件分区表使数据能够安全地传输到其他驱动器中。在本练习中，将详细介绍使用 EasyRecovery 进行数据恢复的操作方法和技巧。

操作步骤

1　恢复删除的数据。首先启动 EasyRecovery，激活【数据恢复】选项卡，选择【删除恢复】选项，如图 3-67 所示。

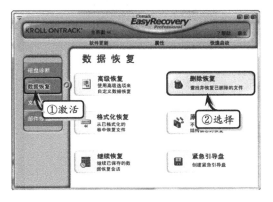

图 3-67　选择恢复选项

2　在左侧窗格中选择需要恢复删除文件的分区，单击【下一步】按钮，如图 3-68 所示。

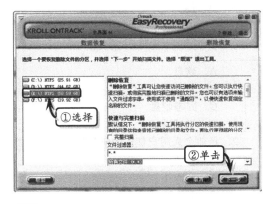

图 3-68　选择分区

3　在左侧窗格中的文件列表中，选择需要恢复的数据，单击【下一步】按钮，如图 3-69 所示。

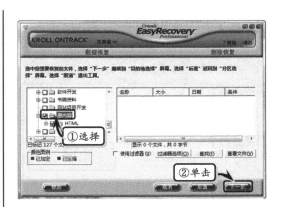

图 3-69　选择恢复数据

4　设置【恢复的目的地】选项，并单击【下一步】按钮，如图 3-70 所示。

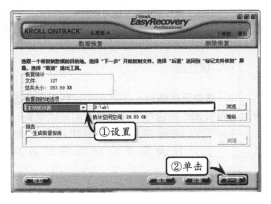

图 3-70　设置恢复目的地

5　此时，开始恢复数据，等数据恢复完成后，即可查看恢复摘要，如图 3-71 所示。

6　修复损坏的数据。在主界面中，激活【文件修复】选项卡，选择【Word 恢复】选项，如图 3-72 所示。

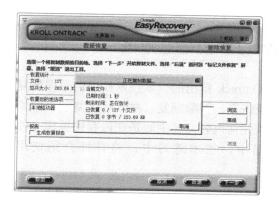

图 3-71　恢复数据

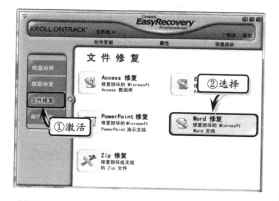

图 3-72　选择恢复选项

7 然后，在列表框中添加需要修复的文件，并设置已修复文件存放的文件夹，单击【下一步】按钮，即可修复数据，如图 3-73 所示。

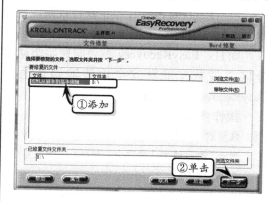

图 3-73　修复数据

3.4 思考与练习

一、填空题

1．磁盘泛指通过_____，利用电流的磁效向带有磁性的盘片中写入数据的存储设备。

2．广义的磁盘包括早期使用的各种_____，以及现在广泛应用的各种_____。

3．磁盘的最大优点是能够_____，_____，适用于_____。

4．SATA 标准的磁盘中，SATA Ⅰ标准的理论传输速度为_____，而 SATA Ⅱ标准的理论传输速度为_____。

5．目前最先进的磁盘标准是_____，其最大存取速度为_____。

6．Linux、MAC、UNIX 等操作系统以及各种 MP3、数码相机和数码摄像机等都支持的磁盘文件系统是_____。

二、选择题

1．狭义的磁盘仅指哪一种磁盘？_____

　A．软盘

　B．光盘

　C．固态硬盘

　D．机械硬盘

2．目前个人用户使用的磁盘标准主要是哪一种？_____

　A．ATA

　B．SATA

　C．SCSI

　D．SAS

3．以下哪种选项不是格式化磁盘分区的功能？_____

　A．在磁盘上确定接收信息的磁道和扇区

电脑常用工具软件标准教程（2015—2018 版）

B．记录专用信息

C．备份分区中的数据

D．保证所记录的信息是准确的 CRC 位（循环冗余校验）

4．在输入项目任务时，默认情况下系统会以＿＿＿＿＿＿任务模式显示任务。

    A．手动计划   B．自动计划

    C．任务信息   D．项目信息

5．以下哪种文件系统不能应用到磁盘中？

    A．NTFS   B．FAT

    C．UDF   D．FAT32

6．以下哪种操作不会对磁盘造成损坏？

    A．频繁磁盘整理

    B．低级格式化

    C．频繁读写

    D．定期磁盘整理

三、问答题

1．简述磁盘所使用的 4 种技术规格的特点。

2．简述磁盘分区的必要性。

3．常见的文件系统主要包括哪几种？这些文件系统通常会被应用到哪种介质中？

4．为什么要进行磁盘碎片整理？

四、上机练习

1．使用 R-Studio 恢复所有磁盘数据

在本练习中，将运用 R-Studio 软件恢复所有磁盘中所丢失的数据，如图 3-67 所示。首先，右击驱动器，执行【恢复所有文件】命令，如图 3-74 所示。

图 3-74　选择磁盘

然后，在【恢复】对话框中，设置输出的文件夹位置，单击【确定】按钮，即可进行恢复，如图 3-75 所示。

图 3-75　设置恢复参数

2．使用 Norton Ghost 将备份制作为虚拟磁盘

在本实例中，将使用 Norton Ghost 备份各种文件、磁盘分区，以及将这些文件和磁盘分区方便地恢复到各种介质中，如图 3-76 所示。首先，在 Norton Ghost 窗口中，激活【工具】选项卡，选择【复制恢复点】选项。然后，在弹出的向导中，将已建立的磁盘备份恢复点虚拟到 DVD 等媒介即可。

图 3-76　转换为虚拟磁盘

第 4 章

文件管理软件

　　文件是电脑管理和存储数据的基本单位，每个使用电脑办公的用户都离不开文件，而随着工作时间的增长，文件的数量也会逐渐增多，其文件管理工作也会变得越来越烦琐。大量烦琐的文件不仅影响到计算机的工作性能，而且还给用户查找和索引文件造成一定的难度。此时，用户可以使用专门的文件管理软件，对文件或文件夹进行分类、压缩、加密或备份等有效管理，既方便用户查找、索引和恢复各种烦琐的文件，又可以避免影响计算机性能，提高使用计算机的效率。

　　在本章中，将详细介绍文件管理的一些基本观念和常识，以及一些常用的文件管理软件的使用方法和技巧，以帮助用户了解并掌握文件管理的实用知识和技巧。

本章学习内容：

➢ 文件压缩软件
➢ 文件加密软件
➢ 文件备份软件
➢ 文件恢复软件
➢ WinRAR
➢ Recuva
➢ File Rescue Plus
➢ 7-Zip
➢ FileGee
➢ 终结者文件加密大师

4.1　文件压缩软件

　　文件是操作系统管理数据的最基本单位，也是用户使用电脑最基本的输入、记录和分享方法。用户在使用计算机存储文件时，为节省磁盘空间和传输文件时所消耗的网络带宽，还需要使用压缩软件对文件进行压缩操作。目前，压缩软件已被列为装机必备软件，是用户日常工作中必不可少的一种系统软件。在本小节中，将详细介绍一些常用压缩软件的使用方法，以帮助用户更好地管理各种文件。

4.1.1　文件管理概述

用户在了解压缩软件之前，还需要先了解一下文件管理的基础知识，以便可以更好地掌握文件的压缩技术。

文件管理对于用户使用计算机有重要的意义，对于计算机而言，文件管理就是对文件存储器的存储空间进行组织、分配和回收，对文件进行存储、检索、共享和保护；对于用户而言，文件管理则是将各种数据文件分类管理，以便查找、使用、修改等。

在了解文件管理这一概念时，需要了解文件在计算机中存储的特点，以及文件的分类方式等基础知识。

1. 文件的存储特点

在计算机系统中，所有的数据都是以文件的形式存在的，即使是操作系统本身的文件也不例外。了解文件在计算机中存储的特点，有助于合理地管理这些文件。一般情况下，文件的存储具有下列 4 个特点：

- **文件名的唯一性**　在同一磁盘的同一目录下，不允许出现相同的文件名。
- **文件的可修改性**　在有权限的情况下，用户可以对文件进行添加、修改、删除数据等操作，也可以删除文件。
- **文件的可移动性**　文件可以被存储在磁盘、光盘和 U 盘等存储介质中，并且可以实现文件在计算机和存储介质之间的相互复制，也可以实现文件在计算机和计算机之间的相互复制。
- **文件位置的固定性**　文件在磁盘中存储的位置是固定的，在一些情况下，需要给出文件的存储路径，从而告诉程序和用户该文件的位置，如 C:\Windows\system。

2. 文件的分类

计算机中的文件可以分为两大类。一类是没有经过编译和加密的、由字符和序列组成的文件，被称作文本文件，包括记事本的文档、网页、网页样式表等；而另一类则是经过软件编译或加密的文件，被称作二进制文件，包括各种可执行程序、图像、声音、视频等文件。

当需要规划文件具体的用途时，可能会涉及更详细的文件分类，以便有效、方便地组织和管理文件。根据文件在 Windows 中的作用，可以分为如下 5 类。

- **程序文件**　由可执行程序代码组成。在系统中，程序文件的文件扩展名一般为.com 和.exe 等。
- **文本文件**　通常由数字和字母组成。一般情况下，文本文件的扩展名为.txt。
- **图像文件**　用于存放图片信息的文件。例如，常见的.bmp 位图文件便是图像文件。

- ❑ **数据文件** 一般包括由数字、名字、地址和其他数据库和电子表格等程序创建的文件。
- ❑ **多媒体文件** 是指以数字形式保存的声音或视频文件。在 Windows XP 系统中，常见的多媒体文件有很多，如扩展名为.wav 的文件。

了解文件在计算机中的存储特点和文件常见的分类方法，是对文件进行管理的基础。

4.1.2 常用文件压缩软件

目前，压缩技术可以分为无损数据压缩和有损数据压缩两大类，其压缩技术的本质是一样的，即通过某种特殊的算法达到数据压缩目的。随着电脑技术的普及，市场中的压缩软件也越来越多，其中最受用户欢迎的压缩软件当数 WinRAR 和 WinZip 了，除此之外，360 压缩软件和 7-Zip 压缩软件也比较受欢迎。在本小节中，将重点介绍几款常用的文件压缩软件，以帮助用户更好地管理和共享各种庞大的文件。

1. 7-Zip 压缩软件

7-Zip 是一款压缩比很高的无损数据压缩软件，它不仅支持独有的 7z 文件格式，而且还支持 ZIP、RAR、CAB、GZIP、BZIP2 和 TAR 等文件格式。由于该软件压缩的压缩比要比普通 ZIP 文件高出 30%-50%，因此它可以把经 WinZip 压缩的文件再压缩 2%～10%。

安装并运行 7-Zip 软件，将弹出【7-Zip】窗口，如图 4-1 所示。7-Zip 的运行窗口是由菜单栏、工具栏、地址栏和文件窗口组成的。用户可以通过菜单栏和工具栏快速执行一些命令，同时通过地址栏可以快速访问磁盘中的文件，在文件窗口中可以显示磁盘中的文件。

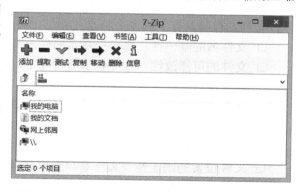

图 4-1 7-Zip 运行窗口

- ❑ **压缩文件**

在【7-Zip 文件管理器】窗口中，利用地址栏选择要压缩的文件或者文件夹，如选择磁盘 F 中的【桌面图片】文件夹，并单击工具栏中的【添加】按钮，如图 4-2 所示。

在弹出的【添加到压缩包】对话框中，设置各项选项，单击【确定】按钮，即可压缩所选文件，如图 4-3 所示。

在【添加到压缩包】对话框中，主要包括下列一些重要选项：

- ❑ **压缩包** 用于设置压缩文件的

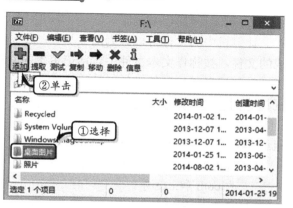

图 4-2 添加压缩文件

名称和位置，可以通过单击后方的扩展按钮，在弹出的【浏览】对话框中设置其具体位置。

□ **压缩格式** 用来设置文件的压缩格式，包括 7z、Tar、Zip 三种压缩格式，默认为 7z 格式。

□ **压缩等级** 单击其下拉按钮，在其下拉列表中选择相应的压缩等级，包括存储压缩、最快压缩、快速压缩、正常压缩、最大压缩和极限压缩六种压缩等级，默认为正常压缩等级。

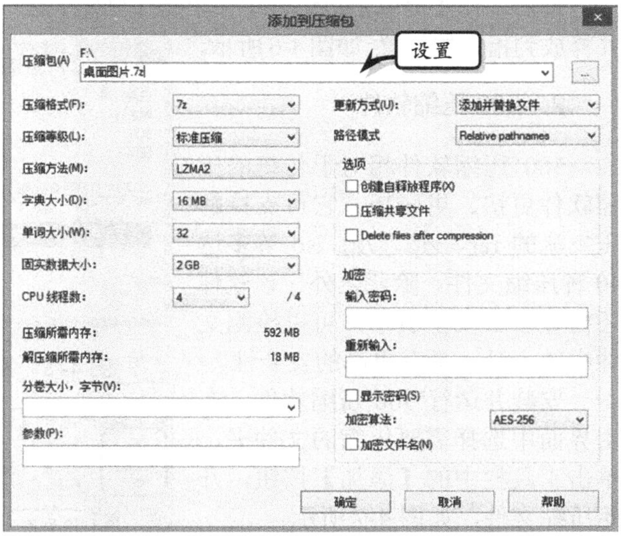

图 4-3 添加文件到压缩包

□ **压缩方法** 用于设置压缩文件时的具体算法，包括 LZMA、PPMd、BZip2 三种压缩方法，其默认为 LZMA 压缩方法。

□ **加密** 在加密选项组中，主要用于设置压缩文件的加密密码和加密算法等选项。

提 示

用户也可以右击需要进行压缩的文件或者文件夹，执行【7-Zip】|【添加到压缩包】命令进行压缩操作。

□ **解压文件**

压缩过的文件是不能直接使用的，因此当需要使用压缩过的文件时，必须将其解压到计算机中才能进行使用。解压文件和压缩文件是相对的两个过程。

在【7-Zip 文件管理器】窗口中，选择需要加压的文件，单击菜单栏中的【提取】按钮，准备解压文件，如图 4-4 所示。

然后，在弹出的【提取】对话框中，单击【提取到】选项中的压缩按钮，在弹出的【浏览文件夹】对话框中，选择解压文件所需保存的位置，如图 4-5 所示。

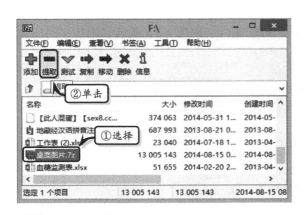

图 4-4 选择解压文件

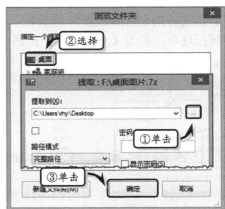

图 4-5 设置保存位置

最后，在【提取】对话框中，单击【确定】按钮，即可开始提取压缩文件中的内容，并释放到指定的位置，如图4-6所示。

2. 360 压缩软件

360 压缩软件相对于传统的压缩软件更快、更轻巧，它可支持解压主流的 rar、zip、7z、iso 等多达 40 种压缩文件。除此之外，该软件还内置了云安全引擎，可以检测文件中的木马，具有更高的安全性。

安装并运行 360 压缩软件，在主界面中选择需要压缩的文件夹，单击工具栏中的【添加】按钮，开始压缩文件，如图 4-7 所示。

然后，在弹出的对话框中的【压缩配置】栏中，选中【速度最快】选项，单击【立即压缩】按钮，开始压缩文件，如图 4-8 所示。

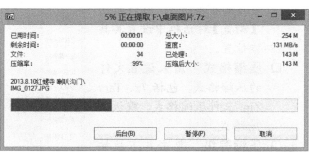

图 4-6　释放压缩文件

图 4-7　选择压缩文件夹

提 示

单击压缩名称后面的【更改文件目录】按钮，可在弹出的【另存为】对话框中设置压缩文件的保存位置；单击【添加密码】按钮，可在弹出的【添加密码】对话框中设置压缩密码。

压缩文件夹之后，在 360 压缩界面中选择压缩后的文件，单击工具栏中的【解压到】按钮，开始解压文件，如图 4-9 所示。

然后，在弹出的对话框中，设置解压文件的名称和位置，以及各种解压选项，单击【立即解压】按钮，开始解压文件，如图 4-10 所示。

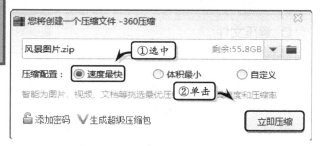

图 4-8　压缩文件

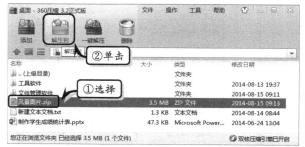

图 4-9　选择需要解压的文件

图 4-10　解压文件

电脑常用工具软件标准教程（2015—2018 版）

4.1.3 练习：使用 WinRAR 压缩文件

WinRAR 是 Windows 版本的 RAR 压缩文件管理器，一个允许用户进行创建、管理和控制压缩文件的强大工具。该软件不仅可以备份数据、缩减电子邮件附件的大小，以及解压缩各种类型的文件；而且还可以分卷创建大型的压缩文件。在本练习中，将详细介绍使用 WinRAR 进行压缩和解压缩文件的操作方法。

操作步骤

1 压缩文件。运行 WinRAR，在主界面中选择需要压缩的文件夹，单击【添加】按钮，如图 4-11 所示。

图 4-11 选择压缩文件夹

2 在弹出的【压缩文件名和参数】对话框中，单击【浏览】按钮，如图 4-12 所示。

图 4-12 【压缩文件名和参数】对话框

3 在弹出的【查找压缩文件】对话框中，设置文件名和保存位置，并单击【确定】按钮，

如图 4-13 所示。

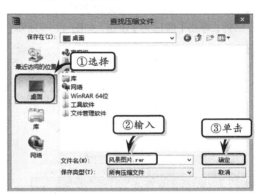

图 4-13 设置保存位置和名称

4 在【压缩文件名和参数】对话框中，单击【设置密码】按钮，在弹出的【输入密码】对话框中，设置压缩密码，如图 4-14 所示。

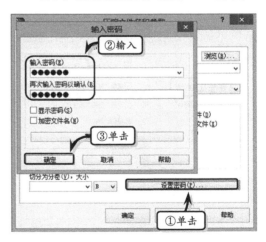

图 4-14 设置压缩密码

5 在【压缩文件名和参数】对话框中，设置其他参数，单击【确定】按钮，开始压缩文件，如图 4-15 所示。

图 4-15　压缩文件

6　解压文件。在主界面中选择需要解压缩的文件,单击【解压到】按钮,如图 4-16 所示。

图 4-16　选择解压缩文件

7　在弹出的【解压路径和选项】对话框中,激活【高级】选项卡,设置各项参数,如图 4-17 所示。

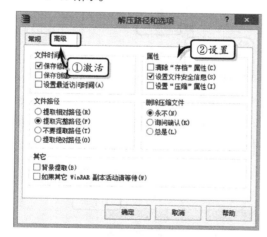

图 4-17　设置高级选项

8　激活【常规】选项卡,设置解压名称、路径和各项参数,单击【确定】按钮,如图 4-18 所示。

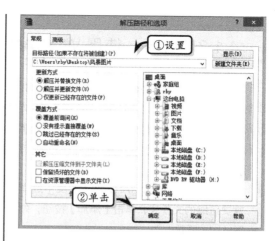

图 4-18　设置常规选项

9　在弹出的【输入密码】对话框中,输入压缩时所用的密码,并单击【确定】按钮,如图 4-19 所示。

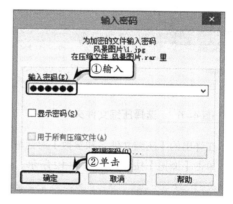

图 4-19　输入解压密码

10　此时,系统开始解压缩文件,并显示解压缩进度,如图 4-20 所示。

图 4-20　解压缩文件

4.2　文件加密与备份软件

在当今社会中，电脑已成为办公和生活中的必不可少的设备之一。而电脑的普及，在为用户带来方便的同时也会造成一些重要文件容易泄密和丢失的现象。此时，用户可以使用文件加密软件和文件备份软件，既保护了个人文件免遭恶意修改或访问，又保护了文件免遭病毒和系统崩溃的侵扰。在本小节中，将详细介绍一些常用的文件加密与备份软件，以帮助用户更好地管理电脑中的各类文件。

● 4.2.1　文件加密概述

在使用计算机的过程中，经常需要对一些文件进行权限设置，以防止未授权的访问。此时，就可以使用文件加密软件，为文件设置一个密码，使文件只有在用户输入正确密码后才可以被访问或修改。

1．文件加密原理

文件加密软件为文件设置密码的过程被称作加密。加密的方式有许多种，但其原理是相同的。一个完整的文件加密流程如图 4-21 所示。

在图 4-21 所示中，包含了加密的 4 个要素，具体情况如下所示。

❑ **明文**　明文，又被称作原文，是指未进行加密处理的文件或文件内容。

❑ **算法**　广义的算法是指由基本运算以及规定的运算顺序组成的处理数据的步骤。在加密领域，则特指加密算法，即对明文或密文进行特殊运算的步骤。

❑ **密钥**　密钥是加密算法所使用的参数，是明文转换为密文或密文转换为明文过程中所输入的数据。

❑ 图 4-21　加密流程

❑ **密文**　密文是指对明文使用算法和密钥进行加密处理后生成的数据。

所谓的加密，就是将明文（普通的文本或数据内容）通过密钥按照指定的算法转换为密文的过程。举个简单的例子，将数字 1 进行加密，如下所示。

1+2=3

在上面的式子中，可以将 1 看作是明文，加法看作是算法，2 就是密钥，3 则是密文。

加密是一种可逆的过程。其逆向过程被称作解密，就是通过密钥和加密算法的逆运算（解密算法），将密文翻译为明文的过程。例如，使用解密算法（加密算法的逆运算），可以对之前举例的密文进行解密，如下所示。

3-2=1

在上面的过程中，3 是密文，减法就是解密算法，2 仍然是密钥，1 则是解密后的明文。

上面两个式子虽然简单，但却包含了加密和解密的所有组成部分。在实际操作中，加密和解密的算法与密钥往往比这两个式子复杂得多。

2．文件加密的方式

文件加密的方式有很多种，针对不同类型的文件，往往需要选择最合适的加密方式。目前流行的文件加密方式主要有以下几种。

- ❑ **文件自加密**　在日常处理的各种文件中，有一些文件本身就支持加密。例如 Word 文档、Excel 电子表格、Access 数据库、PDF 文档等。编辑这些文件的软件直接可以对这些文件进行加密，限制打开和阅读。该方式往往受限于指定的文档类型。
- ❑ **单文件加密**　单文件加密是指通过特殊的软件指定算法和密钥后，对文件中的数据进行加密处理，将可直接读取的文件转换为不可直接读取文件的方式。目前大多数文件加密软件都使用这一方式。该方式适用于加密少量文件。
- ❑ **目录加密**　目录加密是指通过修改文件目录的目录树，限制目录访问的加密方式。目前很少文件加密软件使用这一方式。该方式适用于批量加密文件，优点是加密效率高，缺点则是若读取或编辑某一个加密文件，往往需要将整个目录解密。
- ❑ **压缩加密**　除了以上的各种加密方式外，一些文件压缩软件也支持对压缩包进行加密。该方式使用起来非常简单，既支持加密单文件，也支持目录加密。然而，其缺点是解密时需要解压，且消耗一定的时间和临时磁盘空间。同时，解压时的临时文件也容易造成泄密。

4.2.2　常用文件加密与备份软件

文件加密与备份是防止文件内容泄露及文件丢失的有效方法之一，目前市场中有关文件加密与备份的软件多不胜数，例如具有文档镇守使之称的铁卫一号、专门用于加密文件的超级加密精灵，以及具有个人文件同步备份功能的 FileGee 等软件。在本小节中，将重点介绍几款常用的文件加密与备份软件，以帮助用户更好地保护电脑中的各类文件。

1．铁卫一号

"铁卫一号"是一款免费的文档保护软件，具有方便易用、功能强大等特点。它不仅可以完成加密任意类型或任意长度的文件或文件夹，而且还具有管理密码、清除电脑使用痕迹、管理商务项目等功能。

在使用"铁卫一号"软件加密文件之前，还需要先设置该软件的工作目录。其工作目录是指文件的路径，即存储位置。启动"铁卫一号"软件，在主界面中，选择左侧界面中的【管理工作目录】选项，在弹出的提示对话框中，单击【确定】按钮，如图 4-22 所示。

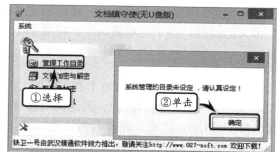

图 4-22　选择管理目录

然后，在右侧界面中单击【添加工作目录】按钮，在弹出的【浏览文件夹】对话框中，选择一个文件夹，并单击【确定】按钮，如图4-23所示。

设置工作目录之后，便可以对文件进行加密和解密操作了。在主界面中选择左侧的【文档加密与解密】选项，在右侧界面的【原始文件】列表框中选择需要加密的文件，并单击 >> 按钮。然后，在弹出的【输入密码】对话框中，输入加密密码，单击【确定】按钮即可，如图4-24所示。

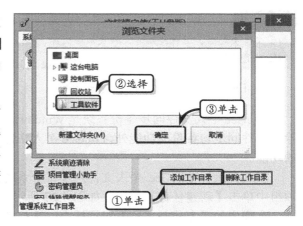

图 4-23 选择保存文件夹

2. 终结者文件夹加密大师

终结者文件夹加密大师是一款用于文件夹加密/解密的免费软件，它支持文件夹普通加密和高级加密两种加密模式；其加密、解密操作十分简便，直接将需要加密或加密后的文件夹拖放到软件窗口即可实现文件夹加密或解密。

该软件为一款免安装软件，双击软件的可执行文件（扩展名为".exe"的文件），即可打开【终结者文件夹加密大师】的界面，如图4-25所示。

单击【设置密码】按钮，在弹出的【设置密码】对话框中，输入密码，单击【OK】按钮。然后，在弹出的对话框中再次输入密码，并单击【OK】按钮，如图4-26所示。

最后，用鼠标将需要加密的文件夹拖到软件窗口中，即可完成文件夹的普通加密。而被加密的文件夹只有解密后才能使用，否则既不能读取，也不能修改或删除。

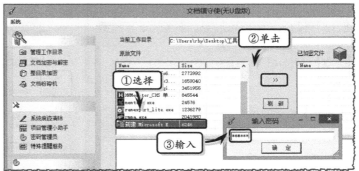

图 4-24 加密文档

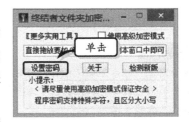

图 4-25 软件界面

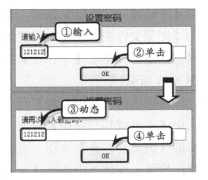

图 4-26 设置密码

3. FileGee 个人文件同步备份系统

FileGee 个人文件同步备份系统是 Windows 平台下一款免费的文件同步与备份软件。除了文件同步与备份的功能外，FileGee 个人文件同步备份系统还附带了文件加密与分割的功能。

安装并运行 FileGee 个人文件同步备份系统，激活【任务】选项卡，在【任务】选项组中单击【新建任务】按钮，如图 4-27 所示。

在弹出的【方式与名称】对话框中，选择【执行方式】列表框中的【单向同步】选项，在【任务名称】文本框中输入任务名称，并单击【下一步】按钮，如图 4-28 所示。

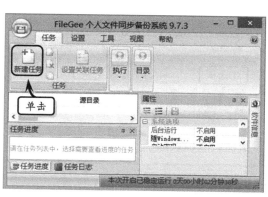

图 4-27　软件主界面　　　　　　　　　　图 4-28　设置方式与名称

在弹出的【源目录】对话框中，选中【本机或共享路径】选项，单击其后的【浏览文件夹】按钮，设置源目录的具体地址，并单击【下一步】按钮，如图 4-29 所示。

在弹出的【目标目录】对话框中，选中【本机或共享路径】选项，单击其后的【浏览文件夹】按钮，设置目标目录的位置，连续单击两次【下一步】按钮，如图 4-30 所示。

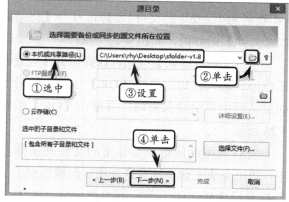

图 4-29　设置源目录

电脑常用工具软件标准教程（2015—2018 版）

76

在弹出的【文件过滤】对话框中，可以启用【包含子目录】和【跳过空目录】复选框，单击【下一步】按钮，如图 4-31 所示。

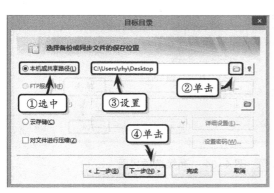

图 4-30 设置目标目录

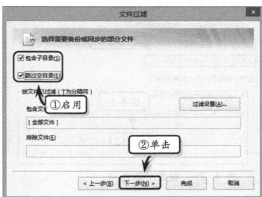

图 4-31 设置文件过滤选项

提 示

在【文件过滤】对话框中，单击【过滤设置】按钮，可在弹出的【根据文件名过滤】对话框中，设置文件的过滤条件。

在弹出的【自动执行】对话框中，选择【自动执行模式】列表框中的【每周】选项，同时单击【设置星期几触发】按钮，在弹出的【选择星期几】对话框中启用【周一】复选框，单击【设置触发时间】按钮，在弹出的对话框中设置触发时间，最后单击【下一步】按钮，如图 4-32 所示。

在弹出的【自动重试】对话框中，使用默认设置，单击【下一步】按钮。在弹出的【自动删除】对话框中，继续保持默认设置，并单击【下一步】按钮。然后，在弹出的【一般选项】对话框中，可以设置多个选项，主要针对备份的一些操作内容。用户

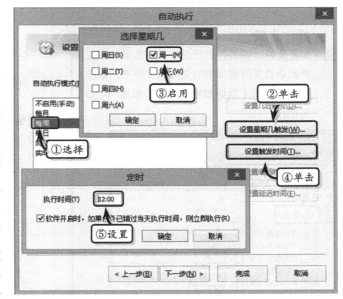

图 4-32 设置自动执行模式

可以不选择其复选框，单击【下一步】按钮，如图 4-33 所示。

在弹出的【高级选项】中，由于对话框中所有复选框为灰色显示，表示无法进行设置操作，因此可以直接单击【完成】按钮，跳过下面操作步骤，完成同步项目的创建操作，如图 4-34 所示。创建完成之后，在主界面中的【任务】窗格中，将显示所创建的任务内容，如名称、任务类型等。

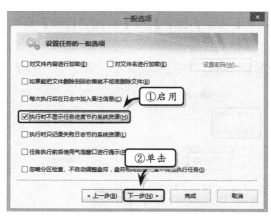

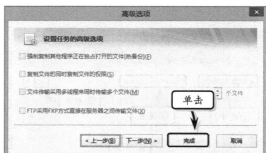

图 4-33 设置一般选项　　　　　图 4-34 高级选项界面

4.2.3 练习：使用超级加密精灵加密文件

　　超级加密精灵是一款简单易用、安全可靠、功能强大的加密软件，主要具有数据加解密、数据加密打包、文件夹保护、数据粉碎和数据锁定等功能。在本练习中，将通过具体操作，详细介绍超级加密精灵加密文件、文件夹，以及保护文件夹和加密打包的使用方法。

操作步骤

1　加密文件。安装并运行超级加密精灵，在主界面中选择需要加密的文件或文件夹，单击工具栏中的【数据加密】按钮，如图 4-35 所示。

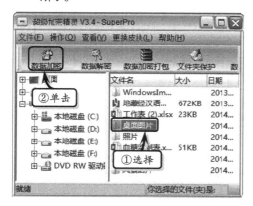

图 4-35 选择需要加密的文件

2　在弹出的【加密密码设置】对话框中，输入加密密码，并单击【确定】按钮，如图 4-36 所示。

3　解密文件。选择需要解密的文件或文件夹，单击工具栏中的【数据解密】按钮，如图

4-37 所示。

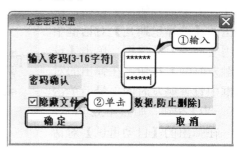

图 4-36 输入加密密码

图 4-37 选择解密文件

电脑常用工具软件标准教程（2015—2018 版）

78

4 在弹出的【解密口令验证】对话框中，输入验证密码，单击【确定】按钮，即可解密文件，如图 4-38 所示。

加密打包后的文件放置到指定位置，如图 4-42 所示。

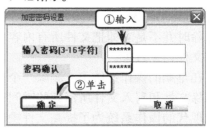

输入加密密码

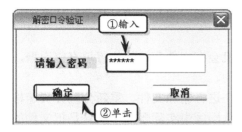

图 4-38 输入验证密码

5 数据加密打包。选择需要解密的文件或文件夹，单击工具栏中的【数据加密打包】按钮，如图 4-39 所示。

图 4-39 选择文件夹

6 在弹出的【加密密码设置】对话框中，输入加密密码，并单击【确定】按钮，如图 4-40 所示。

7 然后，在弹出的【浏览文件夹】对话框中，选择加密打包文件所放置的位置，并单击【确定】按钮，如图 4-41 所示。

8 此时，软件会自动加密并打包文件夹，并将

图 4-41 选择保存位置

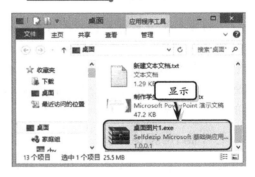

图 4-42 显示加密打包文件

4.3 文件恢复软件

　　在计算机操作过程中，经常会遇到由于操作失误或突然的计算机故障而造成文件丢失的问题。此时，用户可以使用数据恢复软件，对磁盘分区进行扫描，尽最大可能恢复所丢失的数据。

4.3.1 文件恢复概述

　　在使用计算机处理各种文件时，难免会误删除一些重要的文件，此时，就需要使用

特殊的方法恢复文件，挽回损失。在恢复文件时，需要先了解一些数据存储和恢复的原理。

文件恢复软件是指把从硬盘或 U 盘等存储设备上永久删除（即从回收站里永久删除或按 Shift+Del 键永久删除）的文件恢复过来的软件。由于 NTFS、FAT 等文件系统在文件删除时并不是立即把文件所有内容从存储设备上清掉，因此利用一些工具软件可以把这些文件恢复过来。

在早期的操作系统中，删除一个文件时计算机会在文件存储的位置填充空数据，因此删除文件和写入文件所消耗的时间往往是相等的。

现代的操作系统为了提高文件操作的效率，在进行删除文件、重新分区并快速格式化、重整硬盘缺陷列表等操作时，都不会把数据从扇区中实际删除，而只是把文件的目录信息删除，文件的数据本身还是保留在原来的扇区中，直到有新的数据存储到该扇区。这样的优点在于删除数据速度快，对存储器硬件的损耗也较小。

文件恢复的原理：通过对磁盘分区中每一个存储扇区进行扫描，读取扇区中的数据；然后再对数据进行分析，将可能为同一文件的几个扇区中数据组合，同时根据文件的内容分析文件的类型；最后，根据分析的结果重新建立整个分区的目录树。

还有一些恢复方法，如采用最新的多线程引擎，扫描速度极快，能扫描出磁盘底层的数据，经过高级的分析算法，能把丢失的目录和文件在内存中重建出来，数据恢复效果极好。同时，不会向硬盘内写入数据，所有操作均在内存中完成，能有效地避免对数据的再次破坏。

4.3.2 常用文件恢复软件

文件恢复方法与硬盘数据恢复的方法相似，也是通过扫描磁盘来建立分析目录，并经过高级分析算法，达到恢复文件数据的目的。目前，市场中存在无数个数据恢复软件，理论上讲都具有恢复丢失文件的功能，唯一不同的便是用户的使用习惯和数据恢复的高低难度。在此，将向用户介绍几款常用的文件恢复软件，以帮助用户了解并熟悉恢复软件的操作方法和使用技巧。

1．File Rescue Plus

File Rescue Plus 是 Windows 中恢复删除文件的专用工具，它可以将被删除的文件以清单的形式分类显示出来。用户可以有选择地恢复文件，恢复的文件可以存储在原来的位置，也可以存储到其他位置或存储器。

双击 File-Rescue Plus 图标，在打开 File- Rescue Plus 窗口的同时还将弹出【选择驱动器】对话框，选择要搜索的驱动器再选择【快速扫描】选项，单击【扫描】按钮，如图 4-43 所示。

此时，软件会对指定的驱动器进行快

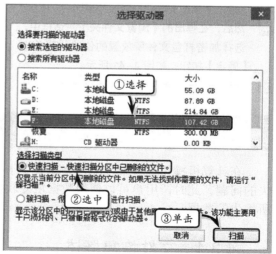

图 4-43　选择扫描驱动器

速扫描，并在【快速扫描结果】对话框中显示扫描结果，如图 4-44 所示。如需保存扫描日志，则需要单击【另存为】对话框，在弹出的对话框中选择保存位置即可。

图 4-44 显示扫描结果

在【快速扫描结果】对话框中，单击【关闭】按钮，则会在扫描结果窗口中显示已扫描到的丢失文件。此时，选择需要恢复的文件，单击【恢复】按钮，如图 4-45 所示。

在弹出的【恢复选项】对话框中，设置其恢复路径等恢复选项，单击【恢复】按钮，即可完成数据恢复的操作，如图 4-46 所示。

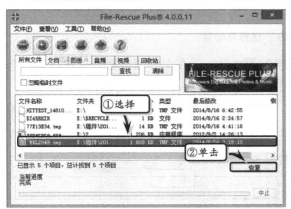

图 4-45 选择需要恢复的文件

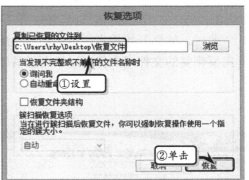

图 4-46 设置恢复选项

完成文件恢复之后，会在弹出的【文件恢复结果】对话框中显示文件恢复的日志，如图 4-47 所示。如需保存扫描日志，则需要单击【另存为】对话框，在弹出的对话框中选择保存位置即可。

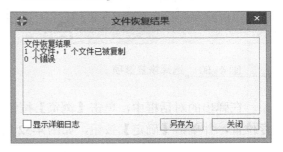

图 4-47 显示恢复结果

2. Recover My Files

Recover My Files 是一款专业的数据文件恢复软件，可以快速查找并恢复硬盘、U盘、存储卡中误删除甚至是进行磁盘格式化后的文件，同时还可以在指定的文件夹中进行搜索。

启动 Recover My Files，在弹出的界面中选择【恢复文件】选项，并单击【继续】按钮，如图 4-48 所示。

在展开的【选择驱动器搜索和恢复文件】列表框中，选择需要搜索的驱动器，并单击【继续】按钮，如图 4-49 所示。

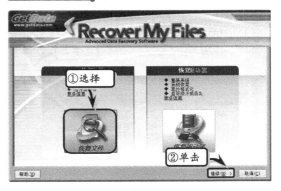

图 4-48 选择恢复类型

单击右侧的【添加文件夹】按钮，在弹出的【浏览文件夹】对话框中选择文件夹，即可添加搜索文件夹。同样，选择添加的搜索文件夹，单击右侧的【移除】按钮，可删除所添加的搜索文件夹。

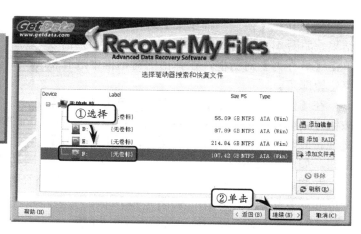

图 4-49 选择驱动器

在【请选择文件恢复选项】列表中，选中【搜索删除的文件。（推荐）】选项，并单击【开始】按钮，如图 4-50 所示。

此时，软件开始搜索指定驱动器中所删除的文件，并在主界面中显示搜索结果。选择需要恢复的文件或文件夹，单击工具栏中的【保存文件】按钮，如图 4-51 所示。

图 4-50 选择恢复选项

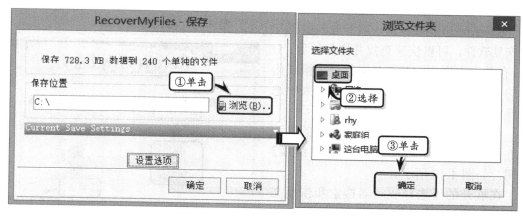

图 4-51 选择需要恢复的文件

在弹出的对话框中，单击【浏览】按钮，在弹出的【浏览文件夹】对话框中选择保存位置，并单击【确定】按钮，如图 4-52 所示。

图 4-52 设置保存位置

此时，软件会自动恢复指定文件，并显示最终保存结果，包括保存位置、大小和摘要等内容，如图4-53 所示。

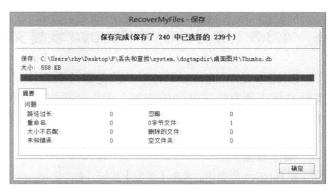

图 4-53 显示保存结果

3．360 文件恢复

360 文件恢复属于 360 安全卫士功能大全中的一个组件，属于被剥离出来的独立组件，该软件可以帮助用户快速地从硬盘、U 盘或 SD 卡中恢复误删除的文件。

安装并运行 360 文件恢复，在主界面中设置【选择驱动器】选项，并单击【开始扫描】按钮，如图 4-54 所示。

提 示

在主界面中，用户也可以在【快速查找】文本框中输入所需查找或恢复的文件名称，实现快速查找某个文件的目的。

查找结束后，会在界面右侧的列表框中显示查找结果，启用所需恢复文件名称前面的复选框，单击【恢复选中的文件】按钮，如图 4-55 所示。

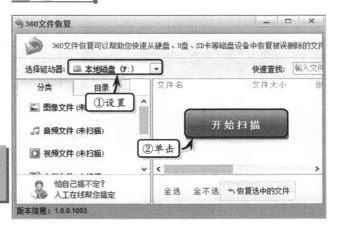

图 4-54 设置扫描位置

然后，在弹出的【浏览文件夹】对话框中，选择恢复文件的保存位置，单击【确定】按钮，如图 4-56 所示。此时，软件会自动将所选文件恢复到指定位置。

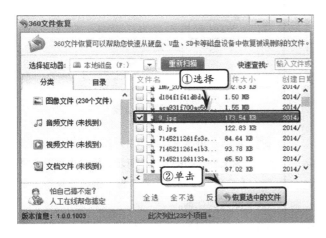

图 4-55 选择所需恢复的文件

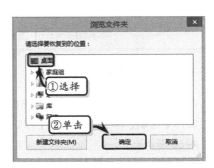

图 4-56 设置保存位置

4.3.3 练习：使用 Recuva 恢复文件

Recuva 是 Windows 平台下一款免费的数据恢复软件，它支持 FAT16、FAT32 和 NTFS 文件系统下所有格式文件的恢复。无论所丢失的文件是被删除还是被格式化，只要磁盘中的文件没有被新写入的数据覆盖，均可直接恢复。在本练习中，将详细介绍使用 Recuva 向导恢复丢失文件的操作步骤和使用技巧。

操作步骤

1️⃣ 在 Recuva 界面中，单击【选项】按钮，在弹出的【选项】对话框中，单击【运行向导】按钮，如图 4-57 所示。

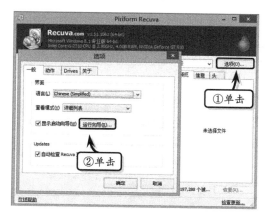

图 4-57 【选项】对话框

2️⃣ 在弹出的【Recuva 向导】对话框中，直接单击【下一步】按钮，如图 4-58 所示。

图 4-58 向导欢迎界面

3️⃣ 在弹出的【文件类型】向导中，选中【所有文件】选项，单击【下一步】按钮，如图 4-59 所示。

4️⃣ 在弹出的【文件位置】向导中，选择文件位置，单击【下一步】按钮，如图 4-60 所示。

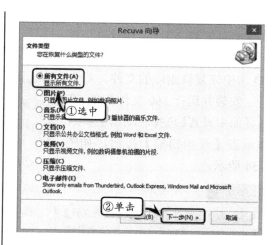

图 4-59 设置文件类型

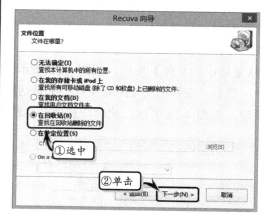

图 4-60 选择文件位置

5️⃣ 此时，用户可以单击【开始】按钮，开始搜索文件，如图 4-61 所示。用户也可以选择【启用深度扫描】复选框，进行更复杂、更深入的查询。

6️⃣ 在弹出的 Scan 对话框中，会显示当前进度和预计剩余时间，如图 4-62 所示。

电脑常用工具软件标准教程（2015—2018 版）

图 4-61　开始搜索文件

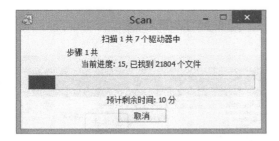

图 4-62　显示扫描状态

7　扫描完成后，在扫描到的已删除文件列表中，选择需要恢复的文件前面的复选框，单击【恢复】按钮，如图 4-63 所示。

8　在弹出的【浏览文件夹】对话框中，选择存放恢复文件的位置，单击【确定】按钮即可，

如图 4-64 所示。

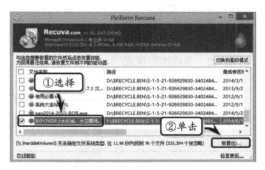

图 4-63　选择所需恢复的文件

图 4-64　选择保存位置

4.4　思考与练习

一、填空题

1.　_____是计算机系统对数据进行管理的基本单位。

2.　计算机中的文件可以简单分为_____和_____等两大类。

3. 7-Zip 文件压缩工具软件支持_____、_____、_____和_____等多种压缩格式。

4. "终结者文件夹加密大师"支持文件夹普通加密和_____两种加密模式。

5. Recuva 数据恢复软件支持_____、_____和_____文件系统下所有格式文件的恢复。

6. Recover My Files 是一款专业的数据文件恢复软件，可以快速查找并恢复_____、_____、_____中误删除甚至是进行磁盘格式化后的文件，同时还可以在指定的文件夹中进行搜索。

二、选择题

1.　_____是磁盘存储器可以写入和读取的最基本单位。

    A．簇　　　　　　　B．扇区

    C．分区　　　　　　D．硬盘

2. 以下哪种方法不属于加密方法？ _____

    A．单文件加密　　B．目录加密

    C．文件自加密　　D．数字加密

3. 在下面的选项中，终结者文件夹加密大师所不具有的功能是_____。

    A. 文件加密保护

    B. 解密已加密的文件

    C. 高级加密模式

    D. 文件分割合并

4. 在 Recuva 向导中，不包含哪种直接恢复的文件类型？_____

    A. 图片   B. 数据库

    C. 文档   D. 音频

三、问答题

1. 简述文件加密的原理和方式。

2. 文件具有哪些存储特点？

3. 简述学习文件加密、备份和恢复等工具软件使用方法的意义。

四、上机练习

1. 整目录加密

在本练习中，将使用"铁卫一号"对整个文件夹进行加密，即整目录加密。首先，运行"铁卫一号"软件，选择界面左侧的【整目录加密】选项，同时单击右侧的【选择欲加解密的目录】按钮。然后，在弹出的【浏览文件夹】对话框中，选择需要加密的文件夹，如图 4-65 所示。

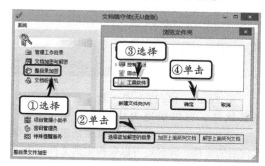

图 4-65 选择加密文件夹

最后，单击【加密上面所列文档】按钮，在弹出的【输入密码】对话框中，输入加密密码即可，如图 4-66 所示。

2. 使用 Recuva 高级模式恢复数据

在本实例中，将使用 Recuva 高级模式恢复丢失的文件。首先，在界面中单击【选择驱动器】下拉按钮，在其下拉列表中选择驱动器名称，并

单击【扫描】按钮，开始扫描驱动器，如图 4-67 所示。

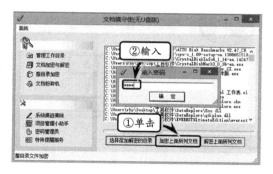

图 4-66 加密文件夹

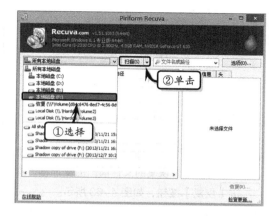

图 4-67 选择驱动器

然后，在扫描到的已删除文件列表中，启用需要恢复文件前面的复选框，单击【恢复】按钮，如图 4-68 所示。最后，在弹出的【浏览文件夹】对话框，设置文件存放的位置，单击【确定】按钮，即可恢复文件。

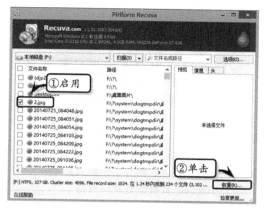

图 4-68 选择恢复文件

第 5 章

系统维护软件

操作系统是计算机的灵魂，也是人机互动的桥梁，它的功能、性能和健康程度直接决定了计算机硬件的运行状态。也就是说，尽可能地提高操作系统的运行速度和效率，是充分发挥计算机硬件最佳性能的关键因素。随着计算机技术的不断发展和普及，目前众多软件公司已相继为操作系统开发了多种类型的系统优化与维护软件，通过清理系统垃圾、优化磁盘缓存、优化网络设置、优化注册表信息等功能，帮助用户提高计算机的运行性能。

本章学习内容:

➢ Windows 优化大师
➢ CCleaner
➢ Wise Disk Cleaner
➢ 注册表医生
➢ Wise Registry Cleaner
➢ Reg Organizer
➢ 驱动精灵
➢ Dirver Reviver
➢ 万能驱动助理

5.1 系统垃圾清理软件

操作系统类似于日常生活，经过长时间的运行，便会产生一些系统垃圾，如果不及时清理系统垃圾，将会直接影响到计算机运行的速度和效率，从而降低计算机硬件的运行性能。而系统垃圾具有数量多、种类杂等特点，手动单独清理是件十分困难的事情，因此需要借助系统垃圾清理软件来辅助清理。

5.1.1　系统垃圾文件概述

垃圾文件是指系统工作时所过滤加载出的剩余数据文件，虽然每个垃圾文件所占系统资源并不多，但是如果不进行清理，垃圾文件会越来越多，从而影响到系统的运行速度。

根据产生的原因来划分，系统垃圾文件可以分为下列 6 种类型。

1．软件运行日志

操作系统和各种软件在运行时，往往会记录各种运行信息。随着操作系统或软件安装后使用的次数越来越多，这些运行日志占用的磁盘空间也会越来越大。

操作系统和大多数软件在运行时，都会扫描这些文件，因此，这些文件的存在，会在一定程度上降低系统与软件的运行效率。对于普通用户而言，这些日志并没有什么作用，因此，可以将其删除，以提高磁盘使用的效率和系统与软件运行的速度。

常见的日志文件扩展名包括 LOG、ERR、TXT 等。

2．软件安装信息

为提高软件下载的效率，大多数软件的安装程序都是压缩格式。因此，在安装这些软件时往往需要解压。在解压时，会生成软件的各种信息。这些信息只在软件安装和卸载时才会起作用。

一些软件在更新时，往往会将旧的文件备份起来，以防止更新错误后软件无法使用。在软件可正常运行时，这些文件也可以删除。

软件安装信息文件的种类比较多，其扩展名往往是根据软件开发者的喜好而定的，常见的有 OLD、BAK、BACK 等。

3．临时文件

Windows 操作系统在运行时，会生成各种临时文件。多数运行于 Windows 操作系统的软件也会通过临时文件存储各种信息。早期的软件没有临时文件清理机制，只会制造大量的临时文件。而少量较新的软件则已经开始建立临时文件的清理机制。

大量的临时文件不但会影响系统运行速度，也容易造成系统文件的冲突，导致系统稳定性下降。临时文件的扩展名种类也较多，常见的主要包括 TMP、TEMP、～MP、_MP等。大多数扩展名以波浪线为开头的文件，都是临时文件。

4．历史记录

操作系统和大多数软件都会记录用户使用操作系统或软件的历史记录，例如，打开软件、关闭软件、在软件中进行的设置、使用软件打开的文档等。这些历史记录对操作系统和软件没有任何价值，因此，用户可以随时将其删除。

5．故障转储文件

微软公司在开发 Windows 操作系统时，为了方便用户向其报告软件故障和硬件冲突，使用了名为"Dr. Watson"的软件，以记录发生故障时内存的运行情况以及出错的硬件二进制代码，以对系统进行改进。

对于大多数用户而言，这一功能并没有太大的实际意义，而且往往会占用用户大量的磁盘空间（对于运行过时间较长的操作系统，这类文件占用的空间往往高达数百 MB），因此，用户可以将其删除以释放磁盘空间。这类文件的扩展名主要是 DMP。

6．磁盘扫描的丢失簇

在操作系统运行时，如果发生一些不可避免的软件错误造成死机或强行断电等各种非人为原因导致的文件丢失（比如一些未保存的临时文件），可以使用 Windows 自带的磁盘扫描工具将这些文件找出来，重新命名后存储到磁盘中。

这一功能在 DOS 时代和 Windows 3.2 时代非常有用，但对现代的 Windows 操作系统几乎没有任何作用，反而会占用很多磁盘空间。用户可以将这些文件删除，使磁盘中的文件更加有条理。这类文件的扩展名是 CHK。

5.1.2 常用垃圾清理软件

对于系统垃圾，用户可以使用 Windows 系统自带的清理功能进行手动清理。但是对于初级电脑用户来讲，手动清理不仅会增加系统垃圾清理的难度，而且还会因为误操作导致系统无法正常运行。鉴于手动清理的高难度性和复杂性，不同的软件公司特意开发了多款系统垃圾清理软件，以帮助用户快速且安全地清理系统和注册表中的各项垃圾文件。

1．Windows 清理助手

Windows 清理助手可以帮助用户实现系统的全面扫描、卸载等。例如，卸载手动无法卸载的软件，以及清理 IE 浏览器的缓冲文件和应用程序所产生的垃圾内容。下载并安装 Windows 清理助手软件后，在桌面中双击【Windows 清理助手】图标，即可打开该软件，如图 5-1 所示。

❑ **扫描清理**

扫描及清理功能是 Windows 清理助手中一种最常用的操作，即方便又快捷。运行 Windows 清理助手，在主界面中的【常用功能】分类列表中，选择【扫描清理】选项，再单击【标准扫描】按钮，即可扫描对象，如图 5-2 所示。

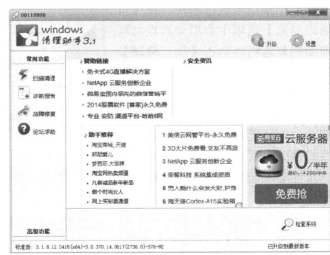

图 5–1　"Windows 清理助手"主界面

此时，软件会自动扫描清理项，并显示扫描的进度和扫描路径等内容，如图5-3所示。

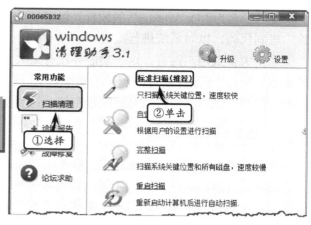

提 示

也可以根据用户的不同需求，分别选择【自定义扫描】、【完整扫描】和【重启扫描】3种扫描方法。

扫描过程中，如果软件发现有风险的系统文件，将弹出一个【提示】对话框。用户可以根据【提示】内容，单击【是】或【否】按钮进行扫描设置，如图5-4所示。

图 5-2　标准扫描

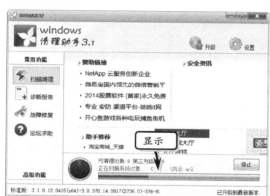

图 5-3　扫描清理项

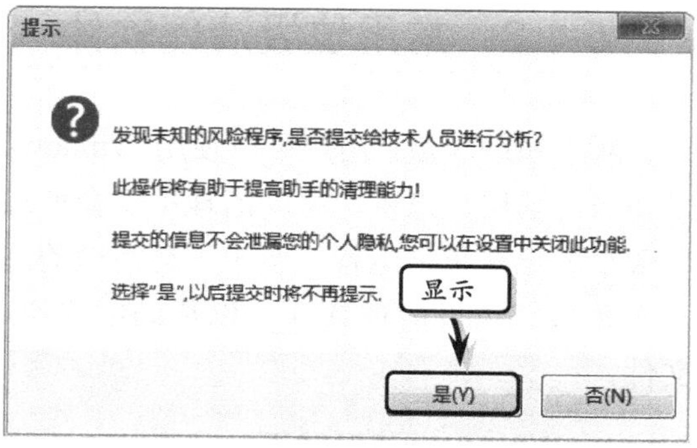

图 5-4　【提示】对话框

在扫描结束后，用户可以通过软件对扫描结果进行清理。在【可清理对象】选项中启用可清理对象前面的复选框，单击【执行清理】按钮，进行对象清理，如图5-5所示。

❑ 故障修复

Windows 清理助手可以修复系统和浏览器遭遇恶意插件攻击而导致的篡改主页、鼠标右键功能禁用以及注册表被更改等原因引起的系统故障。

在主界面中的【常用功能】分类列表中，选择【故障修复】选项，

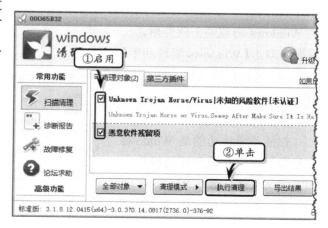

图 5-5　清理扫描项

在弹出的【修复系统、浏览器的常见问题】列表中，启用/禁用需要修复的内容，如图5-6所示。

电脑常用工具软件标准教程（2015—2018版）

然后，单击【执行修复】按钮，即可进行故障修复。修复操作完成后，将弹出一个【故障修复】完成对话框，单击【确定】按钮即可，如图5-7所示。

图 5-6 启用修复选项

图 5-7 完成故障修复

提 示

单击【选择】下拉按钮，在下拉列表中包括全部选择、全部不选和默认 3 个选项供用户选择。

❑ 痕迹清理

痕迹清理是Windows清理助手常用的一种功能，使用该功能可以清理 IE 浏览器痕迹、系统使用痕迹和应用软件临时文件痕迹。

展开【高级功能】分类列表，选择【痕迹清理】选项，即可打开痕迹清理列表。选择要清理的文件和注册表项，单击【分析】按钮，即可对清理项进行文件分析，如图5-8所示。

文件分析结束之后，会在右侧的列表框中显示分析结果。查看分析结果，单击【清理】按钮，即可清理所分析的痕迹文件，如图5-9所示。

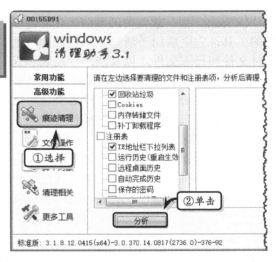

图 5-8 分析文件

提 示

痕迹清理列表包含了清理"文件"和"注册表"两大类，用户可以选择清理项，分析后再进行痕迹清理。

❑ 脚本对象

Windows 清理助手可以将扫描出来的

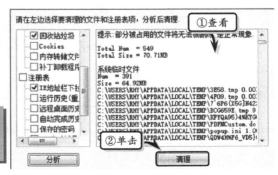

图 5-9 清理痕迹

第 5 章　系统维护软件

91

未清理文件创建为脚本对象，然后再将符合脚本文件所属特征的文件和注册表信息在用户自主选择的情况下进行删除。

在主界面中的【高级功能】分类列表中，选择【脚本对象】选项，启用【启用脚本对象功能】复选框，再单击【新建】按钮，可新建一个脚本对象，如图 5-10 所示。

在弹出的【新建】对话框中，确认新建文件的各项属性并单击【创建】按钮，创建脚本对象文件，如图 5-11 所示。

此时，创建的脚本文件将显示出它的存储路径，如图 5-12 所示。用户可以对该文件进行相应的操作（打开、保存、删除或发布）。

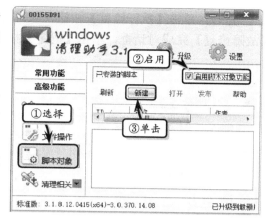

图 5-10　新建脚本对象

2. CCleaner

CCleaner 是一款免费的系统优化和隐私保护工具，它主要用于清除系统自动生成的临时文件和日志文件，以及清理注册表和保护个人浏览隐私的功能。CCleaner 具有体积小、运行速度快，以及彻底清理各类垃圾文件、注册表和未卸载完的软件插件等优点，备受用户所青睐。

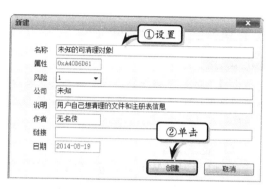

图 5-11　设置脚本对象属性

安装并运行 CCleaner 软件，打开该软件，该软件的主界面是由主窗口、清洁规则和分析清洁器 3 个部分组成的，主窗口在主界面的左侧，包括清洁器、注册表、工具和选项 4 个选项，如图 5-13 所示。

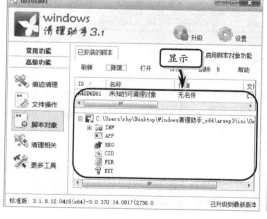

图 5-12　显示脚本文件路径

图 5-13　CCleaner 主界面

❑ 清洁器

CCleaner 清洁器可以清除 Internet 浏览记录、删除上网账号和密码以及系统自动生成的各种临时文件和文件碎片等。

在主界面中，选择左侧的【清洁器】选项，在【Windows】选项卡中，选择需要清理的垃圾项。然后，激活【应用程序】选项卡，选择需要清理的浏览器、系统或应用程序选项，如图 5-14 所示。

然后，单击【分析】按钮进行选择清理项的分析。分析完成后，清理项的详细信息将在窗口右边显示；确认无误后，单击【运行清洁器】按钮，执行清理项清除，如图 5-15 所示。

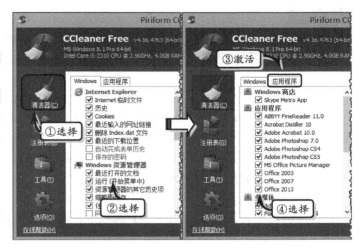

图 5-14 选择清理项

提 示

在执行清理命令后，将弹出一个提示对话框，提示用户是否确定删除此清理项。

❏ 注册表清洁器

CCleaner 注册表清洁器具有对注册表垃圾进行扫描、清理和修复的功能。同时，还可以清除未完全卸载的软件插件，从而减少注册表体积并加快系统运行速度。

选择主界面左侧的【注册表】选项，在【注册表清理器】中选择需要的清理项，并单击【扫描问题】按钮进行扫描清理项，如图 5-16 所示。

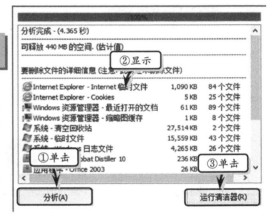

图 5-15 分析并清理垃圾文件

扫描结束后，对扫描过的清理项进行确认。然后，单击【修复所选问题】按钮，进行所选项修复或清理，如图 5-17 所示。

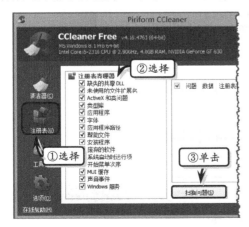

图 5-16 扫描清理项

图 5-17 修复所选问题

第 5 章 系统维护软件

93

3. Wise Disk Cleaner

Wise Disk Cleaner 是一款免费的垃圾清理工具，该工具具有占用空间小、界面美观、功能强大等特点，可以帮助用户检测并清理 50 多种垃圾文件。

下载并安装 Wise Disk Cleane 软件后，在桌面中双击【Wise Disk Cleane】图标，即可打开该软件，如图 5-18 所示。

❑ **常规清理**

在主界面中，激活【常规清理】选项卡，单击【Windows 系统】左边的三角按钮，展开【Windows 系统】选项，在其列表中选择可清理项，如图 5-19 所示。

图 5-18 Wise Disk Cleane 主界面

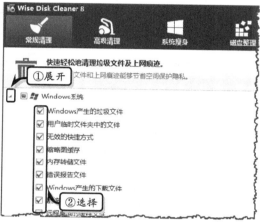

图 5-19 选择清理项

使用同样的方法，分别展开【上网冲浪】和【多媒体】三角按钮，选择相应的清理项。同时，选择【计算机中的痕迹】选项组下的各类清理项，单击【开始扫描】按钮，进行清理项扫描，如图 5-20 所示。

扫描结束后，会在主界面中显示扫描结果，包括已发现的垃圾文件数量、占用磁盘容量大小等内容。单击【开始清理】

图 5-20 选择其他清理项

按钮，清理扫描结果，如图
5-21 所示。

提　示

扫描结束后，可以在窗口右侧的
【计划任务】栏中，单击 ON 按
钮 **ON** 或者拖动该按钮至右
端，启动【计划任务】选项，设
置计划任务参数。

❏ **高级清理**

在主界面中激活【高级清
理】选项卡，单击【扫描位置】
下拉按钮，在其下拉列表中启
用磁盘前面的复选框，选择需
要扫描的盘符，单击【开始扫
描】按钮，进行磁盘扫描，如
图 5-22 所示。

扫描结束后，将在列表框
中显示扫描结果。若确认扫描
文件为清除文件，即可单击
【开始清理】按钮，进行磁盘
清理，如图 5-23 所示。

图 5-21 清理扫描结果

图 5-22 扫描磁盘

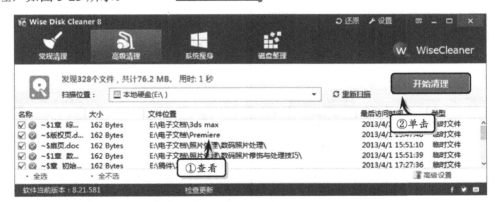

图 5-23 清理磁盘扫描项

❏ **系统瘦身**

Wise Disk Cleane 除了清理系统垃圾和痕迹之外，还可以对系统进行瘦身操作，包
括清除 Windows 更新补丁的卸载文件、安装程序产生的文件和不需要的示例音乐等
功能。

在主界面中激活【系统瘦身】选项卡，在【项目】列表中启用需要进行清理项的复
选框，单击【一键瘦身】按钮，清理所选择的项目，如图 5-24 所示。

图 5-24　一键瘦身

5.1.3　练习：使用 Windows 优化大师清理系统垃圾

　　Windows 优化大师是一款功能强大的系统辅助软件，它不仅提供了全面有效且简便的系统检测、系统优化和系统清理功能，而且还提供了系统维护功能以及多个附加的工具软件。通过 Windows 优化大师不仅能够有效地帮助用户清理系统垃圾、修复系统故障和安全漏洞，而且还可以检测计算机的硬件信息，维护系统的正常运转。

　　操作步骤：

<table>
<tr>
<td>

1 系统优化。安装并运行 Windows 优化大师，选择【系统优化】分类列表中的【磁盘缓存优化】选项，并单击【优化】按钮，如图 5-25 所示。

</td>
<td>

2 选择【系统优化】分类列表中的【开机速度优化】选项，在列表框中启用相应的复选框，并单击【优化】按钮，如图 5-26 所示。

</td>
</tr>
<tr>
<td>

图 5-25　磁盘缓存优化

</td>
<td>

图 5-26　开机速度优化

</td>
</tr>
</table>

3 系统清理。选择【系统清理】分类列表中的【注册信息清理】选项，在【请选择要扫描的项目】列表框中选择扫描项，单击【扫描】按钮，如图 5-27 所示。

图 5-27　扫描注册表信息

4 扫描结束后，单击【全部删除】按钮，在弹出的提示对话框中单击【否】按钮，然后在弹出的提示对话框中单击【确定】按钮，如图 5-28 所示。

图 5-28　删除扫描项

5 选择【系统清理】分类列表中的【磁盘文件管理】选项，选择需要扫描的磁盘，单击【扫描】按钮，如图 5-29 所示。

6 扫描结束之后，在【扫描结果】选项卡中，将显示扫描结果，单击【全部删除】按钮，删除扫描项，如图 5-30 所示。

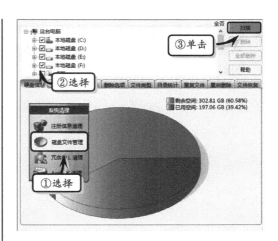

图 5-29　选择扫描磁盘

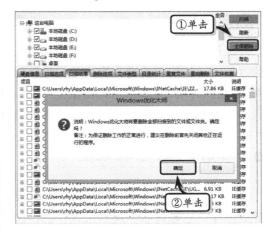

图 5-30　删除扫描项

7 选择【系统清理】分类列表中的【历史痕迹清理】选项，在【请选择要扫描的项目】列表框中选择扫描项，单击【扫描】按钮，如图 5-31 所示。

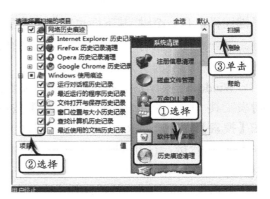

图 5-31　选择扫描项

8 扫描结束之后，将在下方列表框中显示扫描结果，单击【全部删除】按钮，删除扫描项，如图 5-32 所示。

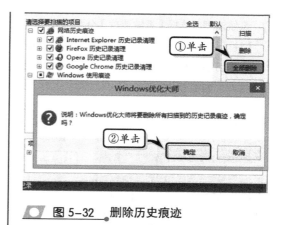

图 5-32 删除历史痕迹

5.2 注册表管理软件

注册表记载了 Windows 运行时软件和硬件的不同状态信息。在软件反复安装或卸载的过程中，注册表内会积聚大量的垃圾信息文件，从而造成系统运行速度缓慢或部分文件遭到破坏，而这些都是导致系统无法正常启动的原因。在本小节中，将详细介绍注册表的基础知识，以及一些常用的注册表管理软件。

5.2.1 注册表概述

注册表是 Windows 操作系统、硬件设备以及应用程序得以正常运转和保存设置的重要数据库，它以树状分层的形式存在。注册表记录了用户安装的软件和本机程序的相互关联关系；它包含了自动配置的即插即用设备和已有设备的说明、状态属性和各种数据信息等。

1．注册表的结构

Windows 操作系统的注册表由键、子键和值构成。一个键就是分支中的一个文件夹，而子键就是这个文件夹中的子文件夹。同理，子键同样也是一个键，其下面也可以再建立子键。每一个键可以有一个或多个不重名的值。其中，名称为空的值为该键的默认值。

Windows 操作系统提供了默认的编辑注册表工具（Regedit.exe）。单击【开始】按钮，在【搜索】框中输入 Regedit 命令，或者按下 Win+R 组合键，打开【运行】对话框，输入 Regedit 命令，如图 5-33 所示。

图 5-33 输入注册表命令

然后按 Enter 键，即可打开【注册表编辑器】对话框。在【注册表编辑器】对话框左侧窗口中包含了主键和根键，右侧窗口中包含了键值项，如图 5-34 所示。

电脑常用工具软件标准教程（2015—2018 版）

注册表采用树状分层结构，由根键、子键和键值项三部分组成，各部分的功能和作用如下。

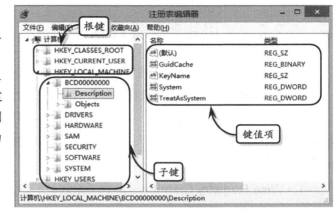

图 5-34 【注册表编辑器】对话框

- ❑ **根键** 其是指系统所定义的配置单元类别，特点是键名采用 "HKEY_" 开头。例如，注册表左侧窗格内的 HKEY_CLASSES_ROOT 即为根键。
- ❑ **子键** 其位于左窗格中，以根键子目录的形式存在，用于设置某些功能，本身不含数据，只负责组织相应的设置参数。
- ❑ **键值项** 位于注册表编辑器的右窗格内，包含计算机及其应用程序在执行时所使用的实际数据，由名称、类型和数据三部分组成，并且能够通过注册表编辑器进行修改。

2. 注册表主键以及值的数据类型

在 Windows 注册表的各种键中，有 5 个键是整个注册表数据库的根目录，被称作注册表的主键。这 5 个主键将注册表中的所有数据分类存放，如表 5-1 所示。

表 5-1 注册表主键含义

主　　键	作　　用
HKEY_CLASSES_ROOT	存储所有文件扩展和所有与执行文件相关的文件，同时也决定了打开这些文件相关的应用程序
HKEY_CURRENT_USER	存储当前用户的各种系统设置信息
HKEY_LOCAL_MACHINE	存储计算机的系统信息和各种软、硬件设置信息
HKEY_USERS	存储使用本地计算机的用户信息
HKEY_CURRENT_CONFIG	存储当前计算机的配置信息

注册表中的各种键、键值都是存放在这 5 个主键之中的。常用的注册表数据类型主要包括 5 种，如表 5-2 所示。

表 5-2 常用的注册表数据类型

数 据 类 型	作　　用
REG_BINARY	原始的二进制数据。大多数硬件组件信息存储为二进制数据，并可以以十六进制格式显示在注册表编辑器中
REG_DWORD	4 个字节长度的数字的数据。设备驱动程序和服务的许多参数都是这种类型，并可以在注册表编辑器中以二进制、十六进制或十进制等格式显示
REG_EXPAND_SZ	扩展数据字符串，是包含一个变量来调用应用程序时被替换的文本
REG_MULTI_SZ	多个字符串，包含列表的值或多个值，用户可读文本通常是这种类型
REG_SZ	是 ASCII 码字符，表示文件的描述和硬件的标识

注册表数据的增减直接关系了系统的运行性能，虽然系统内置的"注册表编辑器"可以查看、创建或删除注册表数据，但是对于初学者来讲，稍不注意便会引起系统故障。因此，为了保证操作系统运行的稳定性，在管理注册表数据时，还需要使用市场中专门的注册表管理软件。在本小节中，将详细介绍几款常用的注册表管理软件，以帮助快速且安全地管理注册表数据。

1. Wise Registry Cleaner

Wise Registry Cleaner 是一款免费安装的注册表清理工具，不仅可以安全快速地扫描、查找有效的信息并清理无用数据，而且还可以备份和还原注册表、修复注册表错误和整理注册表碎片。

下载并安装 Wise Registry Cleaner 软件，双击桌面上的 Wise Registry Cleaner 图标，即可打开 Wise Registry Cleaner 窗口主界面，如图 5-35 所示。

图 5-35　Wise Registry Cleaner 主界面

❑ 注册表清理

在【注册表清理】选项卡中，显示了各种需要清理的无效文件或插件选项。单击左下角的【自定义设置】按钮。在弹出的【自定义设置】对话框中，用户可以选择需要清除的选项，单击【确定】按钮返回到【注册表清理】窗口，如图 5-36 所示。

设置自定义选项并确定清理项后，单击【开始扫描】按钮，执行扫描命令。此时，系统会自动扫描注册表，并显示扫描结果，单击【开始清理】按钮，清理扫描结果，如图 5-37 所示。

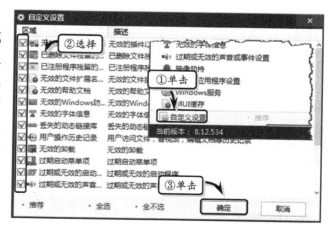

图 5-36　自定义设置

❑ **系统优化**

Wise Registry Cleaner 工具也有系统优化的功能，通过使用该功能可以加快开/关机速度、系统运行速度和系统稳定性以及提高网络访问速度。

激活【系统优化】选项卡，单击右下角【系统默认】按钮，在弹出的【确认】对话框中，单击【是】按钮，显示所有优化项目，如图5-38所示。

然后，单击右上角的【一键优化】按钮，进行系统优化。优化完成之后，将显示优化结果，如图5-39所示。

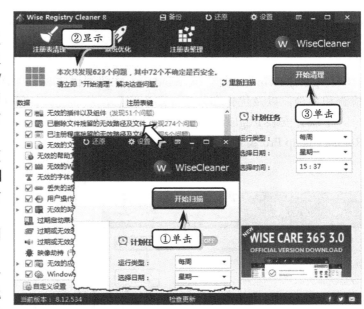

图 5-37　清理注册表

图 5-38　显示所有优化项目

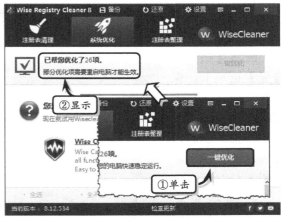

图 5-39　一键优化

❑ **注册表整理**

激活【注册表整理】选项卡，在弹出的注册表整理窗口中，将显示在整理过程中的注意事项，单击【开始分析】按钮，开始分析注册表信息，如图5-40所示。

软件分析完注册表信息之后，会自动在窗口中显示分析结果，包括群组名、当前大小、压缩后大小和冗余度。

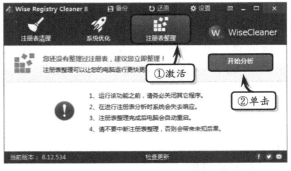

图 5-40　分析注册表

单击【开始整理】按钮，开始整理注册表，如图 5-41 所示。

2．Registry Help Pro

Registry Help Pro 是一款 Windows 注册表优化和管理软件，可以对注册表进行搜索、检查和备份，以及优化和修复注册表信息，从而提升计算机的运行速度。

下载并安装 Registry Help Pro 软件，双击桌面上的 Registry Help Pro 图标，即可打开 Registry Help Pro 窗口主界面，如图 5-42 所示。

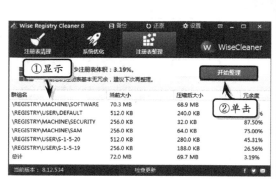

图 5-41　整理注册表

图 5-42　Registry Help Pro 主界面

❏ 扫描和修复注册表

激活【扫描和修复】选项卡，保持默认设置，单击【开始扫描】按钮，开始扫描注册表，并显示扫描信息，如图 5-43 所示。

扫描结束之后，在列表框中将显示扫描结果。此时，单击【修复错误】按钮，开始修复注册表。然后在弹出的【信息】对话框中，查看修复结果并单击【确定】按钮，如图 5-44 所示。

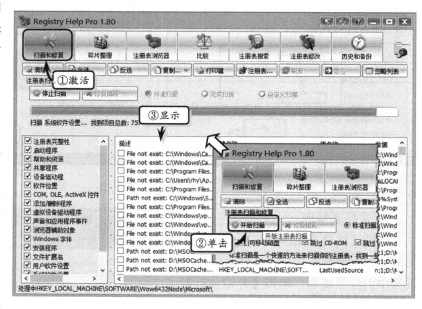

图 5-43　扫描注册表

❏ 碎片整理

激活【碎片整理】选项卡，在左侧的列表框中选择需要分析的目录，单击【分析】

电脑常用工具软件标准教程（2015—2018 版）

按钮,开始分析注册表,如图 5-45 所示。

提 示

扫描结束后,单击左上角的【清除】按钮,可清除扫描结果。

分析结束之后,将在右侧的列表框中显示分析结果。通过分析结果,可以发现所选择的分析项目中的碎片并不多,不需要进行碎片整理,如图 5-46 所示。

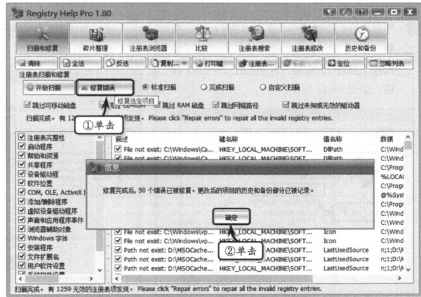

图 5-44 修复注册表

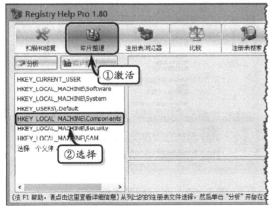

图 5-45 开始分析注册表

图 5-46 显示分析结果

提 示

扫描结束后,如果所选目录中的碎片比较多,则需要单击【碎片整理】按钮来整理注册表中的碎片。

5.2.3 练习:使用高级注册表医生管理注册表

Advanced Registry Doctor Pro(高级注册表医生)是一个优秀的注册表修复程序,具有扫描检测注册表错误、个人撤销、注册表备份和系统恢复等功能。另外,高级注册表医生还增加了以风险程度排序的功能,提高了产品的安全性。在本练习中,将详细介绍使用高级注册表医生管理注册表的操作方法和技巧。

操作步骤

1. 扫描向导。启动软件，在弹出的【ARD：立即扫描！】对话框中，选中【执行智能系统扫描（推荐）】选项，并单击【下一步】按钮，如图 5-47 所示。

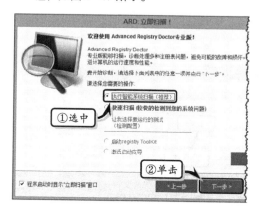

图 5-47　选中扫描类型

2. 此时，将在对话框中显示一个【检查范围】列表框，并显示检查的范围。扫描完成后，即可单击【下一步】按钮，如图 5-48 所示。

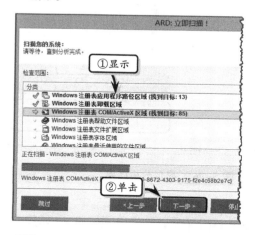

图 5-48　显示扫描过程

3. 分析结束后，在该对话框中显示出所检查到的问题总数、问题类型等，单击【完成】按钮即可完成扫描，如图 5-49 所示。

4. 此时，将弹出主窗口，并显示刚刚扫描的结果信息，如图 5-50 所示。

5. 修复分类。在【分类类别】中，选择某一分

类，单击工具栏中的【修复分类】按钮，如图 5-51 所示。

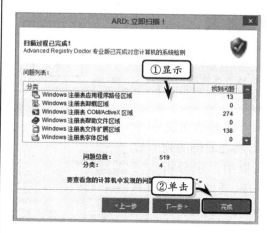

图 5-49　显示问题列表

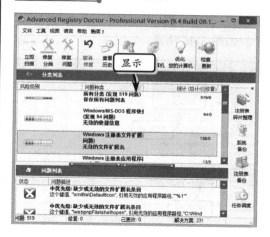

图 5-50　显示问题类型

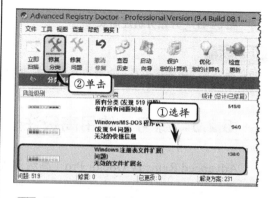

图 5-51　选择修复分类

6. 在弹出的【修复分类】对话框中，单击【确

电脑常用工具软件标准教程（2015—2018版）

定】按钮，对分类进行修复，如图 5-52
所示。

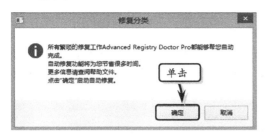

图 5-52 【修复分类】对话框

7 此时，在【分类列表】中查看所选择分类已
经修复的问题，并在分类名称后面的"统计
（总计/已修复）"列中显示已经修改的条数，

如图 5-53 所示。

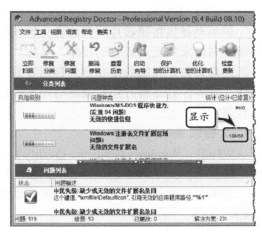

图 5-53 查看修复进度

5.3 驱动程序管理软件

　　驱动程序是一段能够让操作系统与硬件设备进行通信的程序代码，是一种能够直接
工作在硬件设备上的软件，其作用是辅助操作系统使用并管理硬件设备。一般情况下，
计算机中的几乎每个硬件都配备一个驱动程序，以协助硬件发挥其最佳性能。

5.3.1 驱动程序概述

　　简单地说，驱动程序（Device Driver，全称为"设备驱动程序"）是硬件设备与操作
系统之间的桥梁，由它将硬件本身的功能告诉操作系统，同时将标准的操作系统指令转
化为硬件设备专用的特殊指令，从而帮助操作系统完成用户的各项任务。

1. 驱动程序概述

　　从理论上讲，计算机内所有的硬件设备都要在安装驱动程序后才能正常工作。因为
驱动程序提供了硬件到操作系统的一个接口以及协调二者之间的关系，所以驱动程序具
有非常重要的作用。

　　不过，大多数情况下并不需要安装所有硬件设备的驱动程序，如硬盘、显示器、光
驱、键盘、鼠标等就不需要安装驱动程序，而显卡、声卡、扫描仪、摄像头、主板、磁
盘、USB 接口等就需要安装驱动程序。

　　不同版本的操作系统对硬件设备的支持也是不同的，一般情况下，版本越高所支持
的硬件设备也越多，如 Windows XP 中不能直接识别的硬件，而在 Windows 8 中可能就
不需要额外安装驱动程序。因为 Windows 8 中已经集成了较新硬件的驱动程序。

2. 驱动程序的版本

　　驱动程序可以界定为官方正式版、微软 WHQL 认证版、第三方驱动、发烧友修改

版、Beta 测试版等之分。

❏ **官方正式版**

该驱动是指按照芯片厂商的设计研发出来的，经过反复测试、修正，最终通过官方渠道发布出来的正式版驱动程序，又称"公版驱动"。

通常官方正式版的发布方式包括官方网站发布及硬件产品附带光盘这两种方式。稳定性、兼容性好是官方正式版驱动最大的亮点，同时也是区别于发烧友修改版与测试版的显著特征。

❏ **微软 WHQL 认证版**

WHQL（Windows Hardware Quality Labs，Windows 硬件质量实验室）是微软对各硬件厂商驱动的一个认证，是为了测试驱动程序与操作系统的相容性及稳定性而制定的。

也就是说通过了 WHQL 认证的驱动程序与 Windows 系统基本上不存在兼容性的问题。

❏ **第三方驱动**

一般是指硬件产品 OEM 厂商发布的基于官方驱动优化而成的驱动程序。第三方驱动拥有稳定性、兼容性好，基于官方正式版驱动优化并比官方正式版拥有更加完善的功能和更加强劲的整体性能的特性。

对于品牌机用户来说，首选驱动是第三方驱动；对于组装机用户来说，官方正式版驱动仍是首选。

❏ **发烧友修改版**

该驱动最先是出现在显卡驱动上。发烧友修改版驱动是指经修改过的驱动程序，能够更大限度地发挥硬件的性能，但可能不能保证其兼容稳定性。

❏ **Beta 测试版**

该驱动是指处于测试阶段，还没有正式发布的驱动程序。这样的驱动往往存在稳定性不够、与系统的兼容性不够等系统漏洞，但可以满足尝鲜猎新心理，尽早享用最新的设备和性能。

5.3.2 常用驱动管理软件

当用户新配置了计算机或重新安装操作系统之后，此时为了充分发挥计算机硬件的性能，还需要为计算机硬件安装相对应的驱动程序。虽然，Windows 操作系统中内置了驱动安装程序，但是对于一些无法获知硬件信息的用户来讲，使用第三方软件进行硬件驱动检测与安装是最为方便快捷的驱动安装方法。在本小节中，将详细介绍几款常用的驱动管理软件，帮助用户快速、安全且准确地按照和更新驱动程序。

1. 驱动精灵

驱动精灵是由驱动之家网站推出的一款集驱动程序下载、安装、备份与还原等多种功能于一身的系统辅助工具。利用驱动精灵，用户无须了解当前计算机硬件型号也可方便地从驱动之家网站下载各硬件的最新版驱动程序。此外，优秀的驱动程序备份与还原功能，还可让用户方便地对已安装的驱动程序进行备份和恢复操作。

安装并运行驱动精灵软件，在弹出的软件主界面的左侧将显示本地计算机的类型，而对于初次使用的用户来讲，则需要单击【一键体检】按钮，开始检测本地计算机中的驱动安装情况，如图 5-54 所示。

图 5-54　一键体检

检测结束之后，将显示检测结果，包括检测评分、硬件驱动、系统补丁、垃圾清理等内容。当用户需要升级驱动程序时，则需要单击驱动程序对应的【立即升级】按钮，来升级驱动程序，如图 5-55 所示。

此时，软件将自动跳转到【驱动程序】选项卡中的【标准模式】选项组中，查看所需升级的驱动程序，单击右下角的【一键安装】按钮，开始安装驱动程序，如图 5-56 所示。

图 5-55　升级驱动程序

提　示

用户也可以单击每个驱动程序对应的【安装】按钮，单独安装某个驱动程序。

安装并更新所有的驱动程序之后，选择【驱动程序】选项卡中的【备份还原】选项组，启用【全选】复选框，单击右下角的【一键备份】按钮，开始备份驱动程序，如图 5-57 所示。

图 5-56　安装驱动程序

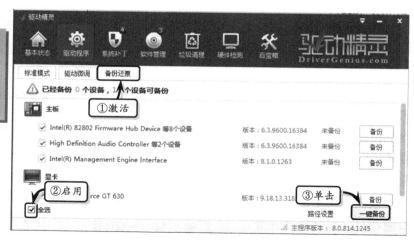

图 5-57 一键备份

2. 驱动人生

驱动人生是一款免费的驱动管理软件，可以智能检测本地计算机的硬件驱动安装情况，并具有更新驱动程序、备份和还原驱动程序，以及卸载驱动程序等功能。

安装并运行驱动人生软件，运行之后将会自动检测本地计算机的驱动安装情况，并在列表中显示驱动检测结果。用户只需单击【立即修复】按钮，即可修复所检测到的需要更新的驱动程序、需要备份的驱动程序以及需要升级的软件，如图5-58所示。

激活【本机驱动】选项卡，在该选项卡中将显示前面已检测需要更新和升级的驱动程序，启用相应的驱动程序前面的复选框，单击【开始】按钮，便可以升级和修复驱动程序了，如图5-59所示。

激活【驱动管理】选项

图 5-58 自动检测驱动程序

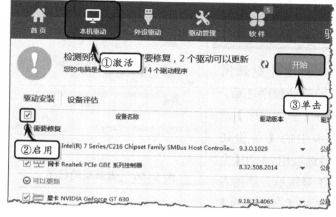

图 5-59 升级或更新驱动程序

卡，在【驱动备份】选项组中将显示需要备份的驱动程序，启用相应的复选框，单击【开始】按钮，即可备份所选驱动程序，如图 5-60 所示。

备份驱动程序之后，在【驱动还原】选项组中将显示已备份的驱动程序，选择需要还原的驱动程序，单击【开始还原】按钮，将还原相应的驱动程序。

图 5-60　备份驱动程序

激活【驱动管理】选项卡，在【驱动卸载】选项组中，单击驱动程序对应的【开始卸载】按钮，即可卸载该驱动程序，如图 5-61 所示。

卸载驱动程序之后，单击【重新检测】按钮，可以重新检测本地计算机中的驱动程序，并显示需要安装的驱动程序。

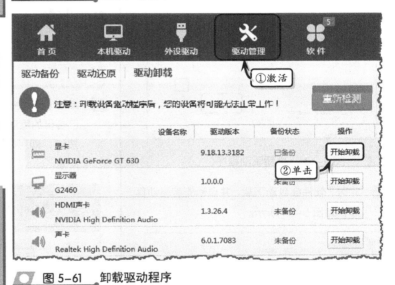

图 5-61　卸载驱动程序

5.3.3　练习：使用鲁大师管理驱动程序

鲁大师（Z 武器）是新一代的系统工具，不仅具有辨别硬件的真伪和检测各类硬件的温度的硬件检测功能，而且还具有优化清理系统、备份驱动程序、清查电脑病毒隐患，以及扫描和修复系统漏洞等系统维护与优化功能。在本练习中，将详细介绍使用鲁大师管理驱动程序的操作方法和实用技巧。

操作步骤

1　运行软件后，软件将自动检测本地计算机内的硬件信息，查看检测结果并激活【驱动管理】选项卡，如图 5-62 所示。

2　在【360 驱动大师】对话框中的【驱动体检】选项卡中，单击驱动程序对应的【更新】按钮，更新驱动程序，如图 5-63 所示。

图 5-62　显示硬件信息

图 5-63　更新驱动程序

3 此时，软件会自动下载，并自动安装驱动程序，如图 5-64 所示。

图 5-64　下载并安装驱动程序

4 激活【驱动备份】选项卡，单击驱动名称对应的【备份】按钮，单独备份某个驱动程序，如图 5-65 所示。

图 5-65　备份驱动程序

注　意

用户也可以同时选择所有的驱动程序，单击右下角的【备份】按钮，同时备份所有的驱动程序。

5 激活【驱动恢复】选项卡，在列表中将显示已备份的驱动程序，单击程序对应的【恢复】按钮，即可恢复该驱动程序，如图 5-66 所示。

图 5-66　恢复驱动程序

5.4　思考与练习

一、填空题

1. _____指系统工作时所过滤加载出的剩余数据文件，虽然每个_____所占系统资源并不多，但是长时间不进行清理会越来越多。

2．操作系统和各种软件在运行时，往往会记录各种_____。

3．常见的日志文件扩展名包括_____、_____、_____等。

4．常见的软件安装信息文件扩展名主要包括_____、_____、_____等。

5．操作系统和大多数软件都会记录用户使用操作系统或软件的历史记录，例如，_____、_____、在软件中进行的_____、使用软件打开的_____等。

6．Windows 操作系统的注册表由_____、_____和_____构成。

7．驱动程序可以界定为_____、_____、第三方驱动、发烧友修改版、_____等之分。

二、选择题

1．以下哪一类文件不属于垃圾文件？_____

A．临时文件

B．软件运行日志

C．软件安装信息

D．注册表备份文件

2．Windows 操作系统都提供了默认的编辑注册表的工具_____，可以帮助用户以可视化的方式方便地编辑注册表。

A．Regedit.exe

B．Control.exe

C．MSConfig.exe

D．GPEdit.msc

3．以下哪一种注册表数据类型无法写入字符串数据？_____

A．REG_DWORD

B．REG_EXPAND_SZ

C．REG_MULTI_SZ

D．REG_SZ

4．系统日常维护不包括哪一项内容？_____

A．磁盘垃圾清理

B．清除恶意软件

C．磁盘碎片整理

D．维护注册表

三、问答题

1．简述使用过一段时间以后的 Windows 操

作系统运行缓慢的原因。

2．垃圾文件主要包括哪些文件？

3．注册表由哪些部分组成？什么是注册表的主键？

4．什么是驱动程序？驱动程序包括哪几类？

四、上机练习

1．使用 360 安全卫士清理系统垃圾

在本练习中，将使用 360 安全卫士清理系统中的垃圾文件。首先，运行 360 安全卫士，在主界面中激活【电脑清理】选项卡，单击【一键清理】按钮，开始一键清理系统中的垃圾、不常用的软件、软件插件和历史痕迹，如图 5-67 所示。

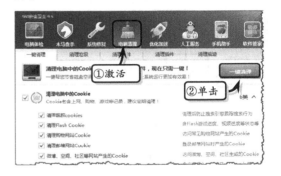

图 5-67　一键清理

此时，360 安全卫士会自动扫描系统中的各项垃圾，并自动清理扫描后的垃圾文件。清理完成之后，会在列表中显示清理结果，如图 5-68 所示。

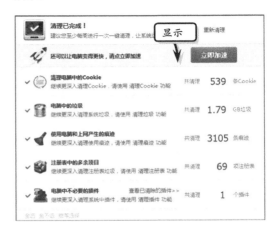

图 5-68　显示清理结果

2．更改 Temp 文件夹

在本实例中，将通过更改 Temp 文件夹的方法，来节省 C 盘空间，以达到提升系统运行速度的目的。一般情况下，当用户安装比较大的文件时，需要先把整个安装文件缓存到 "c:\Windows\Temp" 里面。此时，如果用户计算机中【C:】磁盘中没有太大的空间，则可以将该文件夹更改到其他位置。

右击桌面上【计算机】或【这台电脑】图标，执行【属性】命令，在弹出的【系统】窗口中选择左侧的【高级系统设置】链接，如图 5-69 所示。

图 5-69　【系统】对话框

然后，在弹出的【系统属性】对话框中，激活【高级】选项卡，并单击【环境变量】按钮，如图 5-70 所示。

最后，在弹出的【环境变量】对话框中，选择变量名称，并单击【编辑】按钮。在弹出的【编辑用户变量】对话框中，修改 TEMP 的变量值，即其位置，如图 5-71 所示。

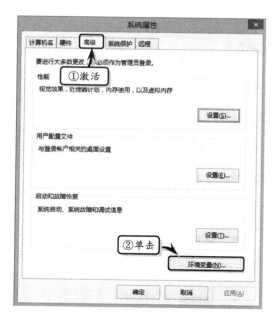

图 5-70　【系统属性】对话框

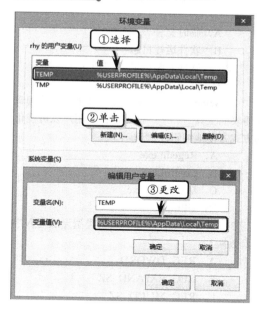

图 5-71　修改变量位置

电脑常用工具软件标准教程（2015—2018 版）

第 6 章

图形图像处理软件

随着数码科技的发展，用户习惯将日常工作与生活中的一些重要的、美好的事物以图像的方式进行记录，并通过计算机对所保存的图像进行各种最基本的处理，例如美化、压缩、制作电子相册等。除此之外，用户还将一些原本不属于图形图像表达范畴的工作流程、工作模式、模型和结构等内容图形化，以便可以对其进行更好地理解和表述。

鉴于图形图像广泛的使用性，其各种类型的图形图像处理软件也相应出世，以帮助用户来处理各种类型的图形图像文件。在本章中，将通过介绍图像浏览与管理、图像捕捉和处理以及电子相册制作等 3 类软件，帮助用户掌握图像管理、处理以及制作电子相册的方法。

本章学习内容：

➢ iSee 图片专家

➢ ACDSee

➢ 光影魔术手

➢ 红蜻蜓抓图软件

➢ JPG 超强浏览压缩工具

➢ 易达电子相册制作系统

➢ Fotosizer

➢ Photo Slideshow Maker Pro

➢ OptimumJPEG

➢ 美图秀秀

➢ HyperSnap

6.1 图像浏览和管理软件

在日常工作和生活中，用户可以使用各种浏览和管理软件来管理图形图像文件，不仅可以实现以多种方式对图像文件进行浏览和查看，而且还可以对图像文件进行裁剪、调整大小、调整颜色等一系列的编辑操作。

6.1.1 图形和图像概述

一般情况下，计算机中的图片主要包括矢量图形和位图图像两大类。其中，矢量图形主要来自各种图形绘制软件，而位图图像则主要来自于数码相机、扫描仪等外部设备。大多数矢量图形可以方便地转换为位图图像，而位图图像转换为矢量图形则较为困难。

1. 矢量图形

矢量图形是由计算机中各种点、笔触线条和填充色块等基于数学方程式的元素构成的几何图形。矢量图形主要有以下几个特点。

- ❑ **占用磁盘空间小**　矢量图形文件的存储是完全以数学公式的形式存在的，因此其文件内容和编译过的文本文件非常类似，占用磁盘空间较小，而且可以很方便地压缩存储。
- ❑ **可以任意地放大和缩小**　矢量图形文件是由计算机即时运算而显示的，因此其可以任意地放大和缩小而不会模糊或挤压，影响显示的效果。矢量的线条无论如何放大或缩小，都不会变粗或变细。
- ❑ **修改十分方便**　如果使用矢量图形处理软件，用户可以方便地修改图形中的任意曲线、直线、点和填充色块。基于以上这些特点，矢量图形主要应用在各种计算机绘图（例如各种商业平面设计）、计算机辅助设计领域（计算机绘制各种工程图、机械设计图等）、计算机动画领域（Flash 动画等）以及各种虚拟现实技术（3D 游戏、影视 CG）中。

2. 位图图像

位图图像，即平时所说的位图或光栅图像。在位图中，最基本的图像单位被称作像素。每一个像素就是一个非常微小的点。在这个点上，会存储颜色信息或灰度信息。一张位图由无数的像素点组成，根据不同像素点的颜色，显示出整个图像。

提　示

颜色信息主要是各种色彩，例如 RGB 色彩体系，就是由红色（Red）、绿色（Green）和蓝色（Blue）等组成的；灰度信息是指在无色时，以百分比或数字表示由白色到黑色之间的颜色深度幅度。

在了解位图的基本概念后，还需要了解位图的几个常用概念。详细概念如下所述。

- ❑ **位图的色彩位数**

位图根据每个像素点表述的颜色的复杂程度不同，可以分为 1、4、8、16、24 及 32 位等，表示 2 的乘方次数。1 位表示 2^1，即黑白双色，4 位表示 2^4，即 16 色。位数越高，则说明每个像素点表示的色彩越丰富；相应地，存储位图所需要的磁盘空间也就越大。

通常 16 位色彩可以表示 2^{16}（即 65536）种颜色，即可被认为是相当精细的图像，被称作高彩色。目前很多手机、数码相机的显示屏就是 16 位色的。

在 Windows 操作系统中，多数用户的显示器使用的是 24 位色（2^{24}，约 1677 万种颜色，接近人眼可以识别的极限），又被称作真彩色。

电脑常用工具软件标准教程（2015—2018 版）

提 示

日常处理图像时，24 位色已经足够显示出非常逼真的效果。虽然目前家用的 CRT 显示器最多可以显示的色彩位数是 32 位（2 的 32 次方，接近 43 亿）颜色（需要一些较新的显卡支持，被称作全彩色）。但是，人的肉眼是识别不出这么多颜色的，24 位色与 32 位色在人眼识别起来并无太大差别。

❑ 位图的分辨率

分辨率是表示位图清晰度的一个概念，即在位图的单位面积中，包含最小单位色块的数量。在计算机显示器上，这个最小的单位是像素，因此显示器的分辨率被称作 ppi（pixels per inch，像素每英寸）；而在各种印刷品中，则是点（派卡），因此印刷领域的分辨率被称作 dpi（dots per inch，点每英寸）。

分辨率直接影响到位图的清晰度和占磁盘的空间。一张位图，分辨率越大，在单位面积中包含的最小单位色块（像素或点）越多，其数据量也就越大。

ppi 和 dpi 是可以相互转换的。目前常用的图像处理软件基本都支持这一转换。在制作或处理位图时，往往需要根据位图所适用的范围确定位图的分辨率大小以及分辨率。例如，在网页中显示的位图，分辨率为 72ppi 即可；而用于印刷或冲洗的照片，分辨率往往需要 300dpi。

6.1.2 常用图像浏览和管理软件

虽然 Windows 操作系统中也为用户提供了图形浏览软件，但是对于一些对图像浏览器功能要求比较高且需要进行图像管理的用户来讲，操作系统内置的图形浏览软件无法达到使用需求。此时，用户可以使用市场中一些专业且免费的图形浏览和管理软件，来浏览和管理本地计算机或网络中的图像，例如 iSee 图片专家、Google Picasa、BkViewer 图片浏览器、ACDSee 等。

1．iSee 图片专家

iSee 图片专家是一款功能全面的数字图像处理工具，不仅能够实现浏览、编辑处理、管理数码照片和电脑图片，而且还具有支持 100 多种常用图像的浏览与修改、允许快速浏览、保存 Flash、傻瓜式图像处理方法、数码照片辅助支持等功能。不仅如此，iSee 图片专家还内置有智能升级程序，随时保证程序的更新等。

安装并运行 iSee 图片专家，将弹出"iSee 图片专家"窗口。在该窗口中，主要包括有菜单栏、工具栏、图片管理工具栏、文件夹目录窗格、图片预览窗格和图片视图窗格等，如图 6-1 所示。

图 6-1 iSee 图片专家窗口

❑ 浏览图像

在 iSee 图片专家窗口的【图片管理】工具栏中，按住【缩略图】滑块，可以向左或者向右拖动，来放大或缩小图片视图窗格中的图像，如图 6-2 所示。

提 示

用户也可以在【缩略图】滑块附近直接单击横线，则滑块向鼠标单击位置跳跃性移动，并缩小或者放大图像。

图 6-2 缩放图像

另外，执行工具栏中【幻灯片】命令，打开的图片将以全屏播放特效幻灯片的形式浏览，如图 6-3 所示。

用户还可以通过该软件所附带的"看图精灵"工具来浏览图像。右击图像，并执行【看图精灵】命令，如图 6-4 所示。

然后，在弹出窗口中，将类似于 Windows 所带的 Windows 照片查看器一样，非常方便地浏览图像，如图 6-5 所示。

提 示

用户也可以双击桌面中的【看图精灵】图标，直接打开"看图精灵"界面，查看相应的图片。

图 6-3 幻灯片浏览图片

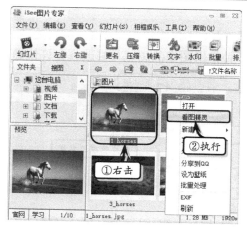

图 6-4 选择查看图片

图 6-5 看图精灵

❑ 重命名图片

在 iSee 软件中，用户不仅可以方便、快捷地浏览图像，而且还可以对图像执行命名、删除等管理操作。

在 iSee 图片专家窗口中，选择相应的图片，执行【编辑】|【重命名】命令，如图 6-6 所示。

此时，所选图片的名称将以可编辑的文本框显示，直接在文本框中输入需要修改的名称即可，如图 6-7 所示。

❏ 添加水印

数字水印是向多媒体数据（如图像、声音、视频信号等）中，添加某些数字信息以达到文件真伪鉴别、版权保护等功能。嵌入的水印信息隐藏于宿主文件中，不影响原始文件的可观性和完整性。

选择需要添加的水印的图像，例如选择"3_horses"和"5_horses"图片，并执行工具栏中的【水印】命令，如图 6-8 所示。

在弹出的【批量水印】对话框中，单击【选择文件夹】按钮，并选择处理后图片保存的位置，再单击【开始处理】按钮，如图 6-9 所示。

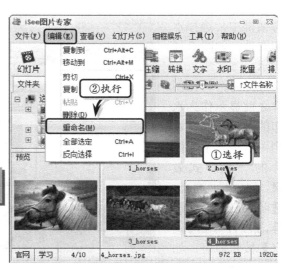

图 6-6 选择重命名图片

图 6-7 输入图片名称

图 6-8 选择图片

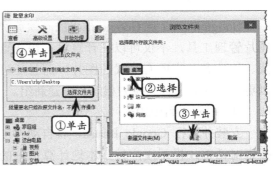

图 6-9 设置保存位置

然后，在弹出的【批量添加水印】对话框中，单击【选择水印】按钮，并在弹出的对话框中，选择水印文件，如图 6-10 所示。

此时，将在图片之前显示作为水印的图片。而在右侧可以设置水印图片的一些样式效果，如位置、混合、透明、旋转、阴影等。最后，单击【确定】按钮即可，如图 6-11 所示。

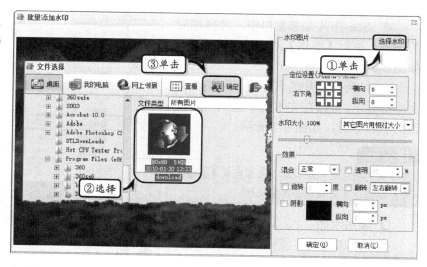

图 6-10　选择水印

提示

在添加水印文件时，用户可以多次单击【选择水印】按钮，并添加多个水印文件，并在图像上测试水印效果。

❑ 美化图像

iSee 图片转换还为用户提供了非常丰富的图像美化功能，双击窗口中的图像即可转换到图像美化模式。在该模式窗口的左侧包含了一些对图像处理的功能，如一键、补光、减光、文字、水印、相框和涂鸦等功能。而在右侧，则是针对数码照片类的图像处理，如照片修复、人像美容、相框娱乐、影楼效果、风格特效等。用户只需根据美化需求，选择相应的功能即可，如图 6-12 所示。

2. Google Picasa

Google Picasa 是 Google 推出的一款免费图片管理工具，不仅可以在计算机上快速查找、修改和共享所有格式的图片，而且还可以更改文件夹名称、排列相册和创建新组。

❑ 浏览并修改图像

安装并运行 Google Picasa，将自动弹出搜索对话框，提示用户搜索本地计算机中的图片。用户可以根据图片的大概位置，来设置搜索范围，并单击【继续】按钮，如图 6-13 所示。

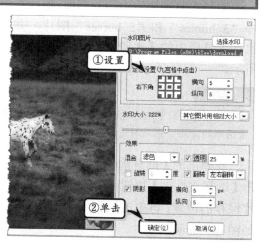

图 6-11　设置水印效果

图 6-12　图像美化模式

18

然后,软件会自动弹出建议备份对话框,提示用户是否使用软件中的备份功能来备份计算机中的图片。在此,单击【以后再说】按钮,继续搜索图片,如图 6-14 所示。

此时,在 Google Picasa 主界面中,将显示搜索到的图片。拖动图片列表下方的缩放滑块,可调整缩略图的大小,如图 6-15 所示。

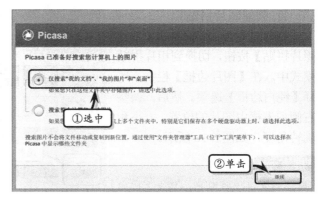

提 示

选择图片,单击图片列表下方的【共享】按钮,即可将图片共享到网络中。同时,单击【向左旋转】或【向右旋转】按钮,即可选择所选图片。

双击图片,切换到图片修改模式中。在该模式下可以裁剪图片、调整图片的亮度和颜色等。例如,选择左侧列表中的【反冲】效果,如图 6-16 所示。

图 6-13 设置搜索范围

图 6-14 设置备份选项

图 6-15 查看图片

然后,在展开的【反冲】列表中,调整【淡化】滑块,并单击【应用】按钮,应用反冲效果,如图 6-17 所示。

❑ 创建照片拼贴

在软件主界面中，单击【创建照片拼贴】按钮，切换到相片拼贴模式中。在【图片边框】栏中，选择【纯白边框】选项。然后，调整右侧列表框中图片的位置、大小和旋转角度，如图 6-18 所示。

提 示

选择列表框中的图片，单击上方的【删除】按钮，可删除所选图片。

最后，单击【创建拼贴】按钮，软件自动处理拼贴效果，并返回到图片修改模式中，便于用户对拼贴的图片进行美化设置，如图 6-19 所示。

提 示

Google Picasa 还具有创建相册的功能，以帮助用户将电脑中的旅游照片制作成多彩的电子相册。

3. BkViewer 图片浏览器

BkViewer 图片浏览器是一款免费的图片浏览软件，以简洁的界面和简便流畅的操作特点深受用户所青睐。在 BkViewer 图片浏览器中，用户不仅可以将照片设置为桌面墙纸，而且还可以显示数码照片的一些相关信息，便于用户对其进行有效管理。

运行 BkViewer 图片浏览器，在左侧列表中选择图片所在的文件夹，便可在右侧窗口中浏览指定文件夹中的图片。单击上方的【放大图片尺寸】按钮，可以大图标的样式显示图片，如图 6-20 所示。

提 示

单击上方的【图片名称】下拉按钮，在其下拉列表中选择相应的选项，即可按照一定的要求排列图片。在【图片名称】下拉列表中，主要包括图片名称、拍摄时间、文件大小、图片尺寸、图片类型、创建时间和编辑时间 7 种选项。

图 6-16　选择图片效果

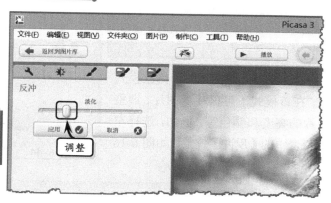

图 6-17　设置反冲效果

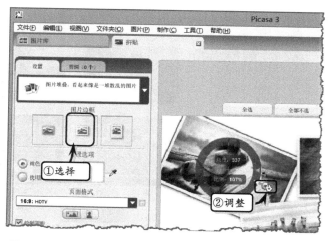

图 6-18　调整图片

双击列表框中的图片,将软件切换到图片浏览模式中。此时,在模式的最上方将显示操作工具栏和文件夹中的图片缩略图,用户可通过单击左右箭头来查看不同的图片,如图 6-21 所示。

提 示

用户可以通过上方工具栏中的各项命令,来编辑和调整图片。例如,可通过单击【放大】和【缩小】按钮,来放大或缩小图片;或者通过单击【截图】按钮,裁剪所选图片。

◢ 图 6-19　美化拼贴图片

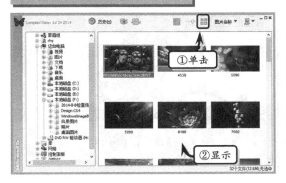

◢ 图 6-20　图片列表

◢ 图 6-21　查看图片

● 6.1.3　练习:使用 ACDSee 管理图像

ACDSee 是一款著名的图像管理软件,对于获取、整理、查看,以及共享数码相片,ACDSee 是不可或缺的工具。在 ACDSee 中,用户不仅可以选择查看任意大小的图像缩略图,或使用详细的文件属性列表为文件排序;还可以通过多种功能强大的搜索工具以及"比较图像"的功能,来删除重复的图像。在本练习中,将详细介绍使用 ACDSee 管理图像的操作方法和实用技巧。

操作步骤:

1 在 ACDSee 窗口的【文件夹】窗格中,选择需要打开的图片文件夹,如图 6-22 所示。

2 在【缩略图】视图中,将鼠标移动到"1"图片上时,将弹出"1"图片的缩略图,如图 6-23 所示。

3 在图片列表框下方,向右拖动【缩略图大小】

滑块,调整缩略图的大小,如图 6-24 所示。

4 在【缩略图】窗格中,双击"2"图片,切换至【查看】选项卡中,执行【视图】|【自动播放】|【开始/停止】命令,自动播放图片,如图 6-25 所示。

5 激活右上角的【编辑】选项卡,在【编辑模式菜单】列表中，选择【特殊效果】选项，如图 6-26 所示。

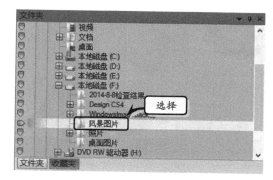

图 6-22 选择文件夹

图 6-23 预览图片

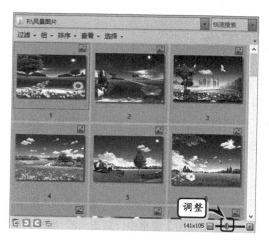

图 6-24 调整缩略图大小

6 在展开的【效果】列表中，选择【波纹】选项，如图 6-27 所示。

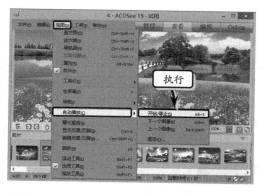

图 6-25 自动播放图片

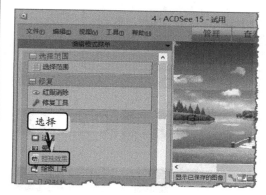

图 6-26 【编辑】选项卡

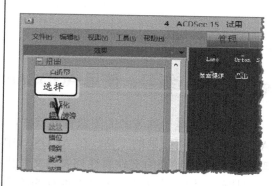

图 6-27 选择效果

7 然后，在展开的【扭曲】列表框中，设置波纹效果的具体参数，并单击【完成】按钮，如图 6-28 所示。

8 切换到【管理】选项卡中，右击"4"图片，执行【设置类别】|【相册】命令，设置图片的类别，如图 6-29 所示。

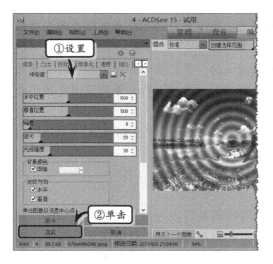

图 6-28　设置效果参数

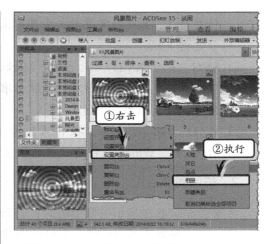

图 6-29　设置图片的类别

6.2 图像捕捉和处理软件

图像捕捉工具和图像处理工具是处理图形图像的常用工具，其中捕捉工具可以帮助用户捕捉当前屏幕显示的图像内容，包括整个屏幕、活动窗口和选定区域等；而图像处理工具则可以帮助用户方便、快捷地编辑和处理图像。

6.2.1　图形图像的文件格式

由于各种图形图像文件的编码有很大区别，因此，图形图像文件的格式有很多种。每一种图形图像文件往往都有其最适合的使用领域。在处理图形图像时，应根据不同的需要，选择输出图形图像的类型。

在计算机中，图形图像文件的格式是根据其文件扩展名区分的。一种图形图像文件，往往只对应一种或几种扩展名。了解了图形图像文件的扩展名，就可以方便地区分各种图像，如下所述。

1．矢量图形格式

矢量图形格式具有一些独到的特点（例如，便于修改、可以自由放大或缩小等），在日常使用计算机时，经常会遇到一些矢量图形。

❑ **SWF**　Adobe Flash 的矢量图形文件，既可以用于静态矢量图形的输出，也可以用于矢量动画的输出。几乎所有的计算机都安装了 SWF 文件的播放器，因此，多数计算机可以直接浏览该格式的图形。

❑ **AI**　Adobe Illustrator（Adobe 开发的一种专业矢量图形绘制软件）的标准图形文件保存格式。在网上有很多该格式的矢量图形背景下载。

❑ **CDR**　Corel Draw（Corel 开发的一种专业矢量图形绘制软件）的标准图形文件

保存格式，也是很常见的矢量图形文件格式，在网上同样有很多该格式的矢量图形素材下载。

❑ **SVG** 基于 XML（eXtensible Markup Language，可扩展的标记语言）的矢量图形格式，是由 W3C 制定的开放标准，目前 Opera 和 FireFox 等网页浏览器已支持这种矢量图形的浏览。

❑ **WMF** 在 Windows 操作系统中广泛应用的一种矢量图形格式（Windows MetaFile，Windows 图元文件格式）。

2. 位图图像格式

大多数显示器在显示矢量图形时，通常都是即时将其转换为位图图像再显示的。在日常生活中，遇到的多数图像都是位图图像。以下介绍常用的几种位图图像格式。

❑ **BMP** BMP（BitMap，位图）是 Windows 操作系统中的标准位图图像格式，是一种使用非常广泛的无压缩位图格式，几乎所有的图形图像处理软件都可以直接打开和编辑这种图像格式。

❑ **JPEG** JPEG（Joint Photographic Experts Group，联合图像专家组）是针对照片等位图而设计的一种失真压缩标准格式，包括 PG、JPE、JFIF、JIF、JFI 等多种格式。使用 JPEG 格式的图像，可以定义图像的保真等级；保真等级越高，则图像越清晰，图像占磁盘空间也越大。

❑ **GIF** GIF（Graphics Interchange Format，图形交换格式）是一种 8 位色彩的、支持多帧动画和 Alpha 通道（透明通道）的压缩位图格式，是互联网中最常见的图像格式之一。常用于各种小型位图，如按钮和图标等。由于其只支持 8 位色彩(256 种颜色)，所以不适用于照片处理。

❑ **PNG** PNG（Portable Network Graphics，便携式网络图形）是一种非失真性压缩位图的位图图像格式。其支持最低 8 位、最高 48 位彩色以及 16 位灰度图像和 Alpha 通道（透明通道），并使用了无损压缩。PNG 是一种新兴的图像格式，使用 PNG 往往可以获得比 GIF 更大的压缩比率。

❑ **PSD** Photoshop（Adobe 开发的一种专业图像处理软件）的标准图像保存格式，支持 8～32 位的 RGB、CMYK、Lab 等色彩系的图像，支持图层、Alpha 通道，同时，还支持保存对图像进行操作的各种历史记录。但除 Photoshop 以外，只有少数软件可以浏览和打开这类图像。

❑ **TIF** TIF 是横跨苹果和个人计算机两大操作系统平台的跨平台标准文件格式，广泛支持图像打印的规格，如分色处理功能。TIF 格式类似 PNG，也是采用一种非破坏性压缩算法且不支持矢量图形。各种扫描仪输出的图像就是 TIF 格式。

6.2.2 常用图像捕捉和处理软件

图形捕捉软件是一种专门用于屏幕抓取的软件，用户可以使用一些专业的图片捕捉软件来抓取屏幕图片，并适当地编辑和美化屏幕图片，例如 HyperSnap 和红蜻蜓抓图软件等。而对于一些喜欢自拍和拍摄风景图片的用户来讲，则可以使用专业的图片处理软件来对照片进行一定的美化操作，例如光影魔术手和美图秀秀等软件。

1. HyperSnap

HyperSnap 是一款专业的屏幕抓图工具，不仅能捕捉标准普通的应用程序，还能抓取使用 DirectX、3Dfx Glide 技术开发的各种全屏游戏，以及正在播放的视频等。该软件能以 20 多种图形格式（包括 MP、GIF、JPEG、TIFF、PCX 等）保存图片，同时还支持对这些图像的浏览。

HyperSnap 的操作十分简便，用户可以使用热键或自动计时器从屏幕上捕捉，还可以在所捕捉的图像中获取鼠标轨迹。HyperSnap 提供了收集工具、调色板工具，允许用户设置捕捉的分辨率。

启动该软件后，将弹出 HyperSnap 窗口。该窗口非常类似于 Office 2007 界面布局格式，其中包含有选项卡、选项组，以及不同的按钮、设置选项等，如图 6-30 所示。

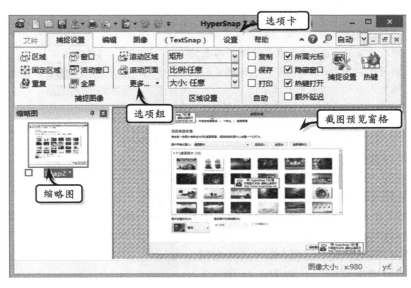

图 6-30　HyperSnap 窗口

❏ 捕捉设置

在使用该软件进行捕获之前，用户需要先进行一番设置。例如，在【捕捉设置】选项卡中，执行【捕捉设置】命令，在弹出的【捕捉设置】对话框中，设置【捕捉前延迟时间】为 0 毫秒；禁用【包含光标指针】复选框，如图 6-31 所示。

在主界面中的【捕捉设置】选项卡中，执行【热键】命令。然后，在弹出的【屏幕捕捉热键】对话框中，设置停止计时自动捕捉、特殊计时、打印键处理的快捷键，

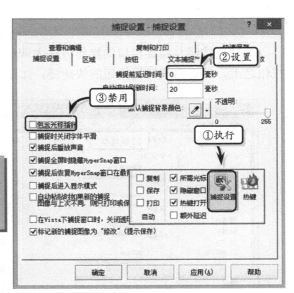

图 6-31　捕捉设置

如图 6-32 所示。

在【屏幕捕捉热键】对话框中，单击【自定义键盘】按钮，即可对捕捉的不同方式进行快捷键设置，如窗口、区域、按钮等捕捉的快捷键设置，如图 6-33 所示。

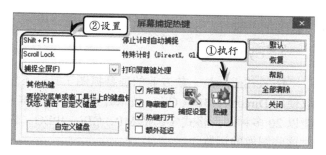

图 6-32　设置捕捉快捷键

在【自定义】对话框的【键盘】选项卡中，用户可以对不同类型的内容捕捉进行相应的设置。因为，在计算机操作系统中，包含有窗口、按钮、鼠标光标等不同类型的界面组成部分，所以，用户需要对不同类型内容的捕捉进行设置。

❑ 捕捉图像

在使用 HyperSnap 捕捉过程中，可以捕捉窗口、按钮和区域等不同类型的内容。在捕捉窗口时，用户可以使用刚刚设置的快捷键方式。例如，按 Ctrl+F11 键，即弹出一个闪烁的线框并将鼠标移至窗口上，且线框将在窗口四边闪烁。然后，单击鼠标左键，即可捕捉该窗口，如图 6-34 所示。

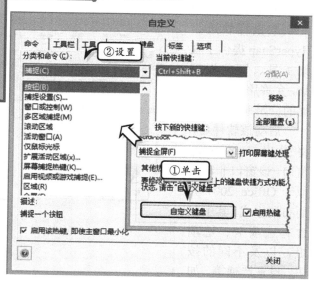

图 6-33　自定义快捷键

用户也可以在【捕捉设置】选项卡中，执行【捕捉图像】|【窗口】命令，此时将弹出闪烁的线框，并选择需要捕捉的窗口。

而捕捉按钮与捕捉窗口的操作方法大同小异。用户可以先将鼠标放置于需要捕捉的按钮之上，然后再按捕捉按钮的快捷键，如图 6-35 所示。

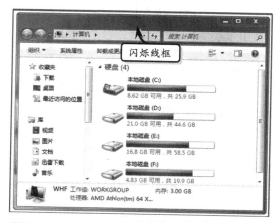

图 6-34　捕捉窗口图像

图 6-35　选择按钮

电脑常用工具软件标准教程（2015—2018 版）

此时，将捕捉一个按钮到 HyperSnap 窗口中，如图 6-36 所示。当然，用户也可以在【捕捉设置】选项卡的【捕捉图像】组中，单击【更多】下拉按钮，并执行【按钮】命令，同样可捕捉按钮。

在捕捉一些不规则或者无法使用捕捉窗口进行捕捉的图像时，可以使用区域捕捉方式。默认情况下，按 Ctrl+Shift+R 键即可使用区域捕捉。

例如，当捕捉一个区域时，按 Ctrl+Shift+R 键，即可使用出现的"十"字线来定义捕捉区域，如图 6-37 所示。

斜对角拖动鼠标，即可选定要捕捉的区域范围，如图 6-38 所示。当完成选定区域时，单击鼠标左键即可。捕捉区域后，可在 HyperSnap 工具中显示选区中所捕捉的图像。

❑ **修剪图像**

在【图像】选项卡中，包含在捕捉的图像上需要使用的绝大多数工具，包括更改大小、形状、颜色以及更多。此选项卡被分成了 4 组，即修改、旋转、特效和颜色，以及一个工具栏。

选定图像的一个区域/部分，在【图像】选项卡【修改】选项组中，执行【修剪】命令将会出现两条交叉的直线。然后，单击并按住鼠标左键，斜对角拖拉鼠标指针直到包含了保留的区域，如图 6-39 所示。

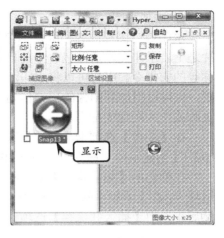

图 6-36 捕捉按钮

图 6-37 区域捕捉

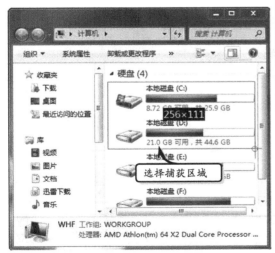

图 6-38 选择区域

图 6-39 选择保留区域

□ **添加水印**

水印是对图片内容和版权等信息的解说，可以由图片、文本等组成，叠加在现有图片之上。水印文本通常包含当前日期、时间及文件名称等的宏指令。用户可以将水印添加到图像的任何位置，也可以附加到图像的顶端作为页眉或是底端作为页脚或作为图像的标题。

在【图像】选项卡【修改】选项组中，执行【水印】|【创建水印】命令，如图 6-40 所示。

在弹出的【编辑水印】对话框中，激活【文本】选项卡，在文本框中输入文本内容，并设置文本格式。然后，选中【插入并保存】选项，并单击【确定】按钮，如图 6-41 所示。

此时，将在图像上显示所添加的水印效果，并且以"白色"为背景，如图 6-42 所示。

图 6-40　添加水印

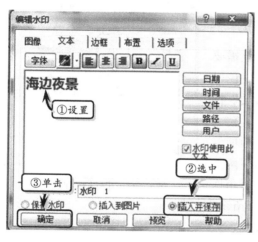

图 6-41　设置水印效果

图 6-42　水印效果

最后，再双击水印效果，在弹出的【编辑文本】对话框中，启用【使透明】复选框，取消水印中的背景颜色，如图 6-43 所示。

2．光影魔术手

光影魔术手（nEOiMAGING）是一个对数码照片画质进行改善及效果处理的软件，可以为用户提供最简便易用的图像处理工具。用户不需要任何专业知识，即可掌握图像处理技术，制作出精美的相框、艺术照、专业胶片效果。光影魔术手具有以下特色功能。

□ **正片效果**　经处理后，照片反差更鲜明、

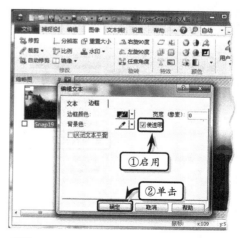

图 6-43　取消水印背景

色彩更亮丽，红色还原十分准确，色彩过渡自然艳丽，提供多种模式供用户选择。

❑ **反转片负冲** 主要特色是画面中同时存在冷暖色调对比。亮部的饱和度有所增强，呈暖色调但不夸张；暗部发生明显的色调偏移，提供饱和度等的控制。

❑ **数码减光** 利用数码补光功能，暗部的亮度可以有效提高，同时，亮部的画质不受影响，明暗之间的过渡十分自然，暗部的反差也不受影响。对于追补效果欠佳的照片，可以调节"强力追补"参数增强补光效果。

❑ **高 ISO 去噪** 这个高 ISO 去噪的功能，可以在不影响画面细节的情况下去除红绿噪点。同时画面仍保持有高 ISO 的颗粒感，效果类似高 ISO 胶片，使 DC 的高 ISO 设置真正可用。

❑ **晚霞渲染** 这个功能不仅局限于天空，也可以运用在人像、风景等情况。使用以后，亮度呈现暖红色调，暗部则显蓝紫色，画面的色调对比很鲜明，色彩十分艳丽。暗部细节亦保留得很丰富。

安装并运行光影魔术手，打开该软件的窗口，该窗口中包含有工具栏、功能窗格和预览窗格，如图 6-44 所示。

❑ **编辑图片**

图 6-44 光影魔术手窗口

在主界面中，单击【浏览图片】按钮，切换到浏览图片窗口中，在左侧文件夹列表中选择包含图片的文件夹，并在右侧列表框中浏览文件夹中的图片，如图 6-45 所示。

双击列表框中的图片，切换到【编辑图片】对话框中，单击【裁剪】下拉按钮，在其下拉列表中选择【按 16：9 裁剪】选项，按比例裁剪图片，如图 6-46 所示。

图 6-45 浏览图片

然后，单击【边框】按钮，在其列表中选择【花样边框】选项。在弹出的【花样边

框】对话框中，选择【清新】
选项组，并在其列表中选择一
种边框样式，如图 6-47 所示。

❑ **基本调整**

光影魔术手为用户提供
了多种基本调整功能，包括直
方图、基本、一键设置、数码
补光、清晰度、色阶等 15 种
功能，以帮助用户快速设置图
片的亮度、对比度、色相、饱
和度等美化参数。

在【编辑
图片】对话框
中，激活【基
本调整】选项
卡，在其列表
中选择【一键
设置】选项，
同时选择【自
动美化】选
项，设置图
片的美化效
果，如图 6-48
所示。

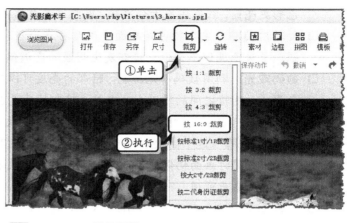

图 6-46 裁剪图片

图 6-47 设置边框样式

同时，选择【色阶】选项，在其图表中，通过调整图表下方的色块来调整图表 RGB
通道的颜色值，如图 6-49 所示。

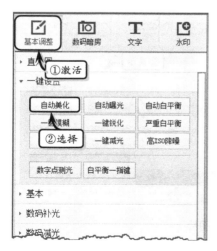

图 6-48 自动美化图片

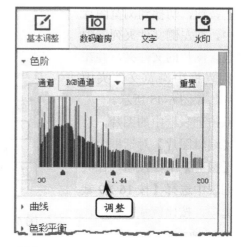

图 6-49 调整图片色阶

电脑常用工具软件标准教程（2015—2018 版）

❑ **数码暗房**

在【编辑图片】对话框中，激活【数码暗房】选项卡，在【全部】选项组中选择【反转片效果】选项，如图 6-50 所示。

然后，在展开的【反转片效果】列表中，分别设置【反差】、【暗部】、【高光】和【饱和度】选项，并单击【确定】按钮，完成效果设置，如图 6-51 所示。

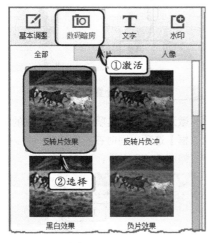

图 6-50　选择图片效果

图 6-51　设置反转片效果

● 6.2.3　练习：使用美图秀秀美化图片

美图秀秀是一款比光影魔术手、Photoshop 简单很多的新一代非主流图片处理软件，具有图片处理、美容、饰品、边框、闪字、场景和闪图等多种图像处理功能，可以将拍摄的数码照片快速加工成用户希望得到的效果。在本练习中，将详细介绍使用美图秀秀处理照片的具体操作方法。

操作步骤：

1 运行美图秀秀，在欢迎界面中选择【人像美容】选项，如图 6-52 所示。

图 6-52　选择图片处理类型

2 在弹出的对话框中，单击【打开一张图片】按钮，如图 6-53 所示。

图 6-53　选择图片

第 6 章　图形图像处理软件

131

3 然后，在弹出的【打开一张图片】对话框中，选择图片文件，并单击【打开】按钮，如图6-54所示。

图 6-54　选择图片文件

4 在展开的【美容】选项卡中，选择【智能美容】选项，如图6-55所示。

图 6-55　选择美容类型

5 在左侧的列表中选择【红润】选项，并在弹出的调节框中拖动滑块来调整红润比例值，如图6-56所示。

图 6-56　设置红润效果

6 选择【白皙】选项，并在弹出的调节框中拖动滑块来调整白皙比例值，如图6-57所示。最后，单击【应用】按钮。

图 6-57　设置白皙效果

7 激活【边框】选项卡，选择左侧的【炫彩边框】选项，同时在右侧选择一种边框样式，如图6-58所示。

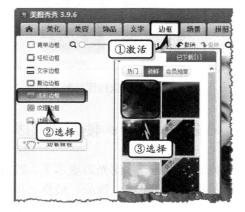

图 6-58　添加边框效果

8 然后，在弹出的【边框】对话框中，设置边框的透明度，并单击【确定】按钮，如图6-59所示。

图 6-59　设置边框的透明度

9 激活【场景】选项卡，选择【静态场景】栏中的【逼真场景】选项，并在右侧选择一种场景样式，如图 6-60 所示。

10 在弹出的【场景】对话框中，调整图片的大小，并单击【确定】按钮，如图 6-61 所示。

图 6-60 选择场景样式

图 6-61 设置场景效果

6.3 图片压缩软件

随着科技的发展，一些数码照片的质量越来越大，而高质量的图片则直接导致了数据的增大，不管是存储还是传送都占据了大部分资源。此时，用户可以使用图片压缩软件，对图片进行无损或有损压缩，在降低图片的同时达到了节省磁盘空间和提升传输速度的目的。

6.3.1 图片压缩简介

图像压缩又称为图像编码，是一种模拟图像信号的数字化和相应图像频带的压缩技术，通常是指在满足一定信噪比的要求或主观评价得分的条件下，以较少比特数有损或无损地表示图像或图像中所包含信息的技术。在学习使用图片压缩软件之前，还需要先了解一下图像压缩的基本原理和基本方法。

1. 图像压缩的基本原理

图像数据与数字音频类似，都具有非常大的数字图像数据，在存储和传输时都会占用大量资源；因此，为了节省资源，需要对图像进行压缩操作。图像数据之所以可以被压缩，是因为数据中存在着很大的冗余；而数据压缩的目的就是通过减少图像数据中的冗余信息，来减少表示数据所需要的比特数，从而达到压缩图像的目的。

其中，图像中的冗余主要表现为下列 3 种类型：

❑ **空间冗余** 空间冗余主要是由图像中相邻像素之间的相关性而引起的。

❑ **时间冗余** 时间冗余是由图像序列中不同帧之间的相关性所引起的。

❑ **频谱冗余** 频谱冗余是由不同彩色平面或频谱带的相关性所引起的。

2．图像压缩的基本方法

图像压缩包括有损数据压缩和无损数据压缩 2 种类型，其具体情况如下所述。

❑ **无损压缩**　无损压缩是一种不会造成图形失真的编码方法，其压缩比不大并可重建图片，压缩方法主要包括行程长度编码和熵编码法等方法。

❑ **有损压缩**　有损压缩是一种无法完全恢复原始图像的编码方法，其压缩比大但会损失图像信息，压缩方法主要包括变换编码、分形压缩和色度抽样等方法。

由于有损压缩方法会在低位速条件下形成压缩失真的现象，因此对于一些绘制的技术图、图表或者漫画等图像数据则优先使用无损压缩方法。而对于一些自然的图像或对一些微小损失无法感知的图形，则适用于有损压缩方法，从而可以大幅度地减少图像中的位数。

提　示

图像压缩方法的质量可以通过峰值信噪比来衡量，而峰值信噪比则是用来表述图像有损压缩带来的噪声。

6.3.2　常用图片压缩软件

一般情况下，用户会像压缩软件那样压缩图片文件，即使用一些文件压缩软件来压缩图片。虽然上述方法比较简单，但为了保证图片的真实性和无损性，还需要使用一些专业的图片压缩软件来对图片进行无损压缩，例如使用 JPG 超强浏览压缩工具、Fotosizer，以及 Image Optimizer 压缩软件等。

1．JPG 超强浏览压缩工具

JPG 超强浏览压缩工具不仅可以高保真地压缩和浏览各种格式的图像，而且还可以实现 JPG、GIF 和 BMP 图像格式之间的相互转换。

运行 JPG 超强浏览压缩工具，在打开的主界面中，将显示左右 2 个图片浏览框，其左边的图片浏览框表示原图片，而右侧的图片浏览框则表示压缩后的图片，如图 6-62 所示。

图 6-62　JPG 超强浏览压缩工具界面

提　示

执行【文件】|【移动到】命令，可以移动图片的位置。同时，双击界面中的图片，可以切换到全屏幕图片浏览模式中。

在主界面的工具栏中，单击【打开】按钮，在弹出的【请选择目标目录】对话框中，选择包含图片的文件夹，并单击【确定】按钮，如图 6-63 所示。

然后，在左侧下方的列表框中，选择需要压缩的图片，例如选择"1.JPG"图片。在【压缩比】调节框中单击上下调节按钮，设置压缩比值，并单击【确定】按钮，如图 6-64 所示。

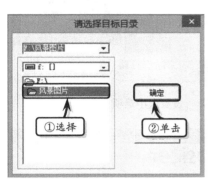

图 6-63 选择图片文件夹

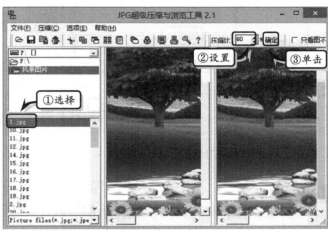

图 6-64 设置压缩比值

最后，执行【文件】|【另存为压缩图像】命令，在弹出的【另存为】对话框中，设置保存位置和文件名，单击【保存】按钮，保存压缩后的图像，如图 6-65 所示。

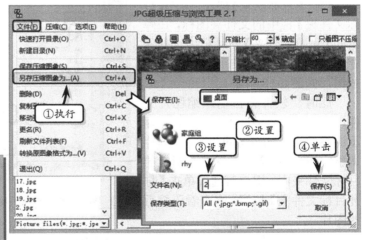

图 6-65 保存压缩图像

提 示

对图像进行压缩并保存之后，右击图像执行【属性】命令，在弹出的【属性】对话框中可通过查看图像的大小来确定压缩效果。

2. Fotosizer

Fotosizer 是一款批量调整图片大小的专业软件，具有批量转换格式、缩放旋转图片、黑白和胶片效果等功能。

运行 Fotosizer，在主界面中单击【拖放文件】图标，在弹出来的【打开】对话框中，选择图片文件，并单击【打开】按钮，如图 6-66 所示。

此时，在主界面中将显示所选图片，并在图片下方显示图片的类型、文件大小、尺寸等基本信息。展开【调整大小设置】列表，选中【预设大小】选项，并在下拉列表中选择一种屏幕尺寸。然后，启用【如果较小不要放大】复选框，如图 6-67 所示。

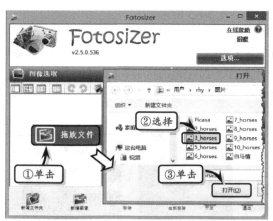

图 6-66　选择图片文件

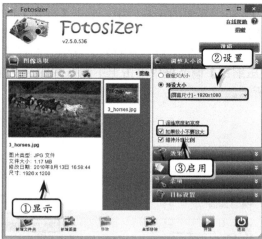

图 6-67　设置大小选项

提　示

用户也可以单击左上角的【选项】按钮，在弹出的【选项】对话框中，设置软件语言和所支持的图像格式。

展开【目标设置】列表，单击【目标文件夹】栏中的文件夹图标，在弹出的【浏览文件夹】对话框中选择保存位置。最后，单击右下角的【开始】按钮，如图 6-68 所示。

此时，软件将自动压缩图片文件，并显示【调整过程】对话框，显示调整进度，如图 6-69 所示。图片调整完毕之后，会自动保存到指定的目标文件夹中，用户可通过单击【打开目标文件夹】按钮，来查看压缩后的图片。

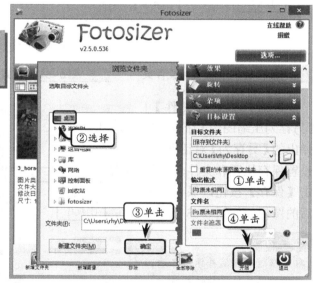

图 6-68　设置目标文件夹

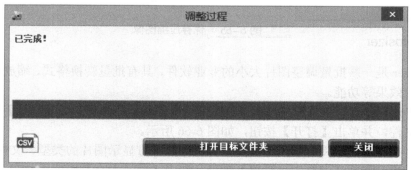

图 6-69　调整图片

6.3.3　练习：使用 Image Optimizer 压缩图片

Image Optimizer 是一款影像压缩软件，可以利用 MagiCompress 压缩技术在不影响图形影像品质状况下，将 JPG、GIF、PNG、BMP、TIF 等格式的图像文件压缩到 50%以上。在本练习中，将详细介绍使用 Image Optimizer 对图片进行压缩的操作方法和实用技巧。

操作步骤：

1. 运行 Image Optimizer，在主界面中执行工具栏中的【打开】命令，在弹出的【Open】对话框中，选择图片文件，如图 6-70 所示。

图 6-70　选择图片文件

2. 此时，软件将自动显示【增强图像】对话框，单击对话框中的【OFF】按钮，调整色阶值，如图 6-71 所示。

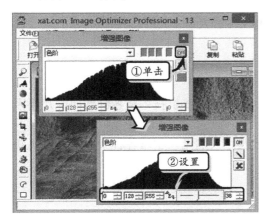

图 6-71　调整色阶

3. 选择左侧工具栏中的【颜色】选项，在弹出的对话框中单击【OFF】按钮，调整颜色值，如图 6-72 所示。

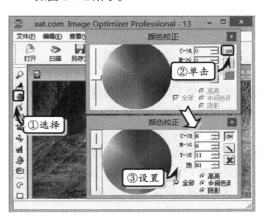

图 6-72　颜色校正

4. 选择左侧工具栏中的【清洁】选项，在弹出的对话框中单击【OFF】按钮，调整各参数值，如图 6-73 所示。

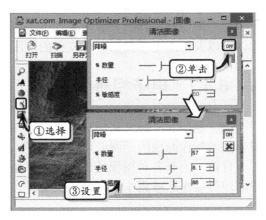

图 6-73　降噪处理

5. 选择左侧工具栏中的【焦点】选项，在弹出

的对话框中单击【OFF】按钮，调整锐化各
参数值，如图6-74所示。

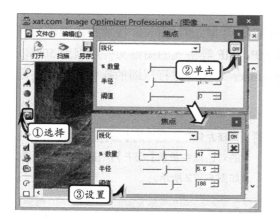

图 6-75　压缩图像

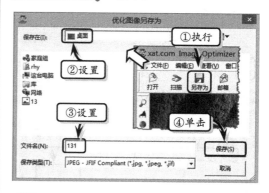

图 6-74　设置锐化效果

6 选择左侧工具栏中的【压缩】选项，在弹出
的对话框中单击【自动压缩】按钮，如图
6-75所示。

7 最后，执行工具栏中的【另存为】命令，在
弹出的【优化图像另存为】对话框中，选择
保存位置，设置文件名，单击【保存】按钮，
如图6-76所示。

图 6-76　保存优化图像

6.4　电子相册制作软件

电子相册制作软件具有强大的功能，如支持背景音乐、内置多种图片显示特效、自
带多种精美的菜单模板、支持相册刻录成光盘等。使用电子相册制作软件，可以帮助用
户快速、简便地制作出专业效果的电子相册。在本小节中，将详细介绍电子相册的基础
知识，以及常用电子相册制作软件的使用方法和实用技巧。

6.4.1　电子相册简介

电子相册是一种新兴的计算机多媒体内容，是通过计算机技术将各种数码照片用多
媒体技术制作而成的动画或可执行程序。

目前，由于各种图像处理与多媒体技术的普及，人们无须学习各种专业的计算机知
识，即可制作出效果丰富的电子相册。

1.电子相册的优点

电子相册与传统的实体相册相比具有多种优点，所以越来越多的用户开始学习制作
电子相册的技术。

❏ **保存安全，便于复制**

在实体相册中，保存的纸质照片需要一些较苛刻的条件。例如，照片需要防潮、防霉等。在长期存放后，纸质照片往往会发黄，影响效果。而且，复制纸质照片，还需要冲印，非常麻烦。

电子相册是存储于计算机中的软件，所以不需要防潮和防霉，无论存放多长时间，相册中的照片效果都不会被破坏。

复制电子相册中存储的照片也非常容易，只需要简单地复制操作即可。人们可以随时将电子相册存放到硬盘、闪存、光盘及互联网中，而不必考虑丢失或损坏。

❏ **制作精美，易于修改**

人们购买的实体相册往往是由制造商设计的样式，未必能够满足个性化的要求。而且，大多数用户并没有手工制作实体相册的技术和能力。

电子相册相比实体相册，具有更强的可编辑性。很多电子相册制作软件都会提供电子相册的制作、修改功能。

同时，用户还可以为电子相册中的照片添加各种特效，如渐显、渐隐、马赛克等，增加相册的美观和个性化。

❏ **输出方便，随时打印**

由于实体相册保存的麻烦，所以人们很难将相册中的照片与亲戚、朋友分享。即便将实体相册带到亲戚、朋友处，也很容易损坏。

电子相册则可以方便地输出到任何计算机的输出设备中，如可以用喷墨打印机打印，也可以刻成 VCD 或 DVD 光盘；还可以通过闪存、移动硬盘等复制到亲戚或朋友的计算机中；或通过网络传输，方便地与他人共享。

2．电子相册的制作流程

电子相册的制作方法和软件有很多，可以做成静态图片浏览形式，也可以制作成动态视频来播放。

按照制作电子相册时所用软件和播放形式来划分，电子相册主要分为：用刻录软件制作的静态电子相册、用视频编辑软件制作的动态电子相册、用电子相册软件制作的电子相册和可完全还原图像品质的电子相册4 类。

电子相册的制作流程有处理图像素材、准备片头片尾、准备音频素材、编辑电子相册以及输出相册文档等 5 个步骤，如图 6-77 所示。

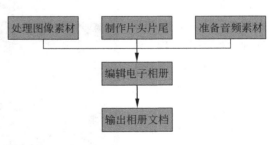

❏ **处理图像素材**　在处理图像素材时，需要使用各种图形图像处理工具，先对图像素材进行基本的处理。例如，调整亮度、去除红眼、设置图像大小等。

❏ 为保证相册的输出效果，往往需要将照片处理为统一大小的图片以便于导入相册。

图 6-77　制作电子相册的流程

❑ **制作片头片尾** 多数电子相册制作软件都会提供一些片头、片尾模板，以供用户选择。一些高级用户也可自行制作电子相册的片头和片尾视频等。

❑ **准备音频素材** 可以向电子相册放入一些悦耳的背景音乐，所以用户需要准备好音频文件，如歌曲、伴奏、轻音乐等。

❑ **编辑电子相册** 在这一步骤，用户需要设置相册各图像之间切换的动画，如相册的图像播放顺序、转场效果、特效效果等。该步骤是制作电子相册的最主要步骤，通过一些系统的编辑，可以达到电视剧或者电影的一些特殊场景、特技效果等。

❑ **输出相册文档** 在制作完成电子相册后，即可将电子相册输出到各种存储设备中。输出的电子相册文档类型有许多种，如用于计算机中播放的 Flash 动画、视频，以及 VCD 光盘和 DVD 光盘等。

6.4.2 常用电子相册制作软件

随着数码科技的发展，普通的静态图像已无法满足用户浏览多彩事物的需求。越来越多的用户喜欢将色彩丰富的图像制作成电子相册，并共享到微博、QQ 空间、微信、人人网等网络中。在本小节中，将详细介绍两款操作简便的电子相册制作软件，以帮助用户制作绚丽多彩的电子相册。

1. 艾奇 KTV 电子相册制作软件

艾奇 KTV 电子相册制作软件不仅可以为照片配备音乐并添加炫酷的过渡效果，而且还可以轻松、快速地制作各种视频格式。除了支持多种视频格式之外，艾奇视频电子相册制作软件还支持 jpg、png、bmp、gif 等多种图片格式。

运行艾奇视频电子相册制作软件，在弹出的主界面中，查看视频制作的操作流程。然后，执行【添加图片】命令，准备添加视频图片，如图 6-78 所示。

在弹出的【添加图片】对话框中，选择包含图片的文件夹，同时按住 Ctrl 键选择多张图片，并单击【打开】按钮，如图 6-79 所示。

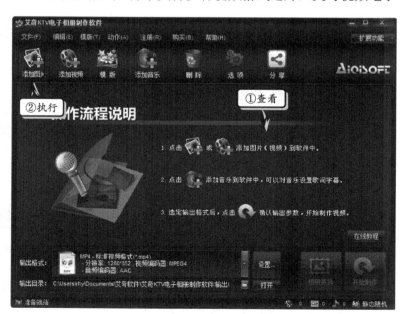

图 6-78 软件主界面

将鼠标移至图片上方，此时在图片上方将显示悬浮菜单栏，选择【编辑】选项，准备编辑图片效果，如图 6-80 所示。

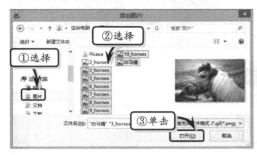

图 6-79　选择多张图片　　　　　　　图 6-80　悬浮菜单栏

在弹出的【图片编辑】对话框的底部，激活【效果】选项卡，设置【图片过滤效果】和【图片显示方式】选项，如图 6-81 所示。

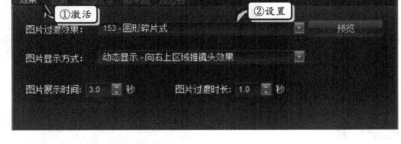

图 6-81　设置图片效果

提　示

用户也可以在【滤镜】、【添加文字】和【画中画】中设置图片的滤镜效果、旋转效果、文字说明和画中画效果。

在【图片编辑】对话框的底部，激活【加边框】选项卡，启用【启用边框】复选框，选择【金属时代】选项。然后，单击【应用到所有】下拉按钮，在其下拉列表中选择【应用加边框设置到所有文件】选项，并单击【应用】按钮，如图 6-82 所示。

图 6-82　添加边框效果

在主界面中，执行【模板】命令，在弹出的【模板设置】对话框中，选择一种相册模板，单击【确定】按钮，并在弹出的对话框中单击【是】按钮，如图 6-83 所示。

在主界面中，执行【添加音乐】

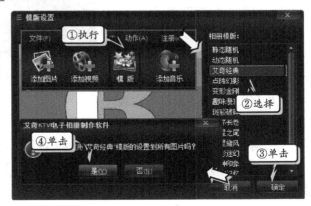

图 6-83　设置相册模板

第 6 章　图形图像处理软件

141

命令，在弹出的【打开】对话框中，选择音乐文件，单击【打开】按钮，添加音乐文件，并单击【开始制作】按钮，如图6-84所示。

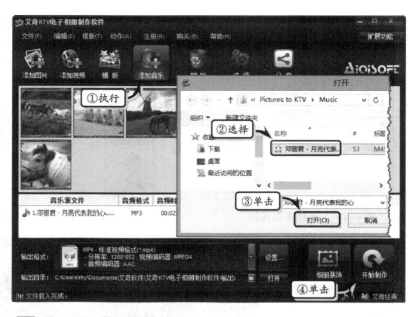

图 6-84　添加音乐文件

最后，在弹出的对话框中的【输出方式】栏中选中【画面循环展示直到音乐播放结束】选项，并在【文件名】文本框中输入视频名称，单击【开始制作】按钮，如图6-85所示。

提　示

用户可以在【相册装饰】栏中启用相应的复选框，为相册添加片头、片尾、相框，或者水印和背景。

2．虚拟相册制作系统

虚拟相册制作系统具有完美的组织、保护、共享照片的功能。其采用向导式操作，能帮助用户轻松地制作"家庭相册"、"宝贝相册"、"爱人相册"等。

启动该软件后，即可弹出虚拟相册制作系统主界面窗口，在该窗口中，可以看到许多制作模板以及【工作任务】窗格等内容，如图6-86所示。

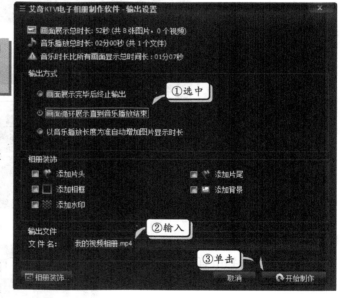

图 6-85　设置输出选项

在制作相册时，用户可以从右侧选择某个相册模板，并通过向导添加相关素材。例如，在虚拟相册制作系统窗口中，单击【下一步】按钮后，在弹出的窗口中，单击左侧【工作任务】窗格中的【添加照片】链接。然后，在弹出的【打开】对话框中，选择需要添加的照片、图片，并单击【打开】按钮，如图6-87所示。

图 6-86 虚拟相册制作系统主界面

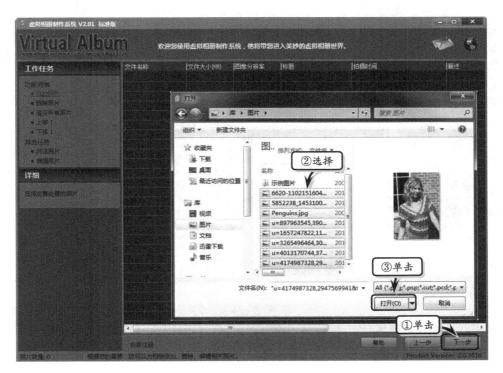

图 6-87 添加照片

此时，用户可以在窗口中选择照片，查看照片效果及修改时间和标题名称（文件名称）。用户也可以选择某个照片文件，并单击【工作任务】窗格中的【上移】或者【下移】链接，来调整照片显示的顺序，并单击【下一步】按钮，如图 6-88 所示。

在弹出的窗口中，用户可以调整相册的相框、添加背景音乐、插入照片、添加文字等；如果用户不需要调整相册内容，可以单击【完成】按钮，如图 6-89 所示。

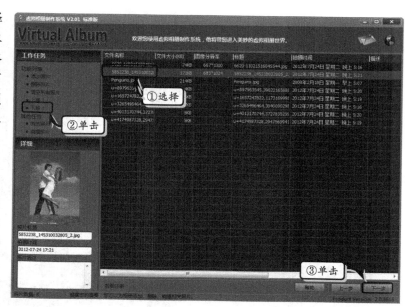

图 6-88　修改及调整照片

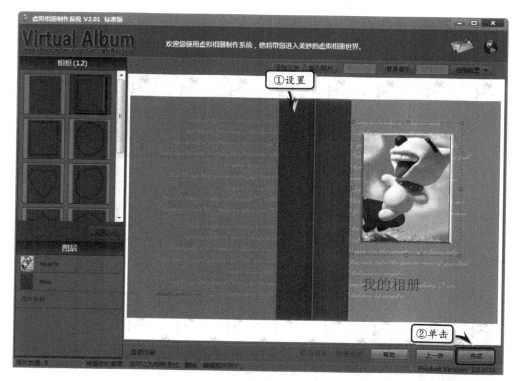

图 6-89　编辑照片

在弹出的【生成相册】对话框中，保持默认设置，单击【生成】按钮，如图 6-90 所示。

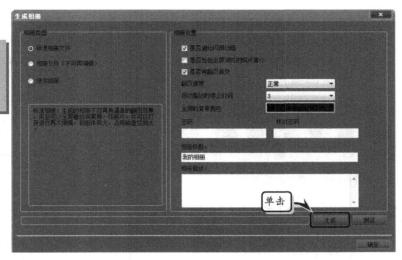

图 6-90 生成相册对话框

在弹出的【另存为】对话框中，可以输入【文件名】为"相册"，单击【保存】按钮，如图 6-91 所示。最后，在【生成相册】对话框中，单击【完成】按钮，可生成相册。

6.4.3 练习：使用易达电子相册制作系统

易达电子相册制作系统可以通过近 200 种播放方式展示用户的相片，可以使相片变得丰富多彩、绘声绘色。同时，易达电子相册制作系统拥有超强的相片编辑功能，可以使相片更具个性化。在本练习中，将详细介绍使用易达电子相册制作系统制作电子相册的操作步骤和技巧。

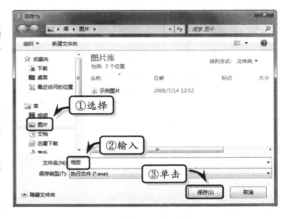

图 6-91 生成 EXE 文件

操作步骤：

1 运行软件后，在主界面中单击【导入照片】按钮，选择图像文件，单击【打开】按钮，如图 6-92 所示。

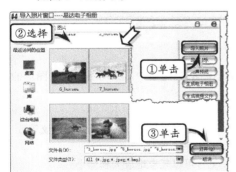

图 6-92 导入图像

2 在左侧的列表框中选择一张图像，单击【亮度】选项卡中的【黑白照】按钮，同时单击【旋转】选项卡中的【照片旋转】按钮，在弹出的对话框中设置【旋转】为 35，如图 6-93 所示。

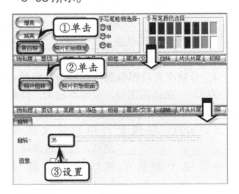

图 6-93 设置图片效果

3 在【相框】选项卡中的【综合相框】选项组中，双击某个相框样式，添加相框效果。同时，设置相框的透明度，并单击【保存】按钮，如图 6-94 所示。

图 6-94 添加相框效果

4 单击功能栏中的【导入音乐】按钮，在弹出的对话框中选择需要导入的背景音乐，并单击【打开】按钮，如图 6-95 所示。

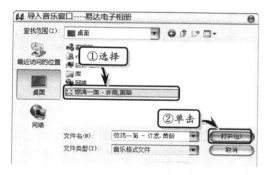

图 6-95 导入音乐

5 单击功能栏中【生成电子相册】按钮，在弹出的【生成电子相册】对话框中输入存储路径和密码，并单击【开始生成】按钮，如图 6-96 所示。

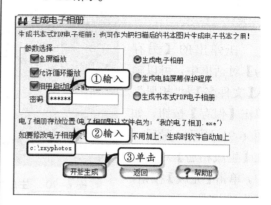

图 6-96 生产电子相册

6.5 思考与练习

一、填空题

1．计算机中的图片主要包括_____和_____等两大类。

2．矢量图形主要应用于_____、_____、_____和_____等领域中。

3．16 位色彩可以表示_____种颜色，而 24 位色彩可以表示_____种颜色。

4．分辨率直接影响到位图的清晰度和占磁盘的空间。一张位图图像，分辨率越大，清晰度越____，占用的磁盘空间也就越____。

5．JPEG 图像允许用户定义图像的_____。_____越高，图像越清晰。

6．电子相册的制作流程主要包括_____、_____、_____、_____和_____等 5 步。

7．图像数据之所以可以被压缩，是因为数据中存在着很大的_____；而数据压缩的目的就是通过减少图像数据中的_____信息，来减少表示数据所需要的比特数，从而达到压缩图像的目的。

二、选择题

1．下面 4 句话中，哪句不是矢量图形的特点？_____
    A．占用磁盘空间小
    B．适用于各种数码相机、扫描仪等数字设备
    C．可以任意地放大和缩小
    D．修改十分方便

2．下列图像文件格式中，属于矢量图形文件格式的是_____。

A．JPG 格式 　　　B．BMP 格式
C．AI 格式 　　　D．GIF 格式

3．接近人类肉眼可识别的色彩极限的色彩数位是_____。

A．8 位 　　　B．16 位
C．24 位 　　　D．32 位

4．JPEG 是用于照片处理和显示的一种常见的图像格式。下面哪一条不是 JPEG 图像的特点？_____

A．这是一种失真压缩标准格式
B．这种格式允许用户自定义保真等级
C．多数图像处理软件都支持处理这种图像
D．这种格式是 Windows 操作系统中的标准位图图像格式

5．图像数据中存在着很大的冗余，下列选项中不属于图像冗余的是_____。

A．频谱 　　　B．空间
C．时间 　　　D．位谱

6．"便携式网络图形"是哪种格式图像的中文翻译？_____

A．JPEG 　　　B．GIF
C．BMP 　　　D．PNG

三、问答题

1．简单叙述矢量图形与位图图像的特点和区别。

2．简单叙述分辨率的概念，以及常用的几种分辨率类型。

3．分别列举 4 种矢量图形格式和位图图形格式。

4．电子相册的优点主要有哪些？

四、上机练习

1．批量优化图片

在本练习中，将使用 Image Optimizer 批量优化图片。首先，运行 Image Optimizer，执行工具栏中的【批量】命令，并单击【添加文件】按钮，如图 6-97 所示。

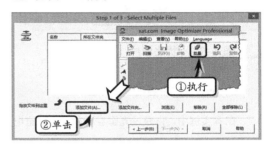

图 6-97　创建模板文档

然后，在弹出的【选择多个文件】对话框中，选择多个需要处理的图片，单击【打开】按钮，返回到上一级对话框中，并单击【下一步】按钮，如图 6-98 所示。

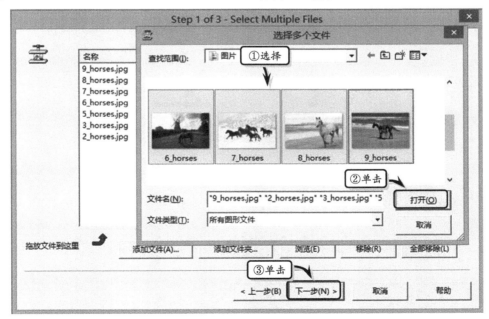

图 6-98　选择图片

在弹出的对话框中，激活【压缩】选项卡，设置各项参数，并单击【下一步】按钮，如图 6-99 所示。最后，单击【优化】按钮，优化图片。

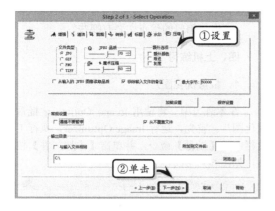

图 6-99　优化图片

2. 通过"光影看看"浏览图片

在本实例中，将通过光影看看软件，浏览电

脑中的图片。首先，在光影管理器窗口中，用户可以右击图片，执行【查看】命令。然后，将通过"光影看看"窗口，打开该图片，如图 6-100 所示。

图 6-100　浏览图片

第 7 章

多媒体管理软件

随着计算机技术的逐渐发展，各种多媒体也逐渐地进入人们的生活中。传统的媒体逐渐被新兴的多媒体所取代。目前，用户通过计算机不仅可以实现普通的录音、录像、听音乐和看视频等娱乐目的，而且还可以通过一些多媒体编辑软件来实现以往只有专业人士才能进行的多媒体制作与处理的愿望。在本章中，将详细介绍多媒体技术的基础理论，以及常用的音频播放软件、视频播放软件、多媒体编辑软件，以及简单的动画制作软件，以帮助用户了解多媒体的播放、制作与处理技术。

本章学习要点：

- ➢ 多媒体技术概述
- ➢ 音频文件类型
- ➢ 视频文件类型
- ➢ 动画简介
- ➢ QQ 音乐播放器
- ➢ 酷我音乐盒
- ➢ 影音先锋
- ➢ PPLive 网络电视
- ➢ GoldWave
- ➢ Movica
- ➢ Esay Toon
- ➢ Kool Mlves

7.1　音频播放软件

如果没有音频播放软件的存在，那么存储在计算机中的音频文件就无用武之地了。

音频播放软件是一种可以将计算机可以识别的二进制码的音频内容，转换成人们可以识别的声音内容的音乐播放软件。

7.1.1　音频文件类型

在计算机中，有许多种类的音频文件，承担着不同环境下声音提示等任务。音频文件是计算机存储声音的文件，大体上可以分为无损格式和有损格式两大类。

1. 无损格式

无损格式是指无压缩，或单纯采用计算机数据压缩技术存储的音频文件。这些音频文件在解压后，还原的声音与压缩之前并无区别，基本不会产生转换的损耗。无损格式的缺点是压缩比较小，压缩后的音频文件占用磁盘空间仍然很大。常见的无损格式音频文件主要有以下几种。

- ❑ **WAV**　WAV（WAVE，波形声音）是微软公司开发的音频文件格式。早期的 WAV 格式并不支持压缩。随着技术的发展，微软和第三方开发了一些驱动程序，以支持多种编码技术。WAV 格式的声音，音质非常优秀，缺点是占用磁盘空间最多，不适用于网络传播和各种光盘介质存储。

- ❑ **APE**　APE 是 Monkey's Audio 开发的音频无损压缩格式，它可以在保持 WAV 音频音质不变的情况下，将音频压缩至原大小的 58%左右，同时，支持直接播放。使用 Monkey's Audio 的软件，还可以将 APE 音频还原为 WAV 音频，还原后的音频和压缩前的音频完全一样。

- ❑ **FLAC**　FLAC（Free Lossless Audio Codec，免费的无损音频编码）是一种开源的免费音频无损压缩格式。相比 APE，FLAC 格式的音频压缩比略小，但压缩和解码速度更快，同时在压缩时也不会损失音频数据。

2. 有损格式

有损文件格式是基于声学心理学的模型，除去人类很难或根本听不到的声音，并对声音进行优化。例如，一个音量很高的声音后面紧跟着的一个音量很低的声音等。

在优化声音后，还可以再对音频数据进行压缩。有损压缩格式的优点是压缩比较高，压缩后占用的磁盘空间小。缺点是可能会损失一部分声音数据，降低声音采样的真实度。常见的有损音频文件主要有以下几种。

- ❑ **MP3**　MP3（MPEG-1 Audio Layer 3，第三代基于 MPEG1 级别的音频）是目前网络中最流行的音频编码及有损压缩格式，也是最典型的音频编码压缩方式。它舍去了人类无法听到和很难听到的声音波段，然后再对声音进行压缩，支持用户自定义音质，压缩比甚至可以达到源音频文件的 1/20，而仍然可以保持尚佳的效果。

- ❑ **WMA**　WMA（Windows Media Audio，Windows 媒体音频）是微软公司开发的

电脑常用工具软件标准教程（2015—2018 版）

一种数字音频压缩格式,其压缩率比 MP3 格式更高,且支持数字版权保护,允许音频的发布者限制音频的播放和复制的次数等,因此受到唱片发行公司的欢迎,近年来用户群增长较快。

7.1.2 常用音频播放软件

虽然电脑应用几乎是万能的,但是如果不借助一些音乐播放软件,即使网络中存储千万首优美的歌曲,电脑也无法向用户传达美妙的音乐,成了真正的巧妇难为无米之炊了。在本小节中,将详细介绍几款常用的音频播放软件,以协助用户享受更多美妙的音乐。

1.酷我音乐盒

酷我音乐盒是一款集歌曲和 MV 在线搜索、在线播放、以及歌曲文件下载于一体的音乐播放工具。

酷我音乐盒提供国内外百万首歌曲的在线检索、试听和下载服务,其中还包括歌曲 MV、同步歌词和歌手写真的配套检索和下载服务,如图 7-1 所示。

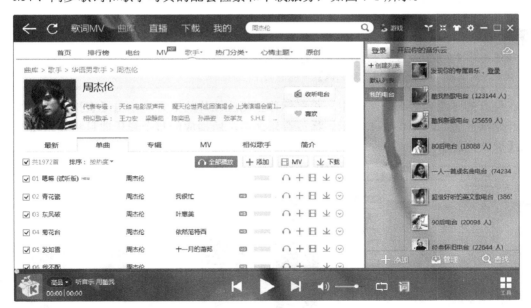

图 7-1 酷我音乐盒界面

除了在线音乐搜索、下载和播放等常见功能外,酷我音乐盒还提供了歌词、图片秀、MV 点播、音频指纹、CD 架、酷我 K 歌等强大功能。利用它的高清 MV 点播功能可以使用户在线就能欣赏到清晰、流畅的高品质 MTV 视频,如图 7-2 所示。

❑ 播放歌曲

安装并运行酷我音乐盒后,用户可以根据所喜爱的音乐类型,按类型播放音乐。例如,选择【热门分类】中的【经典专区】选项,然后再选择【港台经典】选项,如图 7-3

所示。

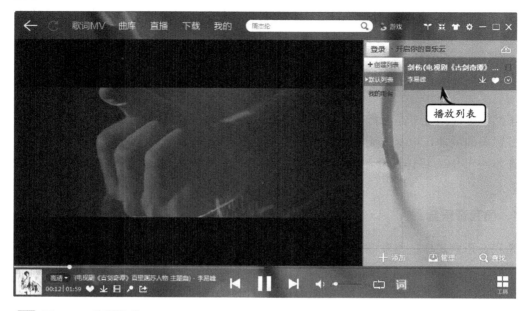

图 7-2　收看歌曲 MV

单击右上角的【登录】按钮，可以使用用户的 QQ 号登录软件，以方便保存所喜爱的歌曲。如用户没有登录，则在右侧将只显示【默认列表】和【我的电台】栏目。

在展开的【港台经典】列表中，将鼠标移至相应图片的上方，单击【直接播放】按钮，开始播放音乐，如图 7-4 所示。播放音乐之后，所播放的整个音乐曲目将显示在右侧的【默认列表】中。

图 7-3　选择音乐类别　　　　　　　　　图 7-4　播放音乐

播放 MV 的方法类似于播放音乐的方法，用户只需在主界面中选择【MV】选项，然后在其列表中选择需要播放的 MV 类型和曲目即可。

❑ **收藏喜爱的歌曲**

当用户收听一些歌曲之后，其歌曲名称将显示在右侧的【默认列表】中。对于一些特别喜欢的歌曲，用户可以选择歌曲名称，单击歌曲对应【我喜欢听】按钮，将该歌曲收藏到【我喜欢听】列表中，如图 7-5 所示。

同样，在【我的电台】栏中，选择需要收听的频道，单击【播放】按钮，播放该电台中的歌曲。而对于电台内用户所喜欢的歌曲，单击歌曲对应的【我喜欢听】按钮，即可将该歌曲收藏到【我喜欢听】列表中，如图 7-6 所示。

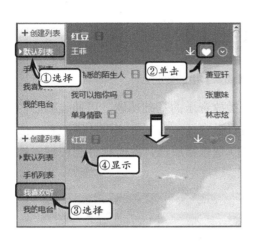

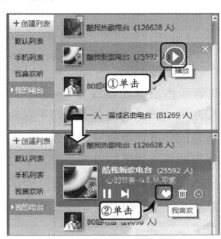

图 7-5　收藏【默认列表】中的歌曲　　　　图 7-6　收藏【我的电台】中的歌曲

❑ **创建歌曲列表**

在主界面中，单击右侧的【创建列表】按钮，新建一个列表并输入列表名称，例如输入"经典老歌"名称，如图 7-7 所示。

然后，在【默认列表】中，选择一首歌曲名称，右击执行【添加到】|【经典老歌】命令，将该歌曲添加到新建列表中，如图 7-8 所示。

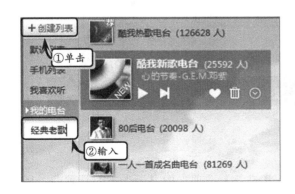

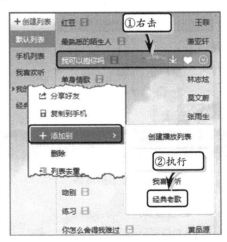

图 7-7　新建列表　　　　　　　　　　图 7-8　添加【默认列表】中的歌曲

而对于一些没有听过的歌曲，如在【曲库】列表中，则可以单击曲目对应的【更多

选项】按钮，在其列表中选择
【添加到】|【经典老歌】选项，
将该歌曲添加到【经典老歌】
列表中，如图7-9所示。

提 示

在【经典老歌】列表中，右击歌曲
名称，执行【删除】按钮，可删除
所收藏的歌曲。

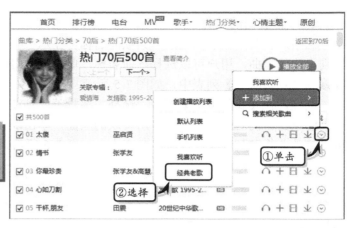

2. QQ音乐播放器

QQ音乐播放器由播放器

图 7-9   添加【曲库】中的歌曲

和内容库两大主体结构组合而成，不仅向用户提供播放音乐的基础功能，更通过贴心的
设计、海量的曲库、最新的流行音乐、丰富的空间背景音乐、音乐分享等社区服务，成
为了网民在线音乐生活的首选品牌。安装并运行QQ音乐播放器，此时软件会根据本地
计算机中的QQ登录情况自动登录，如图7-10所示。

图 7-10   QQ音乐播放器

❑ 播放歌曲

运行QQ音乐播放器之后，软件会自动在【推荐】选项卡中显示当前最新歌曲，用
户只需单击歌曲名称对应的【播放】按钮，即可播放歌曲，如图7-11所示。

在主界面中，激活【排行榜】选项卡，在列表中选择【港台】选项，然后在展开的

电脑常用工具软件标准教程（2015—2018版）

列表中，单击歌曲名称后面的【播放】按钮，即可播放排名歌曲，如图 7-12 所示。

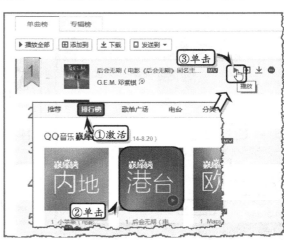

图 7-11　播放推荐歌曲　　　　　　　图 7-12　播放排名歌曲

在主界面中，激活【电台】选项卡，将鼠标移至图像的上方，单击【播放】按钮，即可播放电台内指定的歌曲。此时，在主界面的下方，将显示播放工具栏，单击播放工具栏中的【我喜欢】按钮，即可将该歌曲添加到【我喜欢】列表中，如图 7-13 所示。

图 7-13　播放电台歌曲

提　示

在播放工具栏中，用户还可以进行调整播放音量、显示或隐藏歌词，以及下载该歌曲和点歌分享等操作。

❑ 新建歌单

在主界面左侧的列表中，单击【新建歌单】按钮，新建歌单列表并输入歌单名称，如图 7-14 所示。

然后，激活【推荐】选项卡，在列表中单击歌曲名称后面的【更多操作】按钮，在

其列表中执行【添加到】|【男歌手】命令，即可将该歌曲添加到【男歌手】歌单列表中，如图 7-15 所示。

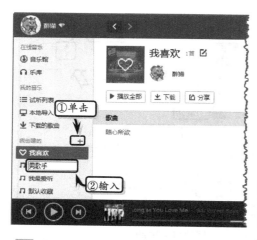

図 7-14　新建歌单列表

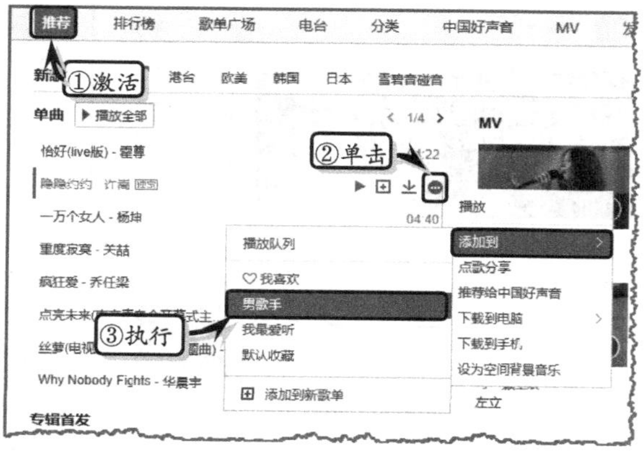

図 7-15　添加歌曲

❑ 搜索歌曲

　　QQ 音乐播放器是一种自动连接网络的工具软件，用户不仅可以直接在线听歌，而且还可以在网络中搜索喜爱的歌曲。

　　在主界面中的【搜索】文本框中，输入需要搜索的歌曲名称，单击【搜索】按钮。此时，在列表框中将显示搜索结果，用户只需选择歌曲名并单击其后的【播放】按钮，即可欣赏喜欢的歌曲，如图 7-16 所示。

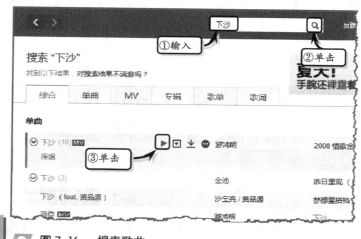

図 7-16　搜索歌曲

提　示

用户也可以将所搜索的歌曲添加到【我喜欢】列表中，以方便下次登录 QQ 音乐播放器时继续欣赏。

❑ 选项设置

　　在主界面中，单击【主菜单】按钮，在展开的列表中选择【设置】选项。在弹出的【QQ 音乐设置】对话框中，激活【基本设置】中的【常规】选项卡，设置播放器的常规参数，如图 7-17 所示。

　　在【QQ 音乐设置】对话框中，激活【基本设置】中的【热键】选项卡，设置播放器的播放控制热键、歌词控制热键和其他热键，如图 7-18 所示。

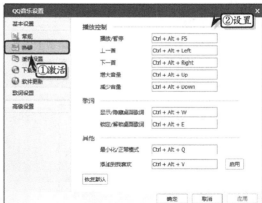

图 7-17　设置常规参数　　　　　　　　　图 7-18　设置播放器热键

在【QQ 音乐设置】对话框中，激活【基本设置】中的【缓存设置】选项卡，设置播放器的缓存位置，如图 7-19 所示。

在【QQ 音乐设置】对话框中，激活【歌词设置】中的【桌面歌词】选项卡，设置桌面歌词的显示效果、文字和背景颜色，以及桌面歌词的透明度，如图 7-20 所示。

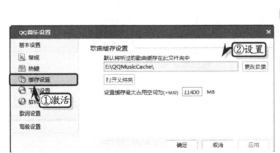

图 7-19　设置缓存位置　　　　　　　　　图 7-20　设置桌面歌词参数

提　示

在【QQ 音乐设置】对话框中的【高级设置】列表中，还可以设置播放器的音效插件、网络设置和音频设备等一些高级选项。

7.1.3　练习：使用百度音乐播放音乐

百度音乐是一款完全免费的音乐播放软件，它集播放、音效、转换、歌词等众多功能于一身，不仅可以支持 DirectSound、Kernel Streaming 和 ASIO 等高级音频流输出方式、64bit 混音、AddIn 插件扩展技术等功能，而且还具有资源占用低、运行速度快、扩展功能强等特点。在本练习中，将详细介绍使用百度音乐播放软件播放音乐的操作方法和实用技巧。

操作步骤

1 运行软件，在默认的【在线音乐】选项卡中，单击歌曲名对应的【播放】按钮，播放歌曲，如图 7-21 所示。

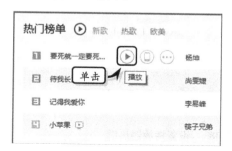

图 7-21　播放在线音乐

2 对于喜欢的在线音乐，单击播放进度栏上方的【收藏歌曲】按钮，收藏该歌曲，如图 7-22 所示。

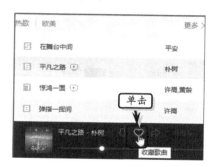

图 7-22　收藏歌曲

3 在【在线音乐】选项卡中的【电台】选项组中，单击【时光隧道】栏中【经典老歌】中的【播放】按钮，播放该电台内的歌曲，如图 7-23 所示。

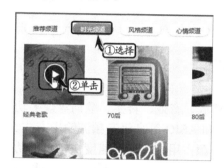

图 7-23　播放电台歌曲

4 播放歌曲过程中，单击播放工具栏中的【歌词】按钮，可转换到歌词模式中，如图 7-24 所示。

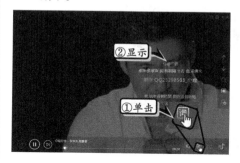

图 7-24　歌词模式

5 激活【我的音乐】选项卡，在【试听列表】中，单击【播放全部】按钮，可播放所有的歌曲，如图 7-25 所示。

图 7-25　播放试听音乐

6 在【我收藏的歌曲】中，单击【导入歌曲】按钮，在列表中选择【导入本地歌曲】选项，如图 7-26 所示。

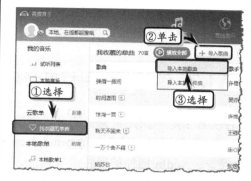

图 7-26　导入本地歌曲

7 在弹出的【打开】对话框中，选择音乐文件，单击【打开】按钮，如图 7-27 所示。

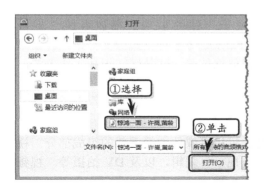

图 7-27　导入本地音乐

8 在手机上安装百度音乐后，切换到【我的】选项卡，单击右上角的【设置】按钮，选项【电脑导歌】选项，此时会在页面中显示一个连接码，如图 7-28 所示。

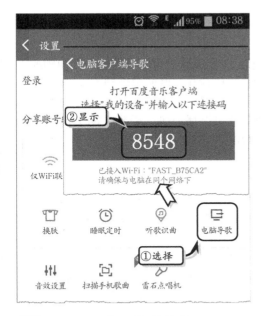

图 7-28　获取手机连接码

9 在电脑中，激活【我的设备】选项卡，在【使用 WiFi 连接电脑】文本框中输入手机中获取的连接码，并单击【连接设备】按钮，如图 7-29 所示。

图 7-29　输入连接码

10 连接手机之后，在【我收藏的歌曲】列表中，单击歌曲名后面的【手机】按钮，即可将该歌曲发送到手机设备中，如图 7-30 所示。

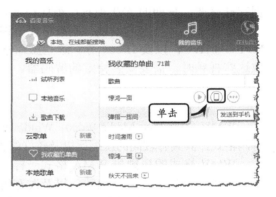

图 7-30　发送歌曲

11 此时，在【我的设备】选项卡中，将显示发送状态和发送进度条，如图 7-31 所示。

图 7-31　显示发送状态

7.2 视频播放软件

视频播放软件是一类集影音播放、格式转换于一体的多功能播放系统，支持 MPEG4、AVI、DIVX、RMVB、RM、WMV、ASFDivX 等多种格式的文件播放。在本小节中，将详细介绍视频的文件类型和常用视频播放软件等一些基础知识和操作方法。

7.2.1 视频文件类型

视频文件是计算机存储各种影像的文件，是计算机多媒体中最重要的组成部分。视频应用于生活的各个方面，如影视剪辑与制作、电视节目编辑，以及 DV 拍摄等。视频文件的类型也比较多，常见的视频文件主要有以下 6 种。

1. AVI

AVI（Audio Video Interactive，音频视频界面）最初是由微软公司开发的一种视频数据存储格式。早期的 AVI 视频压缩比很低，且不提供任何控制功能。

随着多媒体技术的发展，逐渐出现了许多基于 AVI 格式的视频数据压缩方式，例如 MPEG-4/AVC，以及 H.264 等。这些压缩格式的视频，有些仍然以 AVI 为扩展名，在播放这些视频时，需要安装特定的解码器。

2. WMV

WMV（Windows Media Video，Windows 媒体视频）是微软公司开发的新一代视频编码解码格式，其具有较高的压缩比以及较好的视频质量，因此在互联网中受到不少好评。

WMV 格式的视频与 WMA 格式一样，支持数字版权保护，允许视频的发布者设置视频的可播放次数及复制次数，以及发布解码密钥才可以播放等，受到了网上流媒体发布者的欢迎。WMV 格式的文档扩展名主要包括 ASF 和 WMV 等两种。

3. MPEG

MPEG（Moving Picture Experts Group，移动图像专家组）是由 ISO 国际标准化组织认可的多媒体视频文件编码解码格式，被广泛应用在计算机、VCD、DVD 及一些手持计算机设备中。

MPEG 是一系列的标准，最新的标准为 MPEG-4。同时，还有一个 MPEG-4 简化版本的标准 3GP 被应用在准 3G 手机中，用于流传输。MPEG 编码的视频文件扩展名类别较多，包括 DAT（用于 VCD）、VOB、MPG、MPEG、MP4、AVI 以及用于手机的 3GP 和 3G2 等。

4. MKV

MKV（Matroska Video，Matroska 视频）是 Matroska 公司开发的一种视频格式，是一种开源免费的视频编码格式。该格式允许在一个文件中封装 1 条视频流以及 16 种可选择的音频流，并提供很好的交互功能，因此被广泛应用于互联网的视频传输中，其扩展名为 MKV。

电脑常用工具软件标准教程（2015—2018 版）

5．Real Video

Real Video（保真视频）是由 RealNetworks 开发的一种可变压缩比的视频格式，具有体积小，压缩比高的特点，非常受网络下载者和网上视频发布者的欢迎。其扩展名包括 RM、RMVB 等。

6．Quick Time Movie

由苹果公司开发的视频编码格式。由于苹果计算机在专业图形图像领域的应用非常广泛，因此 QuickTime Movie 几乎是电影制作行业的通用格式，也是 MPEG-4 标准的基础。QuickTime Movie 不仅支持音频和视频，还支持图像、文本等，其扩展名包括 QT、MOV 等。

7.2.2 常用视频播放软件

目前，使用电脑网络观看电视剧和电影已是用户生活中必不可少的组成部分，特别是一些美剧追捧者；而一款优秀的视频播放软件则是用户欣赏各类电影和电视剧的必备工具。下面，将详细介绍一些常用视频播放软件的使用方法和操作技巧，例如 PPLive 网络电视、影音先锋和暴风影音等软件。

1．PPLive 网络电视

PPLive 网络电视是一款全球安装量大的 P2P 网络电视软件，支持对海量高清影视内容的"直播+点播"功能；可在线观看电影、电视剧、动漫、综艺、体育直播、游戏竞技、财经资讯等丰富视频娱乐节目。

启动该软件后，将弹出 PPTV 窗口，如图 7-32 所示。该窗口主要包含有导航条、正在热播、体育赛事和今日聚焦等。

图 7-32　PPTV 窗口

❑ **在线收看直播**

PPTV 提供了丰富齐全的频道列表信息，用户通过简单的操作即可在线收看精彩视频。

首先，在导航条中单击【直播】按钮，即可切换到电视直播频道，如图 7-33 所示。在该页面中，包含了许多的电视频道，如"直播精选"、"电视台-全部卫视、地方台"、"电视栏目索引"等。

图 7-33　直播内容

在【直播】中，用户可以选择与电视节目同步的电视频道。例如，在【电视台-全部卫视、地方台】中，单击【安徽卫视】选项下正在播放的视频，即可播放湖南卫视频道，如图 7-34 所示。

图 7-34　选择直播频道

> **提　示**
>
> 用户也可以直接单击【安徽卫视】文本，直接打开该电视台的直播列表，选择相对应的节目进行观看。

此时,将在【播放器】中播放所选择的频道内容,如图 7-35 所示。在该窗口中,用户可以查看"直播"下的播放列表,以及收藏和本地列表内容。

图 7-35   播放电视节目内容

❑ 搜藏和搜索视频

为了方便下次继续收看视频,用户可以收藏当前播放的节目,还可以通过关键字的搜索查找视频和通过节目的热度排序等方式显示节目列表。

在导航条中,单击【电视剧】按钮,将显示电视剧所有影视内容,如图 7-36 所示。其中,包含有新剧展示、分类电视剧、热播电视剧、电视剧节目索引、即将播出等内容。

图 7-36   电视剧界面

然后，用户可以单击窗口中自己喜欢的一部电视剧索引图片或者文本链接，查看该剧情内容，如图 7-37 所示。

图 7-37　选择电视剧

在弹出的窗口中，将显示电视剧的详细介绍，如别名、主演、导演、类型、地区、上映时间等。用户可以单击右侧的【收藏】链接，收藏该电视剧，如图 7-38 所示。

图 7-38　搜藏电视剧

提　示

在剧集页面中，将鼠标移至【用手机看】选项上方，将展开二维码。此时，用户用手机扫描二维码，即可在手机中观看该电视剧。

当然，用户也可以通过搜索的方式，来查找自己喜欢的影视内容。例如，在窗口的右上方，搜索框中输入"损落星辰"，然后单击【搜索】按钮🔍。此时，在窗口中将显示搜索的结果，查找自己所需的影片，单击【马上观看】按钮进行播放，如图 7-39

所示。

图 7-39 搜索电视剧

2. 影音先锋

影音先锋是一款基于 P2P 云 3D 技术的在线播放视频和音频的工具软件，具有资源
占用低、运行效率高、支持格式
广等优点。

❑ **管理视频列表**

当用户在网络中寻找电源
资源时，会经常在视频播放处看
到"影音先锋"字样，表示该视
频需要使用"影音先锋"软件进
行播放。此时，单击播放链接，
即可播放视频，同时该视频也会
被同步到"影音先锋"软件中，
如图 7-40 所示。

此时，在右侧的播放列表

图 7-40 播放视频

中，将会显示已观看的网络视频信息，右击资源名称，执行【全部下载】命令，则开始
下载所有的网络资源，如图 7-41 所示。

而右击资源名称，执行【删除文件】命令，在弹出的【删除文件】对话框中，单击
【确定】按钮，则会删除资源文件，如图 7-42 所示。

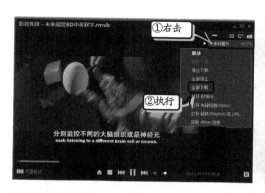

图 7-41 下载网络资源

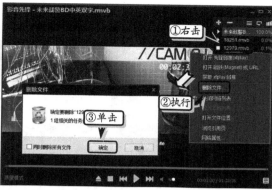

图 7-42 删除资源文件

提 示

在【删除文件】对话框中，启用【同时删除所有文件】复选框，则可以删除已下载的计算机中的视频文件。

❏ **设置播放器**

在主界面中，将鼠标移至影音图形上方，会自动显示一行工具栏，单击【画质增强】按钮。然后，在弹出的【控制面板】对话框中，设置相应的选项即可，如图 7-43 所示。

单击左上角的【影音文件】文本，在展开的列表中选择【选项设置】选项，在弹出的【影音设置 选项】对话框中，激活【常规】选项卡，设置播放设置、截图设置等常规选项，如图 7-44 所示。

然后，激活【视频设置】选项卡，设置播放时的视频模式、渲染器和适配器等选项，如图 7-45 所示。

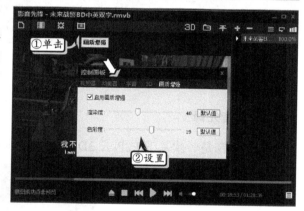

图 7-43 画质增强设置

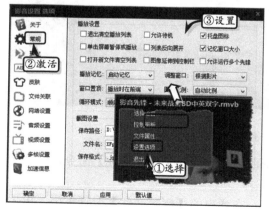

图 7-44 设置常规选项

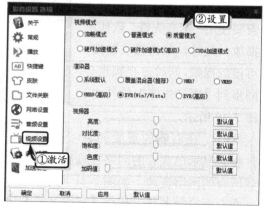

图 7-45 视频设置

7.2.3 练习：使用暴风影音观看视频

暴风影音是一款全球领先的万能播放软件，自 2003 年开始，就致力于为互联网用户提供最简单、便捷的互联网音视频播放解决方案。随着软件的不断升级和更新，暴风影音也因其万能和易用成为中国互联网用户观看视频的首选。在本练习中，将详细介绍使用暴风影音观看视频的操作方法。

操作步骤

1 首次运行暴风影音，在【在线影院】列表中，展开【极致影院】栏，选择【1080P 影院】选项下的一个电影名称，如图 7-46 所示。

图 7-46　选择在线影院类别

2 然后，在右侧的【暴风盒子】列表中，查看电影简介，并单击【播放】按钮，如图 7-47 所示。

图 7-47　播放电影

3 此时，开始播放电影。在播放器中，单击左下角的【开启"左眼键"】按钮，打开"左眼键"功能，如图 7-48 所示。

图 7-48　打开左眼键功能

4 在【播放列表】中的【正在播放】列表中，右击播放目录，执行【从播放列表删除】|【清空播放列表】命令，即可清空当前的播放列表，如图 7-49 所示。

图 7-49　清空播放列表

5 单击主界面右下角的【暴风盒子】和【关闭播放列表】按钮，即可关闭暴风盒子和播放列表，如图 7-50 所示。

第 7 章　多媒体管理软件

图 7-50 关闭暴风盒子和播放列表

6 单击右上角的【皮肤管理】按钮，在展开的列表中选择一种皮肤，下载并自动更换皮肤，如图 7-51 所示。

图 7-51 更换皮肤

7 单击左上角的【暴风影音】下拉按钮，在下拉列表中选择【文件】|【打开文件】选项，

如图 7-52 所示。

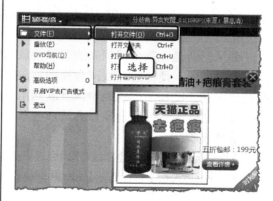

图 7-52 准备打开本地文件

8 在弹出的【打开】对话框中，选择需要播放的媒体文件，单击【打开】按钮即可，如图 7-53 所示。

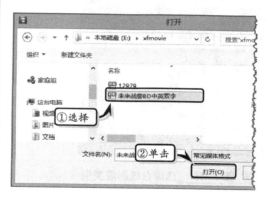

图 7-53 选择媒体文件

7.3　多媒体编辑软件

　　多媒体编辑软件可以对各种音频和视频进行合并、切割、连接、截图及转换等基本操作。另外，由于一些特殊的视频文件并非支持所有的播放设备，因此为了播放该视频文件便需要用户将音频或视频格式进行转换。在本小节中，将详细介绍多媒体制作的基础知识，以及常用多媒体编辑软件的操作方法和实用技巧。

●-7.3.1　多媒体的基础知识

　　诞生于 20 世纪 80 年代末期的多媒体是计算机技术发展的产物。它是一种将文字、图像、动画、影视、音乐等多种媒体元素以及计算机编程技术融于一体，具有一定交互能力的新型信息表现形式。

1. 多媒体的组成

在 1995 年推出了新的 MPC Level 3 标准之后，多媒体开始走向普通计算机用户，其发展速度也越来越快。

顾名思义，多媒体是多种媒体的结合，主要包括文本、图像、动画、音频和视频等几种元素，如图 7-54 所示。

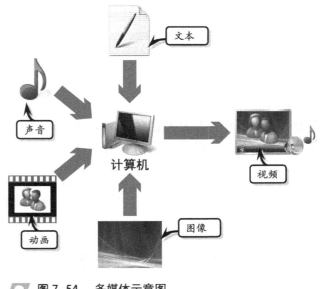

图 7-54　多媒体示意图

- ❏ **文本**　文本是以文字和各种符号表达的信息媒体，是现实生活中相当常用的信息存储和传递方式。使用文本表达各种信息，可以使信息清晰、易于辨识，因此，主要用于对知识进行描述性表示，如阐述概念、定义、原理和问题以及显示标题、菜单等内容。
- ❏ **图像**　图像媒体是文本媒体的发展，是多媒体技术中最重要的信息表现形式之一。图像决定了多媒体的视觉效果，使信息更加清晰、形象和美观。
- ❏ **动画**　动画媒体是利用人类视觉暂留的特性，快速播放一系列连续的图像，或对图像进行缩放、旋转、变换、淡入淡出等处理而产生的媒体。使用动画媒体可以把抽象的内容形象化，使许多难以理解的教学内容变得生动有趣，合理使用动画可以达到事半功倍的效果。
- ❏ **声音**　声音是人类进行交流的工具，也是用来传递信息、交流情感的最熟悉、方便的媒体之一。声音又可划分为语声、乐声和环境声等 3 种。语声是指人类说话发出的声音；乐声是指由各种人造乐器演奏而发出的声音；而其他的所有声音则都被归纳到环境声中。
- ❏ **视频**　视频是随着摄影技术发展而产生的一种新媒体，具有时序性与丰富的信息内涵，常用于交代事物的发展过程。视频非常类似于人们熟知的电影和电视，有声有色，在多媒体中充当起重要的角色。

2. 多媒体的技术特点

相比传统媒体，多媒体技术具有更大的灵活性，可以广泛应用于各种生产、生活活动中。多媒体技术有如下几种特点。

- ❏ **交互性**

交互性是多媒体技术的关键特征。在传统媒体中，更多的是媒体发行者将信息传递给用户，用户只有被动地接受，而无法选择自己需要的信息。

多媒体技术的出现，可以使用户更有效地控制和使用信息，增加对信息的理解，同时，还允许用户自行选择各种需要的信息，增加了用户对媒体的兴趣。

- ❏ **复合性**

复合性也是多媒体相对于传统媒体的一个重要特征。在传统媒体中，例如各种报纸、杂志、广播、电视，由于其介质的限制，往往只能局限于一种或两三种媒体，种类较少，而且表现形式单一。

多媒体技术的出现，将这些传统媒体结合在一起，将媒体信息多样化和多维化，丰富了媒体的表现力，使用户更加容易接受。

❑ **即时性**

即时性使多媒体技术真正拥有了替代传统媒体的能力。在传统媒体中，所有的媒体信息都是先由媒体发布者录入、编辑，然后再传播给用户。多媒体技术诞生以前，媒体信息的传输是非常困难的，记者访问的新闻往往需要经过数天甚至数月的时间才能到达用户手中，编辑的过程也往往浪费了大量的时间。

多媒体技术的诞生，加快了信息传递的时间，同时，还支持实时处理各种媒体信息，处理和发布几乎在同一时间内进行。这样，用户接收到的信息和媒体发布者是同步的，节省了大量的时间，保护了信息的时效性。

7.3.2　常用多媒体编辑软件

多媒体技术是数字技术在媒体技术领域的应用，相比传统的模拟信号，数字信号的存储更加方便、易于保存，也便于后期制作和处理。而多媒体编辑软件大体可分为数字音频和数字视频两种类型，用户在进行这两项处理时，需要使用各种不同的软件。本节将通过几款常见的多媒体制作处理工具，帮助用户了解多媒体的制作与处理技术。

1. GoldWave

GoldWave Editor Pro 版是 GoldWave Editor 标准版的升级版，增加了音频文件合并（Audio File Merger）、音频 CD Ripper（Audio CD Ripper）、音频刻录（Audio CD Burner/Eraser）、WMA 信息编辑（Change WMA metadata/WMA tags）等非常实用的功能。

它是一个功能强大的音频编辑工具，可以将录音带、唱片、现场表演、互联网广播、电视、DVD 或其他任何声源保存到磁盘上，如图 7-55 所示。

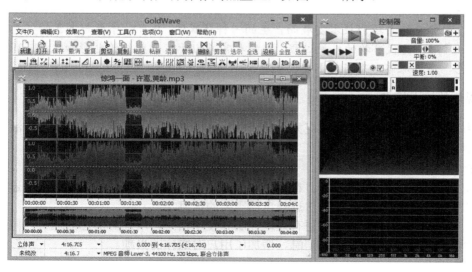

图 7-55　**GoldWave** 音频编辑器

❏ **裁剪 MP3 文件**

该方法广泛用于手机铃声的制作。大家都知道手机铃声只需要一首歌曲的高潮部分即可，而用 GoldWave 来操作是非常方便的。

启动 GoldWave 软件，单击【打开】按钮。在弹出的【打开声音文件】对话框中，选择需要编辑的 MP3 格式的音乐文件，单击【打开】按钮，将选择的 MP3 文件载入到 GoldWave 中，如图 7-56 所示。

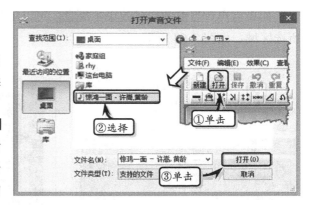

❏ 图 7-56　选择音乐文件

载入 MP3 文件后，在 GoldWave 窗口中，可以看到绿色和红色波形，如图 7-57 所示。

此时，用户可以在主界面窗口和控制器窗口中将显示出对该声音文件进行编辑的一些按钮。其中，比较常用的按钮含义如下。

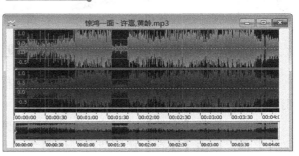

❏ 图 7-57　载入声音文件

❏ **撤销**　当用户编辑 MP3 文件时，如果不小心操作错了，按该按钮可以返回上一步操作。

❏ **重复**　如果执行了【撤销】操作后，发现刚才做的操作是正确的，无须撤销，就可以用这个操作。

❏ **删除**　将选中的部分删除掉。

❏ **剪裁**　将选择的声音波形删除，也就是相当于将声音文件中某一段剪裁掉。

❏ **选示**　显示 MP3 所有波形。

❏ **播放按钮** ▶　从 MP3 最开始播放。

❏ **双竖线播放按钮** ▶|　从选择区域播放。

按住鼠标左键，在 MP3 波形区域拖动鼠标，选择歌曲的高潮部分（单击双竖线播放按钮，听一遍记下高潮部分的位置），如图 7-58 所示。

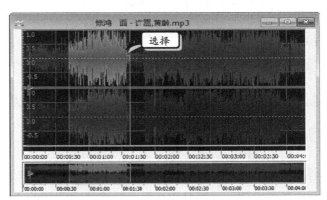

❏ 图 7-58　选择波形

然后，在【控制器】窗口中，单击【双竖线播放按钮】按钮，试听所选区域是否满意，如图 7-59 所示。

如果用户对当前的音乐效果不满意，可以将鼠标放到所选区域边上的青色线上调整所选区域，如图 7-60 所示。

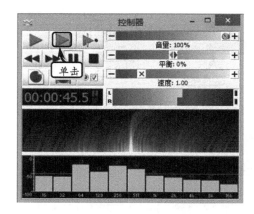

图 7-59　播放音频　　　　　　　　　图 7-60　调整所选区域

选择好所剪裁的区域后，单击主界面工具栏中的【剪裁】按钮，即可将选择的区域剪裁下来，如图 7-61 所示。

最后，执行【文件】|【另存为】命令。在弹出的【保存声音为】对话框中，修改其文件名称，单击【保存】按钮即可，如图 7-62 所示。

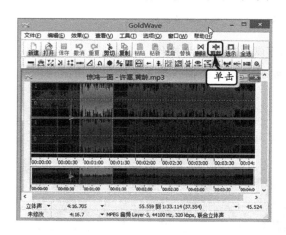

图 7-61　裁剪波形　　　　　　　　　图 7-62　保存声音文件

❏ 提高声音质量

用 GoldWave 修改 MP3 格式文件声音大小的方法比较多，其达到的效果相差不远。但是，用户选择什么样的方法，需要根据具体的情况而决定。

在 GoldWave 软件中，打开需要修改音量的 MP3 文件。然后，执行【效果】|【音量】|【自动增益】命令，如图 7-63 所示。

在弹出的【自动增益】对话框中，用户可以单击【预置】下拉按钮，并在弹出的列表中，选择方案，如图 7-64 所示。

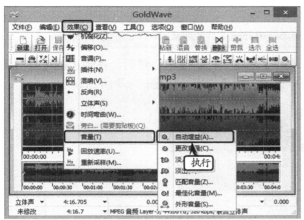

图 7-63　执行【自动增益】命令

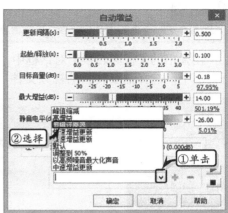

图 7-64　设置自动增益选项

最后，在【自动增益】对话框中调整声音后，单击【确定】按钮。此时，系统将自动弹出进度对话框，并自动返回到主界面中。在主界面中，用户可以查看声音波形的变化情况，如图 7-65 所示。

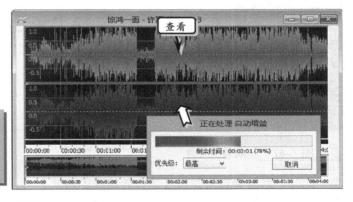

图 7-65　查看波形

> **提　示**
>
> 用户可以执行【效果】|【音量】|【更改音量】命令，在弹出的【更改音量】对话框中，选择预置方案或者拖动滑块来调整音量的大小。

2. 视频编辑专家

视频编辑专家是一款功能强大的视频编辑软件，具有视频合并、视频分割、视频截图、编辑与转化、字幕制作、配音配乐等功能，是视频爱好者的必备工具。

❑ **转换视频**

运行视频编辑专家，该软件包含【视频编辑工具】和【其他工具】两种界面模式，一般的视频操作都是在【视频编辑工具】界面中完成的。在【视频编辑工具】界面中，选择【编辑与转换】选项，如图 7-66 所示。

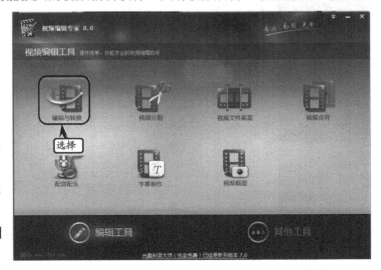

图 7-66　选择工具类型

在弹出的【视频转换】对话框中，单击【添加文件】按钮。然后，在弹出的【打开】对话框中，选择需要转换的视频文件，单击【打开】按钮，如图 7-67 所示。

图 7-67　选择视频文件

此时，系统会自动弹出【选择转换成的格式】对话框，在其列表中选项相应的视频格式，单击【确定】按钮即可，如图 7-68 所示。

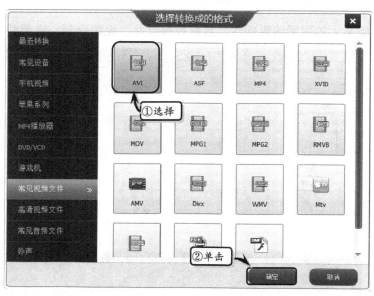

图 7-68　选择转换格式

然后，在视频转换的第 2 步骤对话框中，查看视频文件的基本信息，并单击【下一步】按钮，如图 7-69 所示。

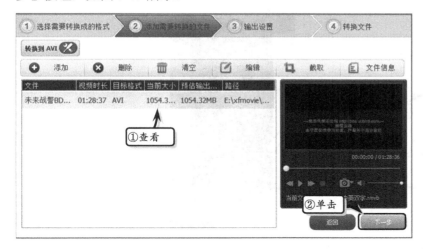

图 7-69 查看视频文件信息

在视频转换的第 3 步骤对话框中，单击【输出目录】后面的文件夹按钮，在弹出的【浏览计算机】对话框中，选择转换视频的保存位置，并单击【确定】按钮。同时，单击【下一步】按钮，如图 7-70 所示。此时，软件将自动转换视频文件，并显示转换进度。

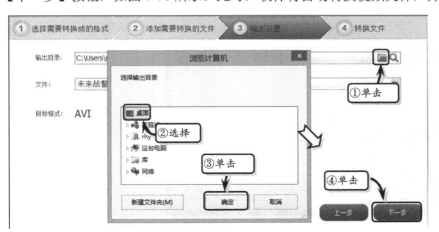

图 7-70 设置保存目录

提　示

在【目标格式】栏中，用户可通过单击【更改目标格式】按钮，在弹出的对话框中更改视频的转换格式。

❑ **分割视频**

在【视频编辑工具】列表中，选择【视频分割】选项。在弹出的【视频分割】对话框中，单击【添加文件】按钮，在弹出的【打开】对话框中，选择视频文件，单击【打开】按钮，同时单击【下一步】按钮，如图 7-71 所示。

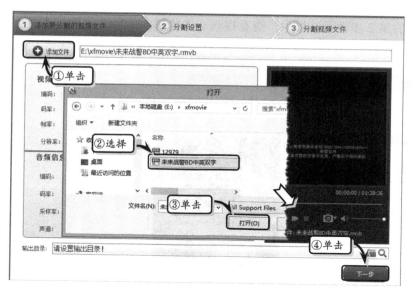

图 7-71 添加视频文件

此时，系统将自动弹出【浏览计算机】对话框，选择输出视频目录，并单击【确定】按钮。然后，选中【平均分割】选项，将分割值设置为"5"，并单击【下一步】按钮，如图 7-72 所示。此时，系统将自动分割视频，并显示分割进度和详细信息。

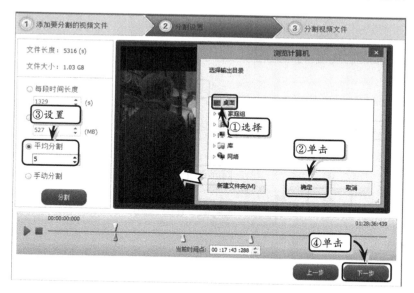

图 7-72 设置分割参数

提 示

用户也可以选中【手动分割】选项，通过拖动视频图像下方的分割滑块，来调整分割大小。

□ 合并视频

在【视频编辑工具】列表中，选择【视频合并】选项。在弹出的【视频合并】对话框中，单击【添加】按钮。然后，在弹出的【打开】对话框中选择需要合并的视频文件，并单击【打开】按钮，同时单击【下一步】按钮，如图 7-73 所示。

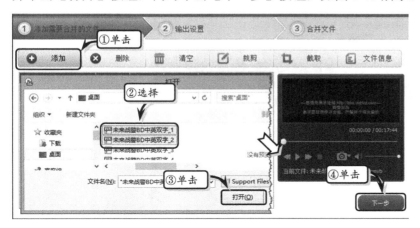

图 7-73　选择合并文件

在弹出的视频合并第 2 步骤列表中，单击【输出目录】选项对应的文件夹按钮，在弹出的【另存为】对话框中选择保存位置，并单击【保存】按钮，同时单击【下一步】按钮，如图 7-74 所示。此时，系统将自动分割视频，并显示分割进度和详细信息。

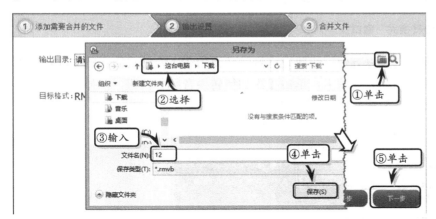

图 7-74　设置保存位置

提　示

在【目标格式】栏中，用户可通过单击【更改目标格式】按钮，在弹出的对话框中更改视频的合并格式。

3. 超级转换秀

超级转换秀是一款集视频转换、音频转换、CD 抓轨、音视频混合转换、音视频切割/驳接转换、叠加视频水印、叠加滚动字幕/个性文字/图片等于一体的优秀影音转换工具。

启动该软件后，将弹出超级转换秀主窗口，如图 7-75 所示。在该窗口包含有功能选项卡、选项菜单栏、转换栏和转换列表等。

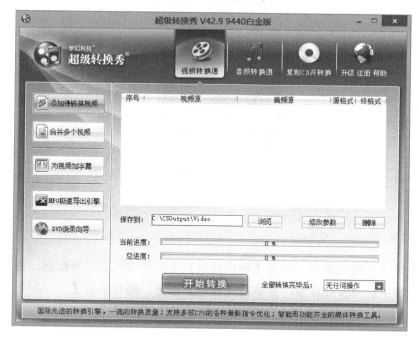

图 7-75　"超级转换秀"窗口

在超级转换秀窗口中可以方便、快捷地将音频转换为 WAV 格式的音频文件。在主界面中，激活【音频转换通】选项卡，单击【添加待转换音频】按钮，在弹出的菜单中执行【添加一个音频文件】命令，如图 7-76 所示。

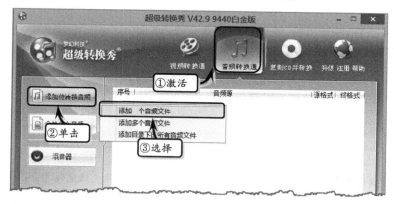

图 7-76　添加音频文件

在弹出的【请选择待转换的音频文件】对话框中，选择要转换的音频文件，单击【打开】按钮，如图 7-77 所示。

然后，在弹出的【设置待转换的音频参数】对话框中，可以设置转换后的格式、视频尺寸、压缩模式等，然后单击【下一步】按钮，如图 7-78 所示。

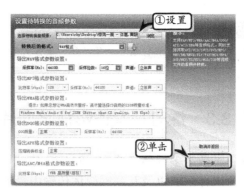

图 7-77 选择音频文件   图 7-78 设置音频参数

在弹出的【截取分割音频】对话框中，选中【按时间截取单段音频】选项，设置具体的截取时间，并单击【确定】按钮，如图 7-79 所示。

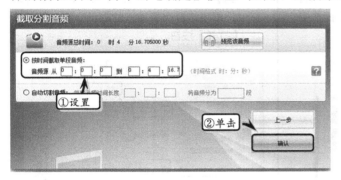

图 7-79 设置截取分割音频选项

在超级转换秀主窗口中，将显示所有音频转换文件的详细信息，设置保存位置后单击【开始转换】按钮，即可开始转换所添加的音频，如图 7-80 所示。

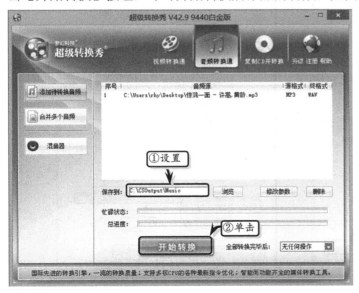

图 7-80 转换音频

●┄7.3.3　练习：制作影视字幕片头

在各种数字多媒体格式中，RMVB 格式以其尚可的效果和极高的压缩比，成为了在互联网流媒体播放以及互联网媒体传输中最流行的格式。下面，将介绍使用 RealNetworks 公司开发的 RealProducer Plus 软件，将 AVI 视频转换为 RMVB 格式的方法。

操作步骤

1 运行 Real Producer Plus 软件，在主界面中执行【文件】|【新建工作】命令，然后再执行【文件】|【保存工作】命令，如图 7-81 所示。

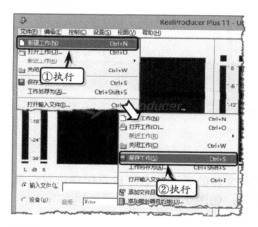

图 7-81　新建工作

2 在弹出的【另存为】对话框中，设置保存位置，输入文件名，并单击【保存】按钮，如图 7-82 所示。

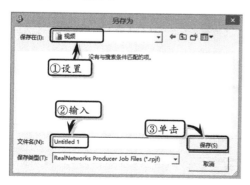

图 7-82　保存工作

3 在主界面中，单击【输入文件】选项中的【浏览】按钮，在弹出的【Select Input File】对话框中选择需要输入的视频文档，并单击【打开】按钮。

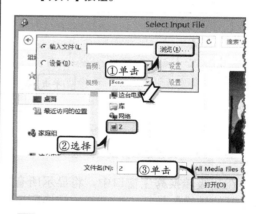

图 7-83　导入视频文件

4 在主界面中，单击【接收方式】按钮，选择"256k DSL or Cable * 225kbps"，单击【删除模板】按钮，如图 7-84 所示。

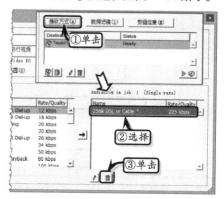

图 7-84　删除模板

5 然后，选择左侧【模板】列表框中的"100% Quality Download(VBR)"选项，单击【添加模板】按钮，如图7-85所示。

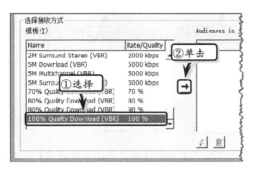

图 7-86 设置剪辑信息

图 7-85 添加模板

6 在主界面中，单击【剪辑信息】按钮，在弹出的【Clip Information】对话框中，设置转换后影片的剪辑信息等内容以及分级情况，如图7-86所示。

7 在主界面中，单击【编码】按钮，开始对影片进行编码，如图7-87所示。

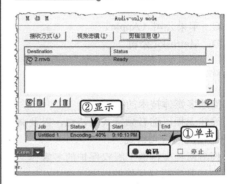

图 7-87 编码影片

7.4 思考与练习

一、填空题

1．多媒体技术是多种媒体的结合，这些媒体包括_____、_____、_____、_____和_____等。

2．声音媒体可以划分为_____、_____和_____等3种。

3．常见的无损音频压缩格式主要包括_____、_____和_____等几种。

4．WMA 和 WMV 都是_____开发的，且都支持_____。

5．MKV 格式的视频支持封装_____条视频流和_____条音频流。

6．Real Video（保真视频）是由_____开发的一种可变压缩比率的视频格式，具有_____、_____的特点。

二、选择题

1．顾名思义，多媒体是多种媒体的结合。

目前多媒体主要包括文本、图像、_____、音频和视频等几种元素。
  A．广告
  B．音乐
  C．报纸
  D．动画

2．语声是指人类说话发出的声音；乐声是指由各种_____演奏而发出的声音；而其他的所有声音都被归纳到环境声中。
  A．钢琴
  B．人造乐器
  C．吉他
  D．电子乐器

3．多媒体技术将各种传统媒体结合在一起，将媒体信息_____和_____，丰富了媒体的表现力，使用户更加容易接受。
  A．多样化 即时化
  B．即时化 多维化
  C．多样化 多维化
  D．即时化 立体化

4．APE 是 Monkey's Audio 开发的音频无损压缩格式，其可以在保持 WAV 音频音质不变的情况下，将音频压缩至原大小的_____左右。

    A．58%

    B．60%

    C．42%

    D．40%

5．MPEG-4 标准的视频格式，是由哪一个公司产品作为基础而制定的？_____

    A．RealNetworks

    B．微软公司（Microsoft）

    C．苹果公司（Apple）

    D．Matroska 公司

三、问答题

1．简述多媒体技术的特点。

2．简述无损压缩音频格式的特点，以及典型的几种无损压缩音频格式。

3．列举两种支持数字版权保护的多媒体文件，简要概述数字版权保护的内容。

4．列举 MPEG 编码所使用的各种文件扩展名。

四、上机练习

1．下载百度音乐中的歌曲

用户在使用百度音乐收听在线歌曲时，除了可以将喜爱的歌曲收藏到当前账户中之外，还可以将所喜爱的歌曲下载到本地电脑中。在百度音乐中的【我的音乐】选项卡中，选择【我喜欢的单曲】列表，单击歌曲对应的【更多操作】按钮，在列表中选择【下载】按钮，如图 7-88 所示。

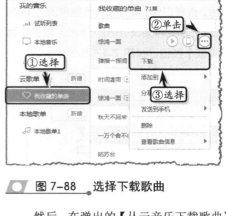

图 7-88　选择下载歌曲

然后，在弹出的【从云音乐下载歌曲】对话框中，选择下载标准，单击【立即下载】按钮即可，如图 7-89 所示。

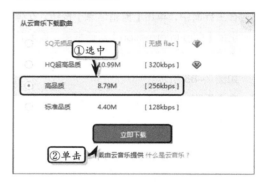

图 7-89　选择音乐标准

2．使用暴风影音转换视频格式

暴风影音除了可以听音乐和播放视频之外，还可以转换音频和视频格式。在主界面中，单击左下角的【工具箱】按钮，在展开的列表中选择【转码】选项，如图 7-90 所示。

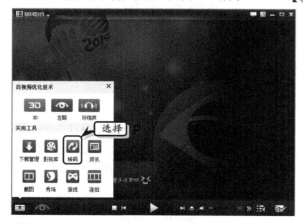

图 7-90　选择工具类型

在弹出的【暴风转码】对话框中，单击【添加文件】按钮。在弹出的【打开】对话框中，选择视频文件，单击【打开】按钮，如图 7-91 所示。

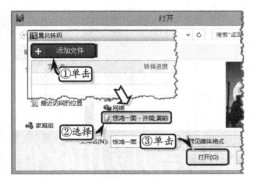

图 7-91　选择音频文件

然后，在弹出的【输出格式】对话框中，设置【输出类型】和【品牌型号】选项，并单击【确定】按钮，如图 7-92 所示。

最后，在【暴风转码】对话框中，单击【输出目录】中的【浏览】按钮，在弹出的对话框中设置保存位置。同时，单击【开始】按钮，即可开始转换视频格式，如图 7-93 所示。

图 7-92　设置输出格式

图 7-93　设置保存位置

第8章

光盘制作与应用软件

目前，计算机的存储技术包括磁性存储（硬盘）、电子存储（U盘、存储卡等）和光存储等多种存储技术，其中光存储技术的代表产品便是光盘。由于光盘中的内容既可以使用计算机进行观看，也可以使用影碟播放机对其欣赏；因此，光盘对播放设备的兼容性要优于磁性存储和电子存储。

虽然光盘在存储重要数据时具有非常优越的地位，但是其特殊的存储技术必须依赖一些额外的工具软件才可以达到存储数据的目的。因此，在本章中，将详细介绍光盘制作方法及所需要用到的相应软件，以便用户能够根据需求制作出符合标准的光盘。

本章学习要点：

➢ 光盘知识概述
➢ 光盘刻录概述
➢ ONES
➢ Nero Buming ROM
➢ 光盘镜像概述
➢ UltraISO PE
➢ WinISO
➢ 虚拟光驱概述
➢ DAEMON Tools Lite
➢ 精灵虚拟光驱
➢ 虚拟光碟专业版

8.1 光盘知识概述

光存储技术的研究从 20 世纪 70 年代开始，此后 Philips 公司向新闻界展示了一套可长时间播放电视节目的 LV（Laser Vision）光盘系统（又称激光视盘系统），从此拉开了利用激光记录信息的序幕。在此后的几十年间，随着光存储技术的不断发展，作为光存储介质的光盘也在不断发生着变化，下面我们便来了解光盘的基础知识。

8.1.1 光盘的分类

一直以来，光盘都是在向着拥有更高存储容量的趋势发展。在这一过程中，陆续出现了以下 3 种光盘类型。

1. CD（Compact Disc）

CD 光盘可采用波长为 780nm 的激光束进行读取，其最大容量为 700MB（直径 12cm 的标准 CD 光盘）。另外，CD 光盘还分为可记录光盘（CD-R/RW）和不可记录光盘两种类型，前者可由用户自行向其中录入数据，而后者在出厂时便携带有指定数据，用户不可对其进行更改。

2. DVD

DVD 光盘采用 650nm 波长的激光束进行读取，其单层标称容量为 4.7GB，实际最大容量为 4.38GB 左右；双层 DVD 光盘标称容量为 8.5GB，实际最大容量为 8.2GB 左右。另外，DVD 光盘按照 1GB=1000MB 进行计算，而实际换算比率是 1GB=1024MB。由于单位换算比例的不同，便造成了标称容量与实际容量不符的问题。

3. BD（Blu-ray Disc）

BD 是近些年才出现的光盘类型，属于 DVD 光盘的替代品。使用时，可利用 405nm 波长的激光束读取 BD 光盘中的内容，其单层容量在 25GB 左右，目前已研制成功最多可达 4 层、容量为 100GB 的 BD 光盘。

在 BD 光盘还未成为下一代光盘技术标准时，还有一种采用相同波长激光束进行数据读取的 HD DVD 光盘与其竞争。竞争的结果是 HD DVD 光盘最终败下阵来，原因之一便是 HD DVD 光盘的容量较小，其单层存储能力只有 15GB 左右。

8.1.2 光盘的结构与原理

CD、DVD、BD 等光盘的类型虽然不同，但无论是其构造还是原理都非常的相似。下面便将对其进行简单的介绍。

1. 光盘的内部构造

类型不同的光盘的结构虽然有所差别，但其结构原理却基本一致。以常见的 CD 光盘为例，其盘片共由基板、记录层、反射层、保护层和印刷层 5 部分所构成，如图 8-1 所示。

其中，光盘内部结构中的每层次的具体说明如下所述。

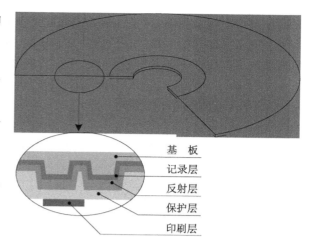

- ❑ **基板**　它是光盘的外形体现，材料为聚碳酸酯，特点是冲击韧性极好、使用温度范围大、尺寸稳定性好、耐候性、无毒性。光盘之所以能够随意取放，主要取决于基板的硬度。

- ❑ **记录层**　又称为涂料层，是光盘记录数据信号的地方，普通光盘的记录层由一种稳定物质所构成，而 CD-R 光盘的记录层则由有机涂料组成。当用户

图 8-1　光盘的内部结构图

向 CD-R 光盘内写入数据时，有机涂料会在激光烧灼下发生变化，从而完成记录数据的任务。

- ❑ **反射层**　它是光盘的第三层，材料为高纯度的纯银金属，作用则是反射激光束，以便光驱借反射的激光束来读取光盘内容。

- ❑ **保护层**　它的功能是防止反射层及记录层被破坏，材料多为光固化丙烯酸类物质。

- ❑ **印刷层**　它是光盘表面用于印刷客户标识、光盘容量等相关信息的地方，此外还可对光盘起到一定的保护作用。

2．光盘存储数据的原理

不同于磁性存储介质使用物质的不同磁极来表示 0 与 1，光盘依靠记录层凹凸不平的表面来表示 0 与 1。以 CD-R 光盘为例，未记录数据的 CD-R 光盘记录层是均匀、平坦的状态，而烧录光盘的操作则会在其表现形成众多肉眼无法察觉的"坑"。通过有"坑"和没有"坑"之间的状态差别，光盘便可记录 0 与 1 的信号，如图 8-2 所示。

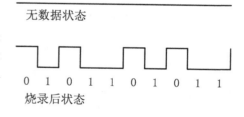

图 8-2　光盘存储数据原理图

8.2　光盘刻录软件

随着电脑的普及，电脑光驱不再仅限于播放 CD 音乐或 DVD 视频了，越来越多的用户喜欢将工作内容或旅游相册刻录成光盘加以保存，便于以后查看与欣赏。在本小节中，将重点介绍光盘刻录的基础知识及一些光盘刻录软件，以帮助用户熟悉并掌握光盘刻录软件的操作方法和实用技巧。

● - - 8.2.1　光盘刻录概述 - ,

随着电脑技术的不断升级，目前用户所配置的光驱大都具有刻录功能；而光盘刻录

电脑常用工具软件标准教程（2015—2018 版）

主要是光盘利用大功率激光将数据以"平地"或"坑洼"的形式烧写在光盘上的。在使用光驱刻录光盘之前，用户还需要先了解一下光盘刻录的类型和光盘刻录软件的分类等一些基础知识。

1. 光盘刻录的类型

目前电脑所配置的光驱都具有刻录 CD 和 DVD 的功能，但必须依据软件的支持才可以完成光盘的刻录操作。一般情况下，光盘的刻录类型具有下列 8 种。

❑ **CD-R** 该类型属于一次性的 CD 刻录盘，其容量为 700MB。

❑ **CD-RW** 该类型属于可反复刻录的 CD 刻录盘，其容量为 700MB。

❑ **DVD-R** 该类型属于一次性的 DVD 刻录盘，其容量为 4.7GB。

❑ **DVD+R** 该类型属于一次性的 DVD 刻录盘，但刻录的速度是越刻越快，其容量为 4.7GB。

❑ **DVD-RW** 该类型属于可反复刻录的 DVD 刻录盘，其容量为 4.7GB。

❑ **DVD+RW** 该类型属于可反复刻录的 DVD 刻录盘，但刻录的速度是越刻越快，其容量为 4.7GB。

❑ **DVD+R9(DL)** 该类型属于一次性刻录的单面双层 DVD 刻录盘，但刻录的速度是越刻越快，其容量为 8.4GB。

❑ **DVD-RAM** 该类型属于可反复刻录 10 万次的 DVD 刻录盘，相当于光盘式硬盘，其容量为 4.7GB。

2. 光盘软件的分类

对于目前市场中所出现的光盘刻录软件，大体可以分为 TAO、DAO、SAO、MS 和 PW 等类型，其具体情况如下所述。

❑ **TAO** TAO 即 Track-At-Once，该类型的软件在刻录过程中可以逐个刻录所有的轨道，每个数据和音频轨道之间会间隔 2~3s，而音频和音频轨道之间则会间隔 2s。以 TAO 类型刻录光盘时，可以根据刻录情况选择是否关闭区段或光驱；不关闭光盘则可以继续追加刻录下一区段，而选择关闭光盘则相当于为光盘进行了写保护，无法继续追加刻录。

❑ **DAO** DAO 即 Disc-At-Once，该类型的软件在刻录过程中部分轨道，会在一个刻录过程中将全部数据一次性刻录到光盘中，不能再次追加刻录。DAO 类型的刻录软件在刻录多轨道数据时，不存在数据轨道之间的间隔时间，这是与 TAO 类型的不同之处。

❑ **SAO** SAO 即 Session-At-Once，该类型的软件在刻录过程中只刻录一个区段，可以在保持光盘不关闭的情况下继续追加刻录下一区段。

❑ **MS** MS 即 Multi-Session，该类型的软件具有多区段刻录功能，称为多区段光盘。每次只刻录一个区段并关闭一个区段，剩余的空间可以继续刻录，多用于数据光盘的刻录。另外，如果光盘中只有一个区段，在光盘没有关闭的状态下，可以变成多区段光盘。

❑ **PW** PW 即 Packet Writing，该类型是软件适用于刻录 CD-RW 类型的光盘，是以增量包写方式下的 64KB 数据包为写入单位的一种刻录方式，也是 CD-RW 刻录类型所采用的唯一刻录方式。

8.2.2　常用光盘刻录软件

随着光驱科技的不断升级，光盘刻录已成为用户日常保存数据资料的重要方法之一。通常情况下，用户会将一些重要的资料，通过光盘刻录软件将其保存在光盘中，以备不时之需。在本小节中，将详细介绍几款常用的光盘刻录软件，以帮助用户更好地保存一些本地或网络中的重要数据。

1. 刻录软件 ONES

刻录软件 ONES 是一款高品质且小巧简捷的数字刻录软件，不仅支持各种 CD 和 DVD 刻录，而且还支持音乐、电影和镜像等各种格式的刻录内容。除此之外，ONES 还具有复制光盘、刻录音频光盘、刻录数据光盘、刻录 ISO 光盘、抓取音频、制作光盘映像等功能，用户可根据具体的数据类型来选择不同类型的刻录方法。

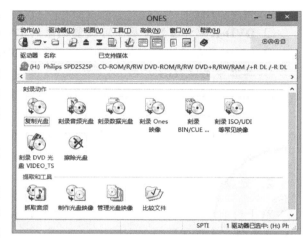

将需要刻录的空白光盘放于光驱中，运行 ONES 软件，在主界面中将显示光驱的驱动器名称、已支持媒体等光驱信息，以及刻录动作、提取和工具等内容，如图 8-3 所示。

图 8-3　ONES 主界面

在 ONES 主界面中，双击【刻录动作】栏中的【刻录数据光盘】选项，在弹出的【刻录数据光盘-ONES】对

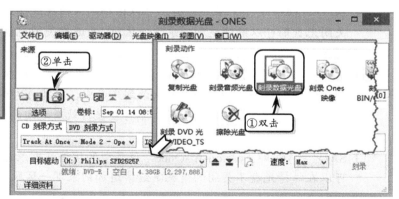

图 8-4　【刻录光盘数据-ONES】对话框

话框中，单击【添加文件/文件夹】按钮，如图 8-4 所示。

然后，在弹出的【添加文件/文件夹-ONES】对话框中，选择所需添加的文件或文件夹，单击【打开】按钮，同时单击【添加】按钮，如图 8-5 所示。

电脑常用工具软件标准教程（2015—2018 版）

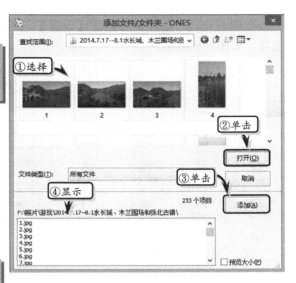

此时，软件将自动返回到【刻录数据光盘-ONES】对话框中，选择【选项】栏中的【DVD 刻录方式】选项，并将【速度】设置为 Max。同时，展开【详细资料】栏，启用【刻录】复选框，单击【刻录】按钮，开始刻录光盘，如图 8-6 所示。

图 8-5　添加文件或文件夹

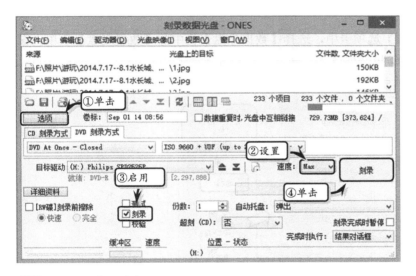

图 8-6　刻录光盘

2. BurnAware Free

BurnAware Free 是一款多功能的刻录工具，不仅支持 CD、DVD、蓝光光盘和 HD-DVD 媒体的刻录，还支持包括 CD-R、CD-RE、DVD-R、DVD-RW、DVE+R、DVD+RW、BD-R、BD-RE、HD-DVD-R、HD-VDD-RW 和 DVD-RAM 等所有标准的光存储介质格式。

运行 BurnAware Free，在主界面中将直接显示【编译】选项卡，包括数据光盘、影音光盘、光盘映像和光盘工具等内容，如图 8-7 所示。

在刻录光盘之前，需要激活【设置】选项卡，来设置刻录软件和刻录机的一些常规选项，如图 8-8 所示。

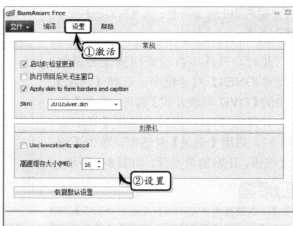

图 8-7　主界面

图 8-8　设置常规选项

❑ **刻录数据光盘**

在主界面中的【编译】选项卡中，选择【数据光盘】栏中的【数据光盘】选项，在弹出的【数据光盘-BurnAware-Free】对话框中，单击【添加文件】按钮，如图 8-9 所示。

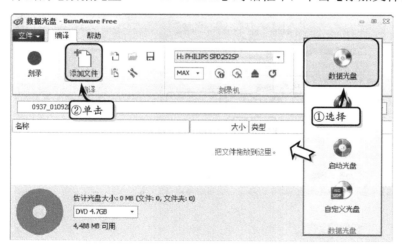

图 8-9　准备添加光盘文件

提　示

在【数据光盘-BurnAware-Free】对话框中，用户也可以将需要刻录的文件夹或文件，直接拖曳到该对话框中的空白区域中。

在弹出的【添加文件和文件夹】对话框中，在左侧列表中选择需要添加的文件夹，然后在右侧列表中选择需要添加的文件，单击【添加】按钮，如图 8-10 所示。添加完所有文件之后，单击【关闭】按钮。

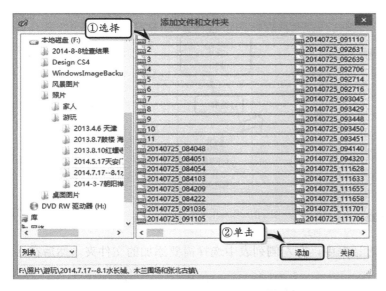

图 8-10 选择文件

此时，在【数据光盘-BurnAware-Free】对话框中，将显示需要刻录的文件列表，同时在对话框的最下面将显示光盘的实际大小和估计光盘文件大小等基层数据，单击【刻录】按钮，开始刻录光盘，如图 8-11 所示。

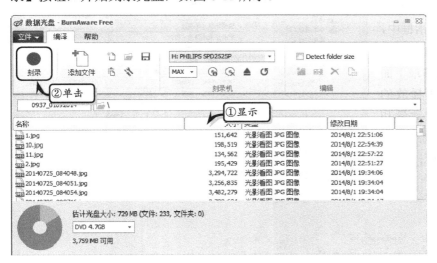

图 8-11 刻录光盘

提 示

在【数据光盘-BurnAware-Free】对话框中，单击【编译】选项组中的【选项】按钮，可在弹出的【选项】对话框中，设置光盘的刻录标签和日期/时间等常规选项。

□ 刻录影音光盘

在主界面中的【编译】选项卡中，选择【影音光盘】栏中的【音频 CD】选项，在弹出的【音频 CD-BurnAware-Free】对话框中，单击【添加曲目】按钮，如图 8-12 所示。

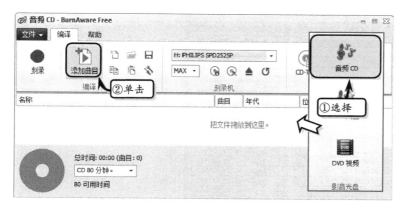

图 8-12 准备刻录音频 CD

　　在弹出的【添加曲目】对话框中，在左侧列表中选择需要添加的文件夹，然后在右侧列表中选择需要添加的曲目文件，单击【添加】按钮，如图 8-13 所示。添加完所有文件之后，单击【关闭】按钮。

　　此时，在【音频 CD-BurnAware Free】对话框中，将显示需要刻录的曲目列表，同时在对话框的最下面将显示曲目文件所播放的总时间、最小需求数量和CD 时间，单击【刻录】按钮，开始刻录光盘，如图8-14 所示。

图 8-13 添加曲目

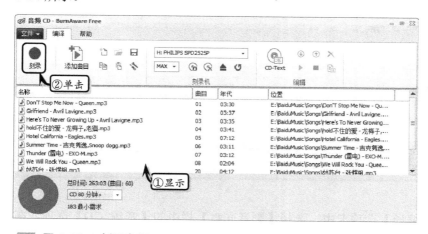

图 8-14 刻录音频 CD

电脑常用工具软件标准教程（2015—2018 版）

□ **刻录数据光盘**

运行光盘刻录大师，默认界面将显示【刻录工具】选项卡中的内容，包括刻录数据光盘、刻录音乐光盘、D9 转 D5、刻录 DVD 文件、光盘复制等功能，用户可根据具体刻录内容选择相应的选项，例如选择【刻录数据光盘】选项，准备刻录数据光盘，如图 8-15 所示。

图 8-15 【刻录工具】选项卡

在弹出的【数据刻录】对话框中，单击【请选择刻录光盘类型】下拉按钮，在其下拉列表中选择一种光盘类型，并单击【添加文件】按钮，如图 8-16 所示。

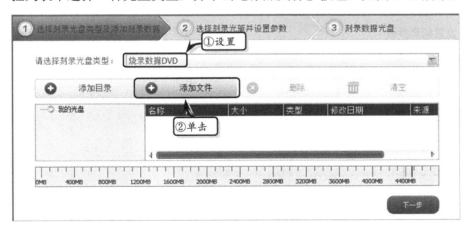

图 8-16 设置刻录类型

在弹出的【打开】对话框中，选择需要刻录的数据文件，单击【打开】按钮，返回到【数据刻录】对话框中。此时，在列表框中将显示刻录文件信息，查看刻录文件的具体信息，并单击【下一步】按钮，如图 8-17 所示。

在【选择刻录光驱并设置参数】步骤中,查看目标设备信息,在【光盘卷标】文本框中输入光盘卷标文本;同时设置【刻录速度】、【刻录方式】和【刻录份数】等选项,并单击【下一步】按钮,如图8-18所示。

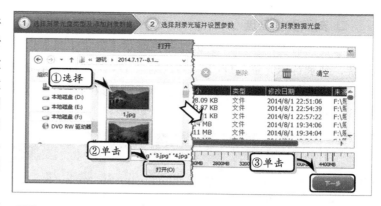

图 8-17 添加刻录文件

此时,在【刻录数据光盘】步骤中,将显示光盘的数据缓存进度、设备缓存进度、刻录信息,以及烧录进度等刻录信息,如图 8-19 所示。

图 8-18 设置刻录参数

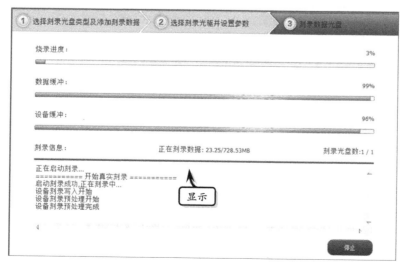

图 8-19 刻录数据光盘

提 示

在数据刻录过程中,用户可以单击【停止】按钮,停止光盘的刻录工作。但是,如果所刻录的光盘非可擦除光盘,建议用户不要停止刻录工作,否则将直接报废当前光盘。

❏ **制作影视光盘**

在主界面中,激活【视频工具】选项卡,该选项卡包括编辑与转换、视频分割、视频文件截取、视频合并、视频截图、DVD 视频提取、DVD 音频提取等功能,用户

图 8-20 【视频工具】选项卡

只需根据使用情况选择相应的选项即可。例如,当需要制作视频光盘时,则需要选择【制作影视光盘】选项,如图 8-20 所示。

在弹出的【影视光盘制作】对话框中的【选择视频光盘类型】步骤中,设置需要制作的光盘类型、光盘制式、纵横比、光盘清晰度等选项,并单击【下一步】按钮,如图 8-21 所示。

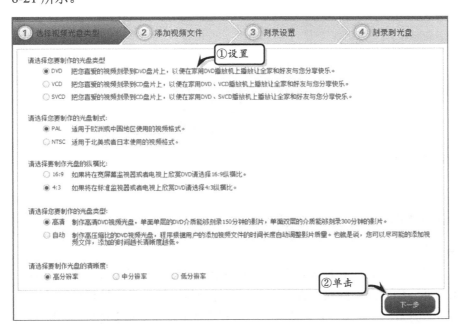

图 8-21 设置视频光盘类型

然后,在【影视光盘制作】对话框中的【添加视频文件】步骤中,单击【添加】按钮,在弹出的【打开】对话框中选择视频文件,并单击【打开】按钮,同时单击【下一步】按钮,如图 8-22 所示。

添加完视频文件之后，选择列表中的某个视频文件，单击【截取】按钮，可在弹出的【视频截取】对话框中，截取视频中不需要的部分。

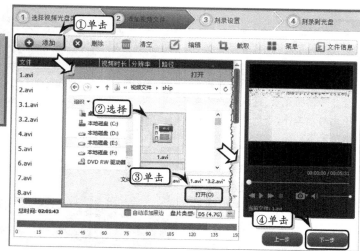

最后，在【影视光盘制作】对话框中的【刻录设置】步骤中，设置视频光盘的标卷、刻录速度、刻录份数，以及视频保存的临时目录等刻录选项，并单击【下一步】按钮，开始刻录视频，如图8-23所示。

图 8-22　添加视频文件

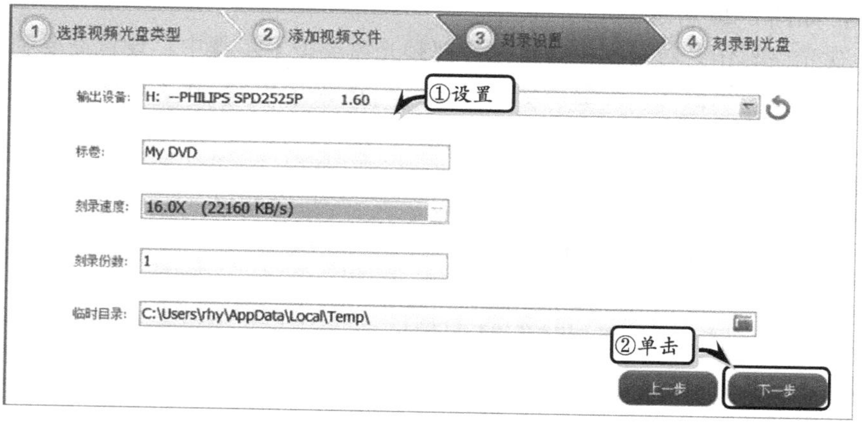

图 8-23　设置刻录参数

在设置【刻录速度】选项时，用户需要单击其下拉按钮，在其下拉列表中选择相应的速度选项。

❑ 编辑音频文件

在主界面中，激活【音频工具】选项卡，该选项卡包括音乐格式转换、音乐分割、音乐截取、音乐合并、CD 音乐提取、音乐光盘刻录等功能，用户只需根据使用情况选择相应的选项即可。例如，当需要音乐截取时，则需要选择【音乐截取】选项，如图8-24所示。

然后，在弹出的【音乐截取】对话框中的【添加要截取的音乐文件】步骤中，单击【添加文件】按钮。在弹出的【添加音乐文件】对话框中，选择所需截取的音乐文件，单击【打开】按钮，如图8-25所示。

图 8-24 【音频工具】选项卡

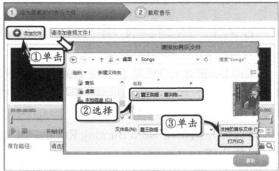

图 8-25 添加音乐文件

添加音频文件之后，拖动下方的截取按钮，调整音频中的截取位置。然后，单击【保存路径】中的文件夹按钮，在弹出的【请设置保存路径】对话框中，设置截取后音频的保存位置和名称，单击【保存】按钮，同时单击【截取】按钮，如图8-26所示。

提 示

调整截取范围之后，可以单击下方的【播放】按钮，试听截取效果。

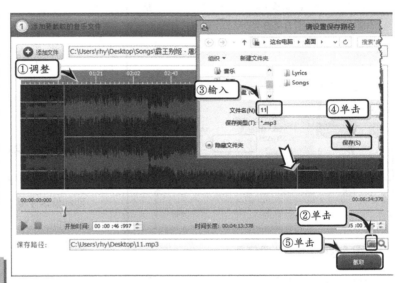

图 8-26 调整截取范围

此时，在【音乐截取】对话框中的【截取音乐】步骤中，软件将自动根据调整范围截取音频文件，并显示截取结果，如图8-27所示。截取音频文件之后，单击【打开输出文件夹】按钮，可打开截取音频文件所保持的文件夹。

图 8-27 截取音频

Nero Burning ROM 是目前最为强大的刻录软件，能够利用 CD/DVD/BD 等类型的光盘介质制作出数据、音乐和视频等不同类型的光盘。除此之外，Nero Burning ROM 还具有使用方法极其简单的优点，用户只需几个步骤即可创建出符合要求的光盘。在本练习中，将详细介绍使用 Nero Burning ROM 刻录光盘的操作方法。

操作步骤

1 运行 Nero Burning ROM，在弹出的【新编辑】对话框中，选择【DVD-ROM（UDF）】选项，并在【信息】选项卡中查看光盘的基础信息，如图 8-28 所示。

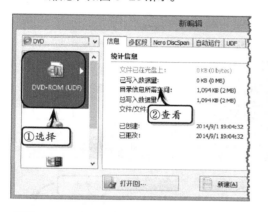

图 8-28　查看光盘信息

2 激活【多区段】选项卡，选中【无多重区段（可能启用了 Nero DiscSpan[o]）】选项，如图 8-29 所示。

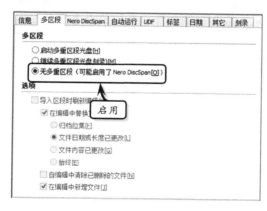

图 8-29　设置多区段选项

3 激活【标签】选项卡，在【光盘名称】文本框中输入光盘的名称，并单击【添加日期】按钮，如图 8-30 所示。

图 8-30　设置光盘名称

4 激活【日期】选项卡，启用【设置卷标的创建和修改】复选框，同时设置卷创建的日期和时间。然后，选中【使用当前日期和时间】选项，如图 8-31 所示。

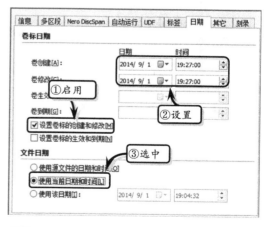

图 8-31　设置光盘日期

5 激活【刻录】选项卡，启用【写入】复选框，同时将【刻录份数】设置为"2"，单击【新建】按钮，如图 8-32 所示。

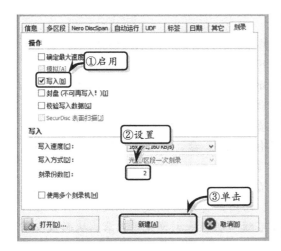

图 8-32 设置刻录选项

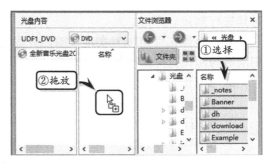

图 8-33 添加刻录文件

6 在弹出对话框中的【文件浏览器】栏中,选择需要刻录的文件,将其拖放到【光盘内容】栏中,如图 8-33 所示。

7 此时,在【光盘内容】栏中将显示所添加的刻录文件,单击【立即刻录】按钮,开始刻录光盘,如图 8-34 所示。

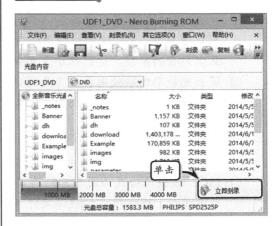

图 8-34 刻录光盘

8.3 光盘镜像编辑软件

光盘镜像文件(Image)也叫光盘映像文件,存储格式与光盘文件格式相同,一般是由刻录软件或镜像文件制作工具创建的,可以使用虚拟光驱进行播放或查看。在本小节中,将详细介绍光盘镜像的基础知识和常用编辑软件,以帮助用户熟悉并熟练使用镜像编辑软件。

8.3.1 光盘镜像概述

光盘镜像又称为 CD Mirror,采用了类似于"刻录机刻录光盘"的计数方式,将整张光盘中的数据光轨完整地刻录到硬盘上。下面,将主要介绍光盘镜像的原理、作用和镜像格式,以帮助用户充分理解光盘镜像。

1. 光盘镜像的作用

光盘镜像是一种 CD-ROM 文件,它主要是依据 ISO 9660 中有关 CD-ROM 文件系统标准所制定的。由于早期的主机速度比较慢,无法满足光盘刻录过程中所需要的速度;因此在刻录光盘之前,需要先将刻录数据预先转换成 ISO-9660 格式的图像文件,然后再对其进行刻录。

光盘镜像文件可以真实地反映源光盘的完整结构，用户可以使用刻录机将镜像文件刻录成与源光盘完全一样的新光盘。一般情况下，光盘镜像具有下列 4 种作用。

- ❏ **便于传递**　光盘镜像与源光盘具有一样的结构，但确从实体物体结构转变为电脑通用的数据文件，便于用户在网络中广泛、便捷、快速地进行传递。
- ❏ **节省资金**　由于光盘镜像文件反映了光盘中的完整内容，因此传递镜像文件相当于传递源光盘，源光盘广泛地使用网络传播或 U 盘、移动硬盘传递，可以节省刻录光盘的资源费用，从而为用户节省了大量的购买光盘的费用。
- ❏ **降低光盘磨损**　对于具有播放功能的光盘来讲，用户在使用光盘一遍一遍地浏览光盘内容时，会对光盘造成一定的磨损。而用户将光盘做成镜像文件，存放在计算机硬盘中，只需使用模拟光驱软件便可随心所欲地浏览光盘内容，从而减少了真实光盘的磨损，达到保护真实光盘的目的。
- ❏ **延长光驱寿命**　使用真实光盘浏览光盘中的文件时，多次的播放也会降低光驱的使用寿命。此时，可以使用镜像文件和虚拟光驱，来延长光驱的寿命。

2. 镜像格式

光盘镜像类似于真实光盘，根据不同的刻录软件和用途，大体可分为以下 8 种格式。

- ❏ **ISO**　该镜像格式为最常见的格式，一般常用的刻录软件都支持 ISO 文件，直接刻录光盘。ISO 格式的镜像文件可以使用 WinISO、UltraISO 打开和编辑，除此之外使用 WinRAR 软件也可以打开该格式的镜像文件。
- ❏ **IMG**　IMG 格式的镜像文件是由 CloneCD 生成的，可以支持加密碟片，包括.ccd .img 和.sub 共 3 个不同的扩展名文件。其中，ccd 文件是 CloneCD 的控制文件，img 是数据镜像，而 sub 则为子通道数据。
- ❏ **VCD**　VCD 格式的镜像文件是由虚拟光驱（Virtual Drive）软件所生成的，只能用于虚拟光盘，无法进行刻录。如果 VCD 格式的镜像文件在生成时没有进行压缩，则可以将其转换成 ISO 文件，再进行刻录。
- ❏ **NRG**　NRG 格式的镜像文件是由 Nero 软件所生成，在生成 NRG 镜像文件时 Nero 会同时安装其专用格式的虚拟光驱。
- ❏ **MDF 和 MDS**　该格式的镜像文件是由 Alcohol 120%软件所生成，可以支持加密碟片，但两种格式的文件必须同时使用，一般用于游戏的安装文件。
- ❏ **FCD**　该格式的镜像文件需要使用 Virtual CD-ROM 装载，可以兼容 Nero、Duplicator、BlindRead、Easy-CD Creator、CDR-Win、Virtual CD-ROM、CloneCD 等软件所制作的镜像文件。
- ❏ **LCD**　该格式的镜像文件需要使用操作相对简单的 CDspace 来装载，除了具有网络功能和支持 23 个虚拟光驱的特点之外，还具有将 ISO 文件转换成 LCD 文件的功能。
- ❏ **BIN CD Manipulator**　该格式的镜像文件是由 CD 镜像制作工具所生成，一般用于 PSX 和 Saturn 的模拟器上，不仅可以读取光盘子通道的数据，而且还支持 Skin 技术。

8.3.2 常用光盘镜像编辑软件

光盘镜像文件不同于普通的电脑文件，用户在添加、删除或修改该类型的文件时，需要借助一些光盘镜像编辑软件。在本小节中，将详细介绍一些常用的光盘镜像编辑软件，以帮助用户编辑工作或生活中必须使用的光盘镜像文件。

1. UltraISO

UltraISO 是一款功能强大的光盘镜像制作和编辑软件，不仅可以直接编辑光盘镜像或从镜像中提取文件，而且还可以将光盘或硬盘中的文件制作成 ISO 文件。

❑ **制作光盘镜像**

运行 UltraISO，在主界面中将按照上下并列的方式显示光盘内容和本地目录，以及光盘和本地目录的详细文件。首先将需要制作成镜像的光盘放入光驱中，然后单击工具栏中的【制作光盘映像】按钮，如图 8-35 所示。

在弹出的【制作光盘映像文件】对话框中，启用【启用 ISO 文件卷过滤器】复选框，同时选中【输出格式】选项组中的【标准 ISO（*.ISO）】选项，并单击【制作】按钮，如图 8-36 所示。

图 8-35　UltraISO 主界面

图 8-36　设置光盘映像制作选项

此时，UltraISO 会自动弹出【处理进度】对话框，显示文件名、完成比例、已用时间和剩余时间等制作信息，如图 8-37 所示。

制作完成之后，会自动弹出【提示】对话框，提示 CD 映像制作完成，单击【是】按钮将打开映像文件，如图 8-38 所示。

提　示

完成制作 CD 映像之后，在主界面中的工具栏中单击【另存为】按钮，可在弹出的对话框中重新保存映像文件。

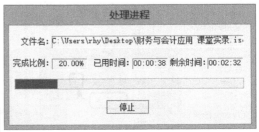

图 8-37　显示处理进度

❑ **转换镜像格式**

在 UltraISO 主界面中，单击工具栏中的【格式转换】按钮，在弹出的【转换成标准ISO】对话框中，设置相应的转换参数，并单击【转换】按钮，如图 8-39 所示。

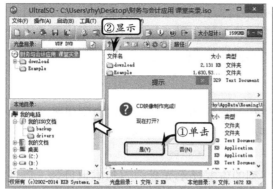

图 8-38　显示镜像文件

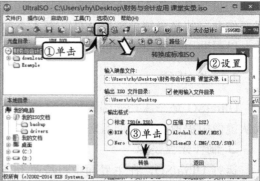

图 8-39　设置转换参数

此时，UitraISO 会自动弹出【处理进度】对话框，显示文件名、完成比例、已用时间和剩余时间等制作信息。转换完成之后，会自动弹出【提示】对话框，提示用户镜像文件转换完成，如图 8-40 所示。

❑ **压缩 ISO**

在 UltraISO 主界面中，单击工具栏中的【压缩 ISO】按钮，在弹出的【压缩】对话框中，设置相应的转换参数，并单击【压缩】按钮，如图 8-41 所示。

图 8-40　显示转换进度

此时，UitraISO 会自动弹出【处理进度】对话框，显示文件名、完成比例、已用时间和剩余时间等制作信息。转换完成之后，会自动弹出【提示】对话框，提示用户镜像文件转换完成，如图 8-42 所示。

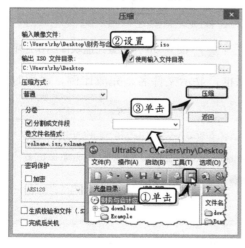

图 8-41　设置压缩选项

图 8-42　显示转换进度

2. PowerISO

PowerISO 是一款强大的 ISO 文件编辑软件，不仅支持虚拟光驱软件和刻录光盘功能，而且还具有打开、赌气、提取、创建、压缩、编辑、加密、分割和转换 ISO 镜像文件等功能。

❑ 增加 ISO 镜像文件

运行 PowerISO，在主界面的工具栏中，单击【打开】按钮。在弹出的【打开】对话框中，选择 ISO 镜像文件，并单击【打开】按钮，如图 8-43 所示。

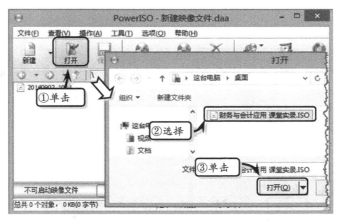

图 8-43 选择 ISO 镜像文件

然后，在主界面中将显示所添加的 ISO 镜像文件的具体内容。单击工具栏中的【增加】按钮，在弹出的【增加文件或文件夹】对话框中，选择需要增加的文件，并单击【增加】按钮，如图 8-44 所示。

此时，在主界面中的 ISO 镜像文件夹中，将显示新增加的文件内容。执行【文件】|【另存为】命令，在弹出的【另存为】对话框中，设置保存文件名和位置，单击【保存】按钮，保存 ISO 镜像文件，如图 8-45 所示。

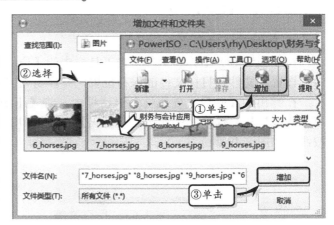

图 8-44 增加文件

> **提 示**
>
> 添加映像文件之后，可在主界面 ISO 文件夹中选择不需要的文件，单击工具栏中的【删除】按钮，即可删除映像中的文件。

❑ 提取 ISO 镜像文件

在 PowerISO 主界面中，单击工具栏中的【提取】按钮。在弹出的【提取】对话框中，选中【所有的文件】选项，并单击【文件夹】按钮，如图 8-46 所示。

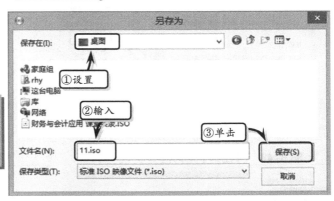

图 8-45 保存 ISO 镜像文件

在弹出的【浏览文件夹】对话框中，选择提取后文件的保存位置，单击【确定】按钮。然后，在【提取】对话框中，单击【确定】按钮，开始提取 ISO 镜像文件中的内容，如图 8-47 所示。

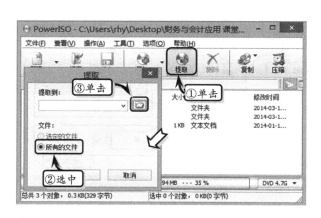
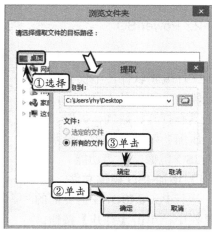

图 8-46 【提取】对话框　　　　　　　　　图 8-47 提取文件

❏ **压缩 ISO 镜像文件**

在 PowerISO 主界面中，单击工具栏中的【压缩】按钮。在弹出的【压缩】对话框中，设置源文件和目标文件的保存位置，并单击【高级属性】按钮，如图 8-48 所示。

在弹出的【映像文件属性】对话框中，将【压缩方法】设置为"较好"，启用【使用密码保护】复选框，在弹出的【密码】对话框中输入保护密码，并依次单击【确定】按钮，如图 8-49 所示。

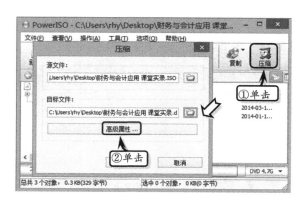
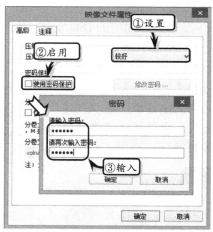

图 8-48 【压缩】对话框　　　　　　　　　图 8-49 设置映像文件属性

提 示

为压缩的映像文件添加密码之后，可以在主界面中再次单击【压缩】按钮，在弹出的【映像文件属性】对话框中，单击【修改密码】按钮，即可修改保护密码。

❏ **制作光盘映像文件**

在 PowerISO 主界面中，执行【工具】|【制作光盘映像文件（CD/DVD/BD）】命令，在弹出的【制作光盘映像文件（CD/DVD/BD）】对话框中，选中【.bin 文件】选项，并

电脑常用工具软件标准教程（2015—2018 版）

单击【确定】按钮，如图 8-50 所示。

此时，将自动弹出映像文件保存进度对话框，显示映像文件的源文件目录、保存进度值及剩余时间，如图 8-51 所示。

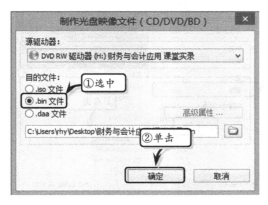

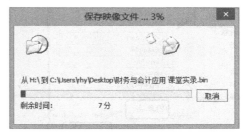

图 8-50　设置目的文件类型　　　　　　图 8-51　保存进度状态

提　示

在主界面中，打开 ISO 镜像文件，执行【工具】|【刻录】命令，即可将 ISO 镜像文件刻录到光盘中。

8.3.3　练习：使用 WinISO 编辑光盘镜像

WinISO 是一款优秀的光盘镜像编辑工具，可处理 ISO、BIN 等常见格式的光盘镜像文件。通过 WinISO，用户可在光盘镜像内部直接进行添加/删除/重命名/提取文件等操作，使修改光盘镜像文件变得更为方便。在本练习中，将详细介绍使用 WinISO 软件编辑光盘镜像文件的操作方法和步骤。

操作步骤

1 运行 WinISO，右击主界面左侧列表框中镜像文件名称，执行【重命名】命令，输入镜像名称，如图 8-52 所示。

2 右击右侧列表中的空白处，执行【添加文件】命令，如图 8-53 所示。

图 8-52　重命名镜像文件

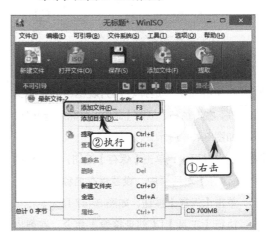

图 8-53　执行命令

3 在弹出的【打开】对话框中，选择需要生成镜像的文件或文件夹，单击【打开】按钮，如图 8-54 所示。

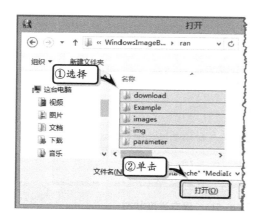

图 8-54 添加文件或文件夹

4 此时，在主界面中将显示新添加的文件。单击右下角的下拉按钮，在下拉列表中选择光盘类型，如图 8-55 所示。

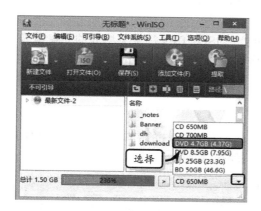

图 8-55 选择光盘类型

5 在主界面中，选择右侧列表框中的单个文件，右击执行【删除】命令，删除所选文件，如图 8-56 所示。

6 在主界面中，单击【保存】按钮，在弹出的【保存】对话框中，设置保存名称和位置，单击【保存】按钮，如图 8-57 所示。

7 执行【工具】|【刻录镜像】命令，在弹出的【刻录】对话框中，单击【刻录】按钮，

开始刻录镜像文件，如图 8-58 所示。

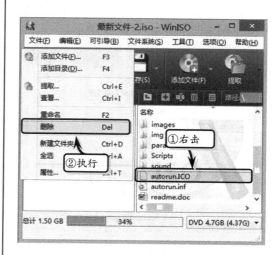

图 8-56 删除列表文件

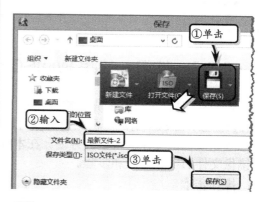

图 8-57 保存 ISO 文件

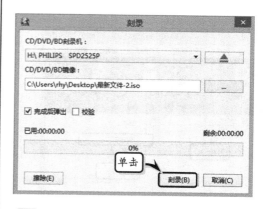

图 8-58 刻录镜像文件

8.4 虚拟光驱软件

虚拟光驱是一种模拟光驱（光盘驱动器，包括 CD-ROM 和 DVD-ROM 等）的虚拟设备软件，可以生成等同于光驱功能的光盘镜像，它是日常生活中应用十分广泛的虚拟设备软件之一。下面，将详细介绍虚拟光驱的基础理论知识及一些常用的虚拟光驱软件。

8.4.1 虚拟光驱概述

虚拟光驱是将各种光盘中的文件，打包为一个光盘镜像文件，并存储到硬盘中。再通过虚拟光驱软件创建一个虚拟的光驱设备，将镜像文件放入虚拟光驱中使用。

虚拟光驱软件的用途非常广泛。在使用虚拟光驱软件时，只要将原光盘文件存储为硬盘镜像，即可随意将这些镜像方便地插入到虚拟光驱中，无须再使用光盘。虚拟光驱软件主要有以下优点。

1．读取速度快

在当前技术水平下，光驱的数据读取速度相比硬盘而言是非常缓慢的。例如以目前市场上的 18X（倍速） DVD 光驱而言，其峰值速度为 $18 \times 1350KB/s$，即 24MB/s 左右。

而现在 SATA 串口硬盘，两个硬盘间的数据存取速度已经可以超过 100MB/s，最快的桌面硬盘产品存取速度已经可以超过 200MB/s。

使用虚拟光驱软件，可以将光盘镜像存储到硬盘上。这样，在读取这些光盘内容时，可以获得如硬盘一样的读取速度，大大提高了程序运行的效率。

2．使用限制小

很多特殊用途的计算机往往由于体积、质量等限制，无法安装光驱，如各种上网本、便携式笔记本等。如果要在这类计算机中，使用一些必须由光盘安装的软件或播放 DVD 视频，则需要使用虚拟光驱软件。

用户可先在其他有光驱的计算机中，将光盘制作为光盘镜像，通过网络或其他可移动存储方式，将光盘镜像复制到这些计算机中，再使用虚拟光驱软件导入光盘镜像，安装软件或播放视频。

3．节省采购成本

虽然单个光驱的采购价格并不贵，但是对于大型商业用户而言，采购几百上千台计算机时，每台计算机上的光驱是一笔不小的开销。

使用虚拟光驱软件后，用户完全可以只采购少量的光驱，在其他无光驱的计算机中安装虚拟光驱，通过虚拟光驱满足日常应用，甚至可以完全不采购光驱，从而节省设备采购成本。

4．提高光盘管理效率

对于购买了大量软件的用户而言，管理这些软件光盘是一项非常烦琐的工作，往往需要浪费大量的时间对这些光盘进行编号、存放和整理。

使用虚拟光驱软件，可以将各种光盘制作成光盘镜像。既可以保护光盘，防止频繁读写而造成光盘的磨损；又可以提高查找这些光盘内容的效率。

8.4.2 常用虚拟光驱软件

虚拟光驱软件的界面简洁且操作简单，允许用户将磁盘中的光盘镜像载入到内存中，模拟物理光驱。另外，有些功能强大的虚拟光驱软件还会提供光盘镜像的制作功能。

1. DAEMON Tools Lite

DAEMON Tools Lite 简体中文版是一种用于Windows 操作系统的虚拟光驱软件。该软件虽然是一款共享软件，但对个人用户是免费的。

图 8-59　DAEMON Tools Lite 主界面

使用 DAEMON Tools Lite 可以加载多种光盘镜像，包括 MDS、ISO、NRG 和 CUE 等多种格式，如图 8-59 所示。除此之外，DAEMON Tools Lite 还支持加密光盘。

❑ 添加镜像文件

在 DAEMON Tools Lite 窗口中，单击工具栏中的【添加映像】按钮，在弹出的【打开】对话框中，选择镜像文件并单击【打开】按钮，如图 8-60 所示。

此时，在【映像】列表中，将显示已经添加的镜像文件，并显示该镜像文件的地址等内容。然后，在工具栏中单击【载入】按钮，即可将镜像文件载入到虚拟光驱中，如图8-61 所示。

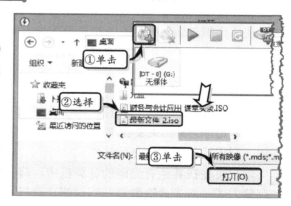

图 8-60　添加映像

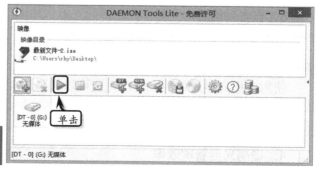

> **提　示**
>
> 用户也可以双击【映像】列表中的镜像文件，将其载入到虚拟光驱中。

现在，用户可以在【计算机】

图 8-61　显示添加的镜像文件

窗口中，查看到虚拟光驱中所加载的镜像文件，它非常类似于一个光驱放入一张光盘，如图8-62所示。用户可以双击运行该光盘内容，或者右击该虚拟光驱，执行【打开】命令，查看光盘内容。

提　示

单击工具栏中的【移除项目】按钮![icon]，即可将载入的镜像文件移除出去，在窗口中不再显示镜像文件内容。

图 8-62 查看虚拟光驱

❑ 卸载与添加虚拟光驱

卸载虚拟光驱并非将虚拟光驱从计算机中卸载掉，而只是将虚拟光驱中的文件清除。但是，镜像文件还会在【映像】列表中显示出来。用户只需右击工具栏下面窗格中虚拟光驱图标，执行【卸载】命令即可，如图8-63所示。

提　示

用户也可以在【计算机】窗口中右击虚拟光驱图标，执行【弹出】命令。

图 8-63 卸载虚拟光驱

除了软件安装时所添加的虚拟光驱以外，用户还可以自行添加多个虚拟光驱。单击工具栏中的【添加 DT 虚拟光驱】按钮，此时系统会显示"正在添加虚拟设备"，并在列表中显示所添加的 DT 虚拟光驱图标，如图8-64所示。

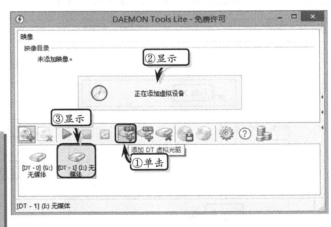

提　示

DT虚拟光驱与SCSI虚拟光驱之间的区别：它们的虚拟接口不同，而且有些软件会对光盘采取防拷贝检测。例如，DT 光驱不使用 SPTD，基本无法通过防拷贝检测，但对加密的 ISO 支持更好；SCSI 光驱使用 SPTD 功能，可以通过低版本的防拷贝检测。

图 8-64 添加 DT 光驱

2．WinMount

WinMount 是一款功能强大且免费的 Windows 工具软件，不仅具有虚拟光盘镜像和硬盘镜像功能，而且还具有压缩文件、解压和浏览压缩包的功能。但该软件的最大特色在于可以将压缩包挂载到虚拟盘中使用，无须解压，既节省时间又节省空间。

❑ 压缩文件

运行 WinMount，在主界面中切换到【浏览】窗口中，在列表框中选择需要压缩的文件夹，单击工具栏中的【压缩】按钮，如图 8-65 所示。

在弹出的【压缩设置选项】窗口中，激活【常规】选项卡，设置压缩包的名称、压缩类型等常规选项，如图 8-66 所示。

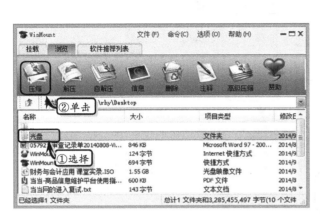

图 8-65　【浏览】窗口

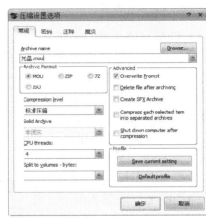

图 8-66　设置压缩选项

激活【密码】选项卡，在【输入密码】和【再次输入密码以确认】文本框中，依次输入加密密码，并单击【确定】按钮，开始压制压缩文件，如图 8-67 所示。

❑ 挂载/卸载虚拟盘

切换到【挂载】窗口中，单击工具栏中的【挂载文件】按钮，在弹出的【打开】对话框中，选择需要挂载的光盘镜像文件，单击【打开】按钮，如图 8-68 所示。

图 8-67　设置加密密码

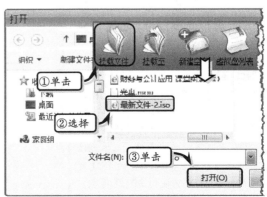

图 8-68　选择挂载文件

此时，在【挂载】窗口中的列表框中，查看已挂载的镜像文件。然后选择列表框中的盘符，右击执行【卸载】命令，卸载虚拟盘，如图 8-69 所示。

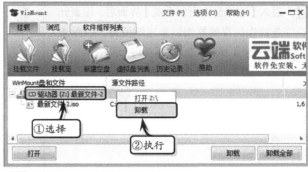

图 8-69　挂载文件列表

8.4.3　练习：使用虚拟光碟专业版制作光盘镜像

虚拟光碟专业版是用于 Windows 操作系统的一种专业虚拟光驱工具，不仅可以加载光盘镜像，还可以制作光盘镜像，即将各种光盘的完整内容复制到光盘镜像中。在本练习中，将详细介绍使用虚拟光碟专业版制作光盘镜像的操作方法和具体操作步骤。

操作步骤

1　在虚拟光碟专业版主界面中，单击【功能列表】按钮，切换到【功能列表】界面中，如图 8-70 所示。

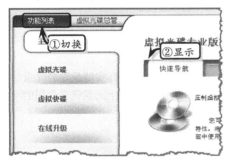

图 8-70　切换界面

2　在【功能列表】界面中的【主要功能】选项卡中，单击【压制虚拟光碟】按钮，如图 8-71 所示。

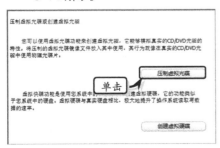

图 8-71　【主要功能】选项卡

3　此时，将自动进入到【虚拟光碟】选项卡中，设置【物理光驱】选项，并单击【下一步】按钮，如图 8-72 所示。

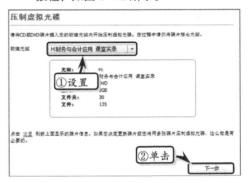

图 8-72　选择物理光驱

4　在刷新的【虚拟光碟】选项卡中，单击【浏览】按钮，设置存放光盘镜像的位置，并单击【下一步】按钮，如图 8-73 所示。

图 8-73　设置存放位置

5 进入【虚拟光碟压制设置】界面后，设置光盘镜像的存储算法以及压缩设置，并单击【下一步】按钮，如图 8-74 所示。

图 8-74 设置压制选项

6 此时，在【正在压制】界面中，开始光盘的压制工作，并显示压制进度，如图 8-75 所示。

图 8-75 压制光盘

8.5 思考与练习

一、填空题

1．以常见的 CD 光盘为例，其盘片共由_____、记录层、_____、保护层和_____5 部分所构成。

2．不同于磁性存储介质使用物质的不同磁极来表示_____与_____，光盘依靠记录层凹凸不平的表面来表示_____与_____。

3．光盘刻录主要是光盘利用大功率激光将数据以"_____"或"_____"的形式烧写在光盘上的。

4．对于目前市场中所出现的光盘刻录软件，大体可以分为_____、DAO、_____、MS 和_____等类型。

5．光盘镜像文件（Image)也叫光盘映像文件，存储格式和光盘文件格式相同，一般是由_____或_____制作工具创建的，可以使用_____进行播放或查看。

6．虚拟光驱是一种_____（光盘驱动器，包括 CD-ROM 和 DVD-ROM 等）的虚拟设备软件，可以生成等同于光驱功能的_____。

二、选择题

1．虚拟光驱软件的用途非常广泛，下列选项中不属于虚拟光驱软件优点的一项是_____。

   A．读取速度快
   B．使用限制小
   C．节省采购成本
   D．增加光盘内容

2．光盘镜像文件可以真实地反映源光盘的完整结构，下列选项中不属于光盘镜像作用的一项是_____。

   A．便于传递
   B．节省资金
   C．降低光盘磨损
   D．降低光驱寿命

3．光盘镜像类似于真实光盘，根据不同的刻录软件和用途，大体可分为_____格式。

   A．6
   B．7
   C．8
   D．9

4．下列选项中，对光盘刻录类型描述错误的一项为_____。

   A．CD-R 属于一次性的 CD 刻录盘，其容量为 700M。
   B．CD-RW 属于可反复刻录的 CD 刻录盘，其容量为 700M。
   C．DVD-RW 属于一次性的 DVD 刻录盘，其容量为 4.7G。

    D. DVD+R9(DL)属于一次性刻录的单
        面双层 DVD 刻录盘，但刻录的速度
        是越刻越快，其容量为 8.4G。

5. 盘都是在向着拥有更高存储容量的趋势
所发展，一般分为 CD、DVD 和_____3 种类型。

    A. HD

    B. BD

    C. VCD

    D. AD

三、问答题

1. 简述光盘存储数据的原理。
2. 光盘的刻录类型包括哪几种？
3. 简述光盘镜像的作用。
4. 如何使用 WinISO 制作光盘镜像？

四、上机练习

1. 刻录光盘映像

在本练习中，将运用 BurnAware Free，来刻
录一份光盘镜像文件，如图 8-76 所示。首先，运
行 BurnAware Free 软件，在主界面中的【编译】
选项卡中，选择【光盘映像】栏中的【刻录映像】
选项。然后，在弹出的【刻录映像
-BurnAware-Free】对话框中，单击【浏览】按钮，
在【打开】对话框中选择 ISO 镜像文件，并单击
【打开】按钮。最好，在【刻录映像
-BurnAware-Free】对话框中，单击【刻录】按钮
即可。

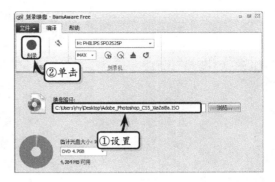

图 8-76 刻录光盘映像

2. 虚拟光碟/ISO 转换

在本实例中，将使用虚拟光碟专业版软件对
虚拟光碟和 ISO 镜像文件进行转换。首先，在虚
拟光碟专业版主界面中，执行【工具】|【虚拟光
碟/ISO 转换】命令。然后，在弹出的【转换】对
话框中，设置源文件和目标位置，单击【转换】
按钮即可。

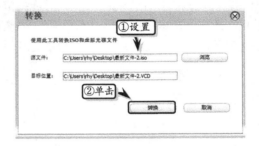

图 8-77 虚拟光碟/ISO 转换

第 9 章
网络应用与通讯软件

　　随着计算机技术的飞速发展，以及家用电脑的日益普及，越来越多的用户已经开始习惯在互联网上浏览新闻、查阅邮件，以及网络即时聊天等。而这一系列的操作，都必须依赖于网络应用与通讯软件，如网页浏览器、电子邮件、网络传输软件、网络通信和聊天工具等。在本章中，将详细介绍网络应用与通讯软件的基础知识和操作方法，以帮助用户更有效、更便捷地与亲朋好友交流思想和传递信息。

本章学习要点：

- ➤ WWW 概述
- ➤ 浏览器的历史和功能
- ➤ Firefox
- ➤ 谷歌浏览器
- ➤ 电子邮件简介
- ➤ Foxmail
- ➤ 网络通讯概述
- ➤ 通讯 QQ 工具
- ➤ Skype
- ➤ 手机软件概述
- ➤ 91 手机助手
- ➤ 腾讯手机管家

9.1　网页浏览器软件

　　网页浏览器软件是一种读取网页服务器或将系统内的 HTML 数据展示给用户，并允许用户与这些数据互动的工具。网页浏览软件还支持多种格式的音频、视频文件，并且能够通过支持插件（Plug-ins）来扩展功能。

9.1.1　WWW 概述

WWW 是 World Wide Web 的缩写，中文名称为万维网，即我们平常所说的 Web 互联网。它是一个按照特定协议和方法在 Internet 上排序和格式化数据的 Internet 服务器集合。

1．WWW 简介

利用万维网，人们可以轻松地访问存储在网络上的任何文档，而不必搜索文件的索引或目录，也不必在查看文档之前，将文档从一台计算机手动复制到另一台计算机上。

万维网将存储在不同位置的无数个文档链接在一起，创建了一个互联信息的"网"，将文档集合及其链接扩大到全球范围之后，就形成信息的"世界范围的网"，万维网也因此而得名，如图 9-1 所示。

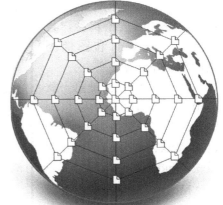

图 9-1　万维网概念图

> **提　示**
>
> 很多人认为，WWW 和 Internet 是同一回事，这是不正确的。实际上，WWW 是由 Internet 支持的服务（访问文档的系统）。

2．WWW 的组成

WWW 采用的是客户/服务器结构，其作用是整理和存储各种 WWW 资源，并响应客户端 Web 浏览器软件的请求，将客户所需要的资源传送到各种平台上。

❑　客户机

WWW 客户机又可称为浏览器，是作为某个用户请求或类似于用户的每个程序提出的请求而运行的。目前，常用的客户机主要包括 IE 浏览器、Firefox 浏览器和 Opera 浏览器等。

另外，WWW 客户机不仅限于向 Web 服务器发出请求，还可以向其他服务器（如 Gopher、FTP、News、Mail）发出请求。

❑　服务器

服务器通常是等待客户机请求的一个自动程序。其作用在于接受请求并对请求的合法性进行检查，包括安全性屏蔽、针对请求获取并制作数据（包括 Java 脚本和程序、CGI 脚本和程序、为文件设置适当的 MIME 类型来对数据进行前期处理和后期处理），以及把信息发送给提出请求的客户机。

9.1.2　浏览器的历史和功能

网页浏览器是进行网页浏览的必备软件。早期的网页浏览器十分简陋，只能显示 16

位色的图像，并且不支持声音、视频等多媒体文件。

　　网页技术的发展，也使浏览器不断进步。如今的网页浏览器，不仅支持各种文本、图像、动画、音频和视频等多媒体文件，还具备了很强的交互能力。同时，各种浏览器在用户界面以及使用的便捷性方面在不断地改进。

1. 浏览器的历史

　　世界上第一个网页浏览器诞生于 1990 年，是一个运行于 Nextstep 操作系统中的网页浏览器与网页编辑器，其只支持文本编辑和图像浏览，功能并不算完善。

　　Mosaic 浏览器是第一款应用于个人计算机的网页浏览器，其可以支持多种平台，包括 Unix、苹果 Macitosh 和微软 Windows 等。

　　Mosaic 浏览器的出现，使互联网得到迅速的发展。Mosaic 浏览器具备今天所有浏览器的一些基本功能。例如，支持收藏网页，支持搜索，支持浏览页面时前进和后退，支持历史记录等功能，其界面如图 9-2 所示。

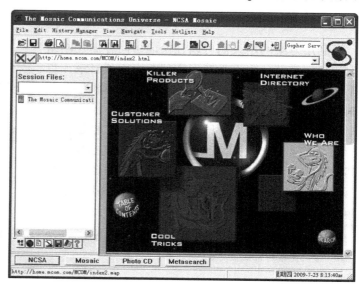

图 9-2 Mosaic 浏览器

　　1993 年年底，Mosaic 浏览器的负责人麦克·安德森创建了网景公司，于 1994 年 10 月发布了 Mosaic 浏览器的后续版本 Netscape Navigator，同时，微软公司也发布了目前使用最广泛的 Internet Explorer 浏览器，两个公司之间进行了一场争夺浏览器用户的竞争，被称作浏览器大战。

　　在这场竞争中，双方不断推出新的功能，加速了互联网的发展，期间不断地涌现出新的技术，真正将网络带到了无数普通计算机用户面前。1998 年，网景公司最终竞争失败而被美国在线（AOL）收购，微软的 Internet Explorer 垄断了网页浏览器市场。

　　失败后的网景公司以开放源代码继续向微软挑战，在 AOL 的支持下创建了 Mozilla 基金会，于 2002 年开发出 Mozilla 1.0 网络套件，并在同年推出了名为 Phoenix 的网页浏览器（后改名为 Firebird），并最终于 2004 年定名为 Firefox，发布了 Firefox 1.0 版本，成为微软 Internet Explorer 垄断地位的新挑战者。

　　除了 Netscape Navigator、Internet Explorer 和 Firefox 以外，还有很多网页浏览器都具有一定的影响力。例如，挪威 Opera Software ASA 开发的 Opera，Google 开发的 Chrome，多用于 Linux 和 Unix 的 Konqueror，苹果开发的 Safari 等，以及国内以 Internet Explorer 为内核开发的遨游、世界之窗、腾讯 TT 等。

2．浏览器的功能

随着网络浏览器的不断发展，其功能也逐渐增强。目前流行的网页浏览器通常具备以下 6 种功能。

- ❑ **网页浏览**　网页浏览是网页浏览器最基本的功能。早期的网页浏览器只支持浏览文本。随着 HTML（Hyper Text Markup Language，超文本标记语言）、CSS（Cascading Style Sheets）和 JavaScript 脚本语言的出现和发展，网页浏览器逐渐可以显示文本和图像，并可以被各种编程语言控制，与用户进行交互。
- ❑ **收藏夹管理**　自早期的 Mosaic 浏览器开始，多数网页浏览器都支持收藏夹管理功能，允许用户将感兴趣的网页收藏起来，随时访问。
- ❑ **下载管理**　网页浏览器除了可以浏览网页以外，还可以从互联网中下载文件，将文件保存到本地计算机中。有些浏览器还可以帮助用户整理已下载的文件，并对下载的文件进行分类管理。
- ❑ **Cookie 管理**　Cookie 原意是小型文字档案，是一些网站为免去用户重复登录的麻烦，在用户的计算机中写入的加密数据。目前大多数浏览器都支持 Cookie，并可以对 Cookie 进行管理。
- ❑ **安装插件**　多数浏览器都可以通过安装各种第三方插件，来播放动画、音频和视频，同时还可以实现一些复杂的交互行为。例如，Adobe FlashPlayer、微软的 ActiveX 等。
- ❑ **其他功能**　除了以上的几种主要功能外，较新的浏览器往往还支持分页浏览、禁止弹出广告、广告过滤、防恶意程序、仿冒地址筛选、电子证书安全管理等。

9.1.3　常用浏览器软件

在使用网页浏览器时，由于网络速度等原因，直接在网页上进行浏览可能造成浏览时间过长等问题，从而造成时间上的浪费。此时，用户便可以使用各种帮助用户浏览网页的工具软件，来加快网页浏览的速度，或者通过离线浏览来获取网页中有价值的信息，以充分地利用网络信息资源。在本小节中，将详细介绍几款常用的浏览器软件，以帮助用户快速浏览网络中的一些内容。

1．Firefox

Mozilla Firefox（正式缩写为 Fx，非正式缩写为 FF）浏览器的中文名称为火狐浏览器，是由 Mozilla 基金会（智谋网络）与开源团体共同开发的网页浏览器。它内置了分页浏览、拼字检查、即时书签、下载管理器和自定义搜索引擎等功能。

- ❑ **标签页浏览**

Firefox 浏览器支持的标签页浏览，是指可以在一个窗口中同时开启多个页面，该功能继承自 Mozilla Application Suite，也成为 Firefox 的显著特色。由于该浏览器的分页浏览功能，用户可以为其设置多个首页。

若要设置多个首页，只需在 Firefox 浏览器窗口中，单击【打开菜单】按钮，选择【选项】选项，如图 9-3 所示。

在弹出的【选项】对话框中的【主页】文本框中，以"|"作为分隔符号，设置多个首页，并单击【确定】按钮，如图 9-4 所示。然后，当再次启动 Firefox 浏览器时便可以同时打开多个页面。

图 9-3 【打开菜单】列表

❏ **设置菜单和工具栏**

默认情况下，Firefox 浏览器是以最简单的界面运行的。此时，用户可右击标题栏，执行【菜单栏】命令，添加菜单栏，如图 9-5 所示。

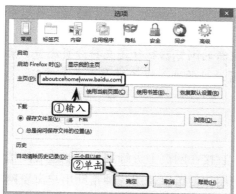

图 9-4 设置多个首页

图 9-5 添加菜单栏

然后，执行【查看】|【工具栏】|【定制】命令，在弹出的【定制 Firefox】页面中的【更多工具和功能】列表中，右击相应的图标执行【添加到工具栏】命令，即可将该图标添加到工具栏中，如图 9-6 所示。

❏ **新建标签页**

用户还可以根据需要创建新的标签页，或者在不需要浏览页面时将指定的标签页关闭。

电脑常用工具软件标准教程（2015—2018 版）

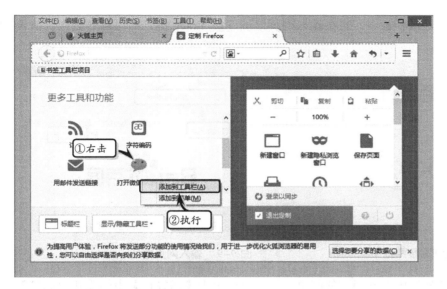

图 9-6 添加工具栏命令

若要创建新页面，只需单击标签后的【打开新标签页】按钮，或者执行【文件】|【新建标签页】命令，即可创建一个空白页面。然后，在该页面的地址栏中输入要浏览网页的网址，即可打开相应的页面，如图 9-7 所示。

若要关闭指定的标签页面，只需单击该标签页面之后的【关闭标签页】按钮⊠即可；若单击 Firefox 浏览器窗口右上角的【关闭】按钮⊠，则将关闭该窗口中所有的标签页。

图 9-7 新建标签页

2. 谷歌浏览器

谷歌浏览器（Google Chrome）是由 Google 推出的一款设计简洁、技术先进的浏览器。其设计目标稳定、高效和安全。

通过谷歌浏览器，用户可以更加快速、安全地浏览网页。双击谷歌浏览器图标即可打开谷歌浏览器的界面，该界面设计沿袭了 Google 一贯的简洁作风，主要由标签栏、地址栏等构成，如图 9-8 所示。

❑ 浏览网页

谷歌浏览器采用目前较流行的标签浏览方式。用户可以打开新标签页，在新标签页中浏览网页。当浏览完毕后，用户可以关闭标签页。

用户可以在【地址栏】中，直接输入网页地址，按 Enter 键，即可跳转到指定的页面，如图 9-9 所示。

图 9-8　谷歌浏览器界面　　　　图 9-9　输入网页地址

如果要在新的标签中打开指定的网页，用户可以单击【标签栏】中的【新建标签】按钮▭。然后，在新标签页的【地址栏】中输入网页的地址，并按 Enter 键，即可跳转到指定的页面，如图 9-10 所示。浏览网页后，单击当前标签右侧的【关闭】按钮　×　，即可关闭当前标签页。

提 示

标签页是 Google 浏览器中最重要的元素，与目前大部分的分页浏览器不同，Google 浏览器将标签放在了窗口的最上方，可以通过拖曳标签来交换标签的位置。每个标签都有自己的控制按钮组和称为"Oxmnibox"的网址列。

图 9-10　创建新标签页

❏ **使用隐身模式浏览网页**

谷歌浏览器支持隐身模式浏览网页。在特殊的场合，使用隐身模式浏览网页可以保护个人隐私和信息安全。首先，单击【地址栏】右侧的【自定义及控制】按钮☰，执行【打开新的隐身窗口】命令，如图 9-11 所示。

然后，再弹出的新窗口即为隐身窗口，而该窗口的【标签栏】中，将显示一个"人带帽"图标，如图 9-12 所示。此时，在该窗口的【地址栏】中输入网页的地址，然后按 Enter 键，即可在隐身模式下浏览网页。

图 9-11　执行命令

❏ **使用搜索功能**

谷歌浏览器支持直接搜索，在浏览器地址栏中输入搜索关键词，即可使用浏览器的默认搜索引擎进行搜索。

在"谷歌浏览器"的【地址栏】中输入需要搜索的网页地址，当在【地址栏】中出现提示"按 Tab 可通过百度进行搜索"时，按 Tab 键，如图 9-13 所示。

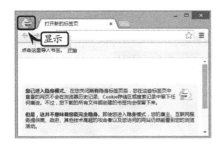

图 9-12 隐身窗口

图 9-13 输入具有搜索功能的网址

此时，在【地址栏】中将显示一个"用百度搜索："提示内容，并且用户可以在【地址栏】中输入要搜索的内容。例如，在提示信息后面输入"口腔溃疡"，并按 Enter 键，如图 9-14 所示。然后，浏览器将直接跳转到"百度"的搜索结果页中。

图 9-14 输入搜索内容

3．Opera 浏览器

Opera 浏览器因为它的快速、小巧和比其他浏览器更佳的标准兼容性获得了国际上的最终用户和业界媒体的承认，并在网上受到很多人的推崇。Opera Software 开发的 Opera 浏览器是一款适用于各种平台、操作系统和嵌入式网络产品的高品质、多平台产品。

安装并运行 Opera 浏览器，在该界面中主要由标签、工具按钮、地址栏、状态栏等元素构成。另外，在视图部分，还新增加了快速拨号、藏宝箱和发现 3 种不同的浏览模式，以帮助用户快速查看所收藏的、经常浏览的或快速新闻等网页，如图 9-15 所示。

图 9-15 Opera 浏览器界面

此时，用户在地址栏中直接输入网页地址，按 Enter 键，即可打开网页，如图 9-16 所示。浏览完网页后，右击网页的标签，执行【关闭】命令，即可关闭当前标签以及所显示的网页。

Opera 浏览器中的"书签"功能，其实与其他浏览器中的"收藏夹"功能一样，都是帮助用户记录一些网页地址。当用户在浏览网页时，如需收藏当前网页，只需在地址栏后面单击【书签页面】按钮。然后，在展开的列表中选择【将页面添加到书签栏】选项，即可将该地址收到书签库中，如图 9-17 所示。

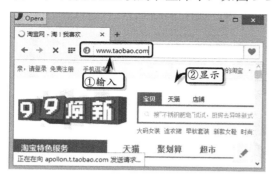

图 9-16　输入网页地址

图 9-17　收藏网页

提　示

将网页收藏之后，其【书签页面】按钮的颜色将变成"红色"的。

此时，用户可以在地址栏的下方看到所添加的书签名称。右击该名称，执行【删除】按钮，即可删除该书签，如图 9-18 所示。

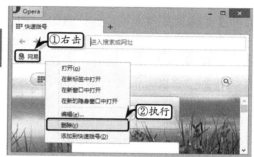

图 9-18　删除收藏的书签

9.1.4　练习：使用 360 极速浏览器浏览网页

360 极速浏览器是一块免费、极速且安全的无缝双核浏览器，具有高速的浏览速度、完备的安全特性及丰富的工具扩展功能。除此之外，360 极速浏览器为适应国内用户的使用，新加入了鼠标手势、超级拖曳、恢复关闭标签等功能，从而大大提高了浏览器的实用性。在本练习中，将详细介绍使用 360 极速浏览器浏览网页的操作方法。

操作步骤

1 运行 360 极速浏览器，在地址栏中输入网页地址，按 Enter 键，即可浏览所需要的网页，如图 9-19 所示。

图 9-19　浏览网页

2 在地址栏中，单击网页地址后面的【为此页添加收藏】按钮，即可将该网页添加到收藏夹中，如图 9-20 所示。

图 9-20　收藏网页

3 单击网页名称后面的【打开新网页】按钮，可新建网页，如图 9-21 所示。

图 9-21 新建网页

4 单击地址栏最右侧的【自定义和控制 360 极速浏览器】按钮，在展开的列表中选择【选项】选项，如图 9-22 所示。

图 9-22 选择相应的选项

5 在【基本设置】选项卡中，设置浏览器的启动网页、主页和搜索选项，如图 9-23 所示。

图 9-23 设置基本设置选项

6 在【界面样式】选项卡中，设置浏览器的标签栏、工具栏、状态栏等选项，如图 9-24 所示。

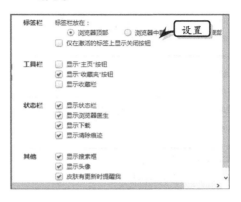

图 9-24 设置界面样式选项

7 在【高级设置】选项卡中，设置浏览器的内核模式、地址栏、隐私与安全设置、网页内容等选项，如图 9-25 所示。

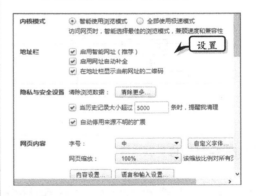

图 9-25 设置高级设置

8 单击浏览器右下角的【清除浏览历史等痕迹】按钮，在弹出的【清除浏览数据】对话框中，启用相应复选框，单击【清除】按钮，如图 9-26 所示。

9 单击浏览器右下角的【启动浏览器医生进行修复】按钮，在弹出的对话框中单击【一键加速】按钮，如图 9-27 所示。

10 此时，软件会自动运行并显示资源占用信息，单击【一键加速】按钮即可，如图 9-28 所示。

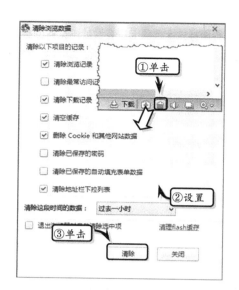

图 9-28　一键加速

图 9-26　清除浏览数据

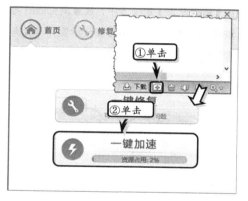

图 9-27　修复浏览器

9.2　电子邮件软件

用户可以通过网页的方式登录到邮箱站点来接收和发送电子邮件。但在实际应用中，可能会受到网络速度、管理及保存等原因，造成用户无法更安全地使用电子邮件。此时，用户可以利用电子邮件软件的邮件管理功能，来收发电子邮件，既可省去登录站点的时间轻松地收发电子邮件，又可以远程管理邮箱中的电子邮件。

9.2.1　电子邮件简介

最早出现的网络通信工具就是电子邮件。电子邮件（E-mail，Email，有时简称电邮）是通过计算机书写和查看、通过互联网发送和接收的邮件，是互联网最受欢迎且最常用到的功能之一。

1．电子邮箱地址

电子邮件的发送和接收，都需要获知发送者和接收者的电子邮箱地址。一个完整的电子邮箱地址通常包括用户名、At 符号"@"以及邮箱服务器的 URL 地址或 IP。

- ❑ **用户名**　用户名是电子邮箱区分用户的重要标识。通常一个邮件服务器都需要为许多用户服务。每个用户都需要有一个不重复且便于记忆的用户名，例如，Bill、Jim、Lee 等。

- ❑ **At 符号"@"**　At 符号"@"在英文中表示"在某某处"，是电子邮箱、FTP 服务器等必需的标志。其英文发音与单词 At 相同，均为"/æt/"。

- ❑ **邮箱服务器的 URL 地址或 IP**　在表述了用户名后，即可在 At 符号后面输入电子邮箱服务器的 URL 地址或 IP 地址。例如，清华大学出版社用于邮购的电子邮箱地址是 e-sale@tup.tsinghua.edu.cn。其中，e-sale 是邮箱的用户名；tup.tsinghua.edu.cn 就是邮箱服务器的 URL 地址。

2．电子邮件协议

电子邮件协议是一种所有电子邮件发送方和接收方共同遵守的标准，电子邮件的发送和接收与其他互联网通信一样，都需要遵循特定的协议，以保障通信的畅通。目前常用的电子邮件协议主要包括 4 种。

- ❑ **HTTP 协议**

HTTP（Hyper Text Transfer Protocol，超文本传输协议）是互联网中使用最广泛的协议之一。其不仅用于邮件的传输，还用于互联网网页的浏览。多数电子邮箱服务商都允许用户使用 HTTP 协议访问电子邮箱。这种访问电子邮箱的方式被称作 WebMail（网页邮箱）。

使用 HTTP 协议访问电子邮箱的优点是无须下载专用的电子邮件客户端，直接通过浏览器就可以登录邮箱，进行邮件收发工作，十分方便。

使用 HTTP 协议的缺点在于，当浏览完一份邮件后关闭浏览器，再次打开该邮件时仍然需要重新下载一次，而无法将邮件永久保留在本地计算机中。因此，这种方式主要被应用在各种公共场合，例如网吧、学校机房等。

- ❑ **SMTP 协议**

SMTP（Simple Mail Transfer Protocol，简单邮件传输协议）是目前应用比较广泛的邮件发送协议，其使用 25 号端口。绝大部分邮件服务提供商都支持该协议。

使用 SMTP 协议时需要独立的邮件客户端，用户在邮件客户端中编撰邮件，然后再通过客户端提供的 SMTP 协议发送邮件。SMTP 协议发送邮件的效率较 WebMail 更高，支持群发和匿名发送。

- ❑ **POP3 协议**

POP3（Post Office Protocol Version 3，第三版邮局协议）是一种十分常用的邮件接收协议，其使用 110 号端口，许多邮件服务提供商都支持 POP3 协议。

使用 POP3 协议时需要独立的邮件客户端，其优点是可以将所有的邮件下载到本地计算机中，再次打开邮件时不需要重复下载。用户可设置下载邮件后是否将邮箱中的邮件一并删除。

❑ **IMAP 协议**

IMAP（Internet Message Access Protocol，互联网信息存储协议）也是一种比较流行的邮件传输协议。与 POP3 和 SMTP 不同，IMAP 是一种双向的邮件传输协议，既支持发送，也支持接收。使用 IMAP 协议同样需要一个独立的邮件客户端。

IMAP 协议是一种较新的邮件传输协议。早先的 POP3 协议在接收完每封邮件后，会自动地断开一次，然后再连接服务器。IMAP 协议则可以待所有邮件完全接收完毕后再断开，因此效率高一些。同时，IMAP 协议支持多个用户同时连接到同一邮箱中，功能更加强大。因此，目前各主要的电子邮件服务提供商基本都开始提供 IMAP 服务。

9.2.2 常用电子邮件软件

电子邮件的收发除了利用互联网提供的电子邮箱之外，市场上还提供了多种专门的电子邮件处理工具，选择一款易用、稳定的电子邮件处理工具是提高邮件使用效率的关键所在。在本小节中，将详细介绍一些常用电子邮件处理工具的使用方法。

1. 邮件梦幻快车

邮件梦幻快车是一款专业的电子邮件软件，主要用于管理和收发电子邮件。它采用多用户和多账号方式管理电子邮件，支持 SMTP、eSMTP、POP3 等邮件协议。

❑ **启动邮件梦幻快车**

启动"梦幻快车"软件时，将弹出【配置用户信息】对话框，选择"1.此电脑只有一个人使用"选项，单击【下一步】按钮，如图 9-29 所示。

图 9-29 创建新用户

在弹出的【数据保存路径】对话框中，用户可以选择"存储在 DreamMail 的安装目录下 D:\DreamMail4\User\"选项，并单击【完成】按钮，如图 9-30 所示。

此时，将弹出【增加邮件账号向导】对话框，在【电子邮件地址】、【邮箱密码】和【您

图 9-30 选择存储位置

的姓名】文本框中，分别输入相关内容，如图 9-31 所示。

此时，用户可以先单击【测试账号】按钮，来检查邮箱是否能够连接成功，如图 9-32 所示。

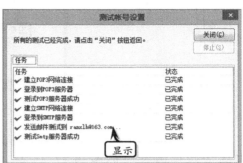

图 9-31　输入邮箱地址　　　　　　　　　图 9-32　测试邮箱连接

测试完成后，可单击【关闭】按钮返回到【增加邮件账号向导】中的【电子邮件地址】对话框，并单击【完成】按钮。此时，将弹出 DreamMail 窗口，并显示已经连接的邮箱内容，如图 9-33 所示。

❑ 查看已接收的邮件

在左侧的【邮件夹】列表中，用户可以单击邮箱名称前边的【展开】按钮 +，查看到已收邮件、垃圾邮件、待发邮件、已发邮件等内容，如图 9-34 所示。

图 9-33　DreamMail 窗口界面　　　　　　图 9-34　查看邮件信息

然后，用户单击【已收邮件】目录选项，将在中间列表中显示每封邮件的信息。同时，用户可以在最右侧列表中，查看到当前所选邮件的内容，如图 9-35 所示。

❑ 远程管理邮件

在 DreamMail 窗口中，执行【工具】|【远程管理】命令，将弹出【远程管理】窗口。然后，单击【工具栏】中的【下载邮件列表】按钮，在展开的列表中选择【列所有账号的邮件列表】选项，开始读取邮箱中邮件，如图 9-36 所示。

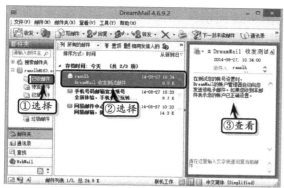

图 9-35 查看邮件内容

图 9-36 读取邮箱中的邮件

在【远程管理】窗口中，选择邮件并单击【预览邮件内容】按钮，在下边窗格中可以阅读邮件内容，如图 9-37 所示。

2. Mozilla Thunderbird

Mozilla Thunderbird 是经过对 Mozilla 邮件组件重新设计后的产品，其目标是为那些还在使用没有整合邮件功能的单独浏览器或者需要一个高效的邮件客户端的用户提供一个跨平台的邮件解决方案。

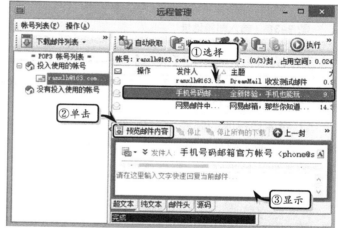

图 9-37 阅读邮件内容

❑ 启动 Thunderbird

运行 Mozilla Thunderbird 软件，将自动弹出【系统集成】对话框，单击【设为默认值】按钮，如图 9-38 所示。

然后，在弹出的【欢迎使用 Thunderbird】对话框中，单击【跳过并使用已有的电子邮箱】按钮，采用向导式创建新账号。然后，在弹出的【邮件账户设置】对话框中，输入用户名和电子邮件地址，单击【继续】按钮，如图 9-39 所示。

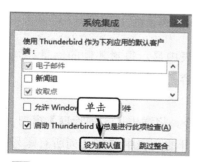

图 9-38 【系统集成】对话框

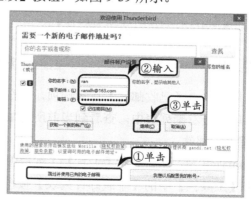

图 9-39 设置邮件账户

此时，软件将自动测试与服务之间的连接，并分别检测 IMAP 和 SMTP 服务器，如果连接成功，则单击【完成】按钮，如图 9-40 所示。

此时，在 Thunderbird 主窗口中，将显示与服务器已经创建连接的邮箱。单击【获取消息】按钮，并在左侧的列表中选择【收件箱】选项，查看邮箱内容，如图 9-41 所示。

图 9-40 连接服务器

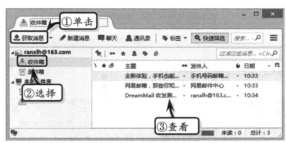

图 9-41 查看邮件内容

提 示

在前面介绍界面时，所看到【全部文件夹】列表中的邮箱地址与后面向导创建的账号的邮箱不一样，这是因为，在之前是通过 POP 服务进行连接的，而后面的是使用 IMAP 服务器连接的。

❏ **查看及删除邮件**

在 Mozilla Thunderbird 窗口中，可以直接对邮箱中的信息进行阅读、删除等管理功能。在左侧的列表中，选择【收件箱】选项。然后，在右侧选择一封邮件，在【阅读】窗格中显示"为了保护您的隐私，Thunderbird 已屏蔽此消息中的远程内容。"信息，如图 9-42 所示。

此时，用户在【阅

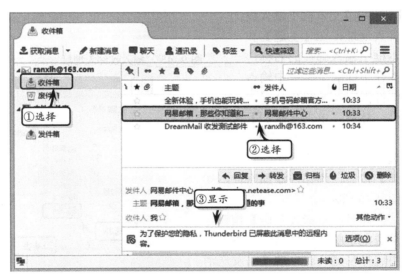

图 9-42 选择邮件

读】窗格中单击提示信息后面的【选项】按钮，在展开的列表中选择【在这个消息中显示远程内容】选项，即可显示该邮件的内容，如图 9-43 所示。

如果用户要删除垃圾或者不重要的邮件，同样选择需要删除的邮件，并在【阅读】窗格的工具栏中单击【删除】按钮，如图 9-44 所示。

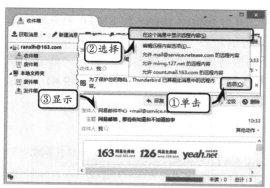

图 9-43　显示邮件内容

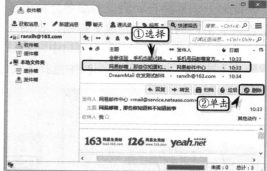

图 9-44　删除邮件

提　示

用户选择某邮件，执行【编辑】|【删除消息】命令，也可以删除所选择的邮件。

❑ **发送邮件信息**

在 Mozilla Thunderbird 窗口中，单击【工具栏】中的【新建消息】按钮。在弹出的编写窗口中，在【收件人】文本框中输入收件人地址，在【主题】文本框中输入邮件的名称，并在下面的文本框中输入邮件内容，如图 9-45 所示。

然后，单击【附加】按钮，在弹出的【附加文件】对话框中，选择需要添加的文件，并单击【打开】按钮，为邮件添加附件，如图 9-46 所示。

此时，单击【发送】按钮，发送电子邮件。然后，在主界面中选择左侧列表中的【已发送消息】选项，在其列表中选择发送过的邮件，在其下方将显示已发送的邮件信息，如图 9-47 所示。

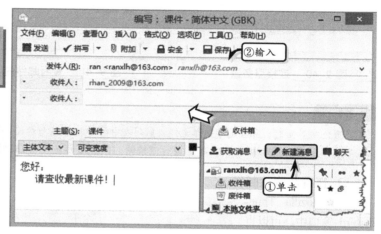

图 9-45　输入收件人地址

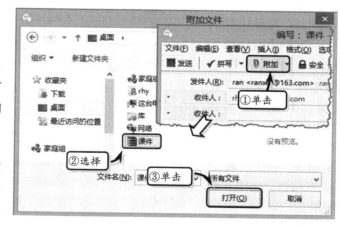

图 9-46　添加附件

❑ **添加通讯录**

Mozilla Thunderbird 中的通讯录与普通的手机通讯录一样，主要帮助用户记录一些已知人员邮箱地址信息。当用户发送邮件时，不用输入邮箱地址，只需单击联系人名称

电脑常用工具软件标准教程（2015—2018 版）

230

即可。

在 Mozilla Thunderbird 窗口中，单击【通讯录】按钮。在弹出的【通讯录】窗口中，单击【新建联系人】按钮，如图 9-48 所示。

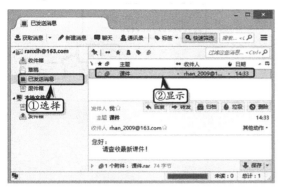

图 9-47 显示已发送邮件

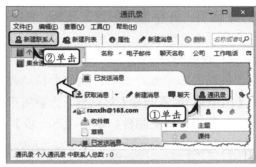

图 9-48 新建联系人

然后，在弹出的对话框中，分别输入联系人的个人信息，如名字、工作、电子邮件等，并单击【确定】按钮，如图 9-49 所示。依次类推，用户可以创建多个联系人的信息，并在【通讯录】窗口显示出来。

3．闪电邮

闪电邮是网易邮件中心全新推出的一款邮箱桌面工具。利用该软件，用户可以直接在 Windows 中快速发送邮件，同时还支持断点续传功能。

□ 设置账号

闪电邮集合了众多优点，支持全系列网易免费邮箱，包括 163.com、126.com、Yeah.net 邮箱等。在使用该工具软件之前，只需设置账号即可使用。

安装并运行该客户端之后，系统将自动弹出【闪电邮 配置向导】对话框。在该对话框中，查看闪电邮的简单介绍，并单击【下一步】按钮，如图 9-50 所示。

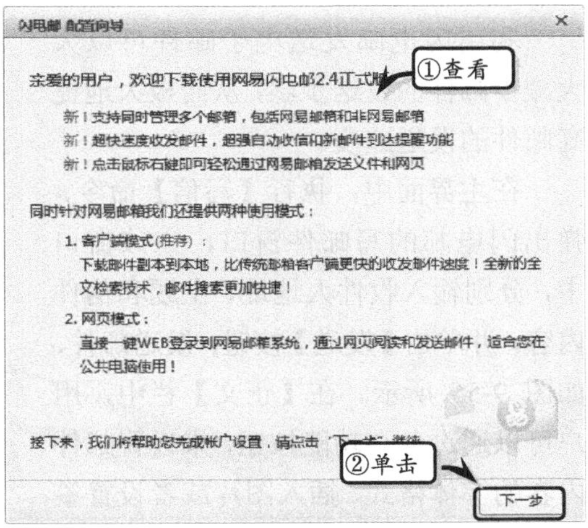

在弹出的【新建邮箱帐户】对话框中，

图 9-49 输入联系人信息

图 9-50 查看简介

输入邮箱地址和邮箱密码，单击【下一步】
按钮，如图 9-51 所示。

然后，在弹出的【选择网易邮箱使用
模式】对话框中，选中【客户端模式（推
荐）】选项，并单击【创建】按钮，如图
9-52 所示。

❑ 收取邮件

创建完邮箱账户之后，软件会自动弹
出【闪电邮 配置向导】对话框，告诉用户
将自动为用户收集邮件，单击【下一步】按钮，如图 9-53 所示。

图 9-51　设置邮箱

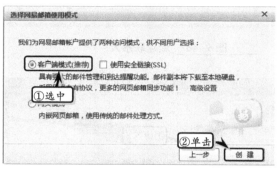

图 9-52　选择使用模式　　　　　　　　　　图 9-53　收集邮件

在弹出的对话框中，选中【全部收取】选项，禁用【收取草稿箱和已发送邮件箱邮
件】复选框，并单击【开始收信】按钮，
开始收取邮件，如图 9-54 所示。最后，
在弹出的对话框中，单击【关闭】按钮，
完成配置向导的操作。

❑ 发送邮件

利用闪电邮发送电子邮件可以大
大减少邮件的发送步骤，从而极大地提
高邮件的发送速度。

在主界面中，执行【写信】命令，
弹出闪电邮的写邮件窗口，在该窗口
中，分别输入收件人地址、主题和信件
内容，并单击【发送】按钮，发送邮件，
如图 9-55 所示。在【正文】栏中，用
户可以通过各个功能按钮，来设置邮件
内容的字体格式、插入图片或者设置签
名效果。

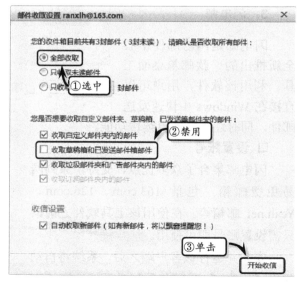

图 9-54　收取邮件

电脑常用工具软件标准教程（2015—2018版）

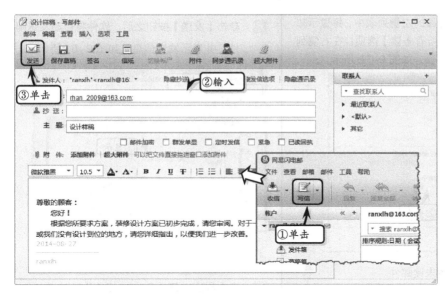

图 9-55 写邮件

提 示

若要利用闪电邮接收邮件，可以再次右击闪电邮图标，执行【检查新邮件】命令。当电子信箱中包含未读邮件时，即可弹出相应的提示信息。

9.2.3 练习：使用 Foxmail 管理电子邮件

Foxmail 是一款优秀的国产电子邮件客户端软件，提供基于 Internet 标准的电子邮件收发功能。同时，它还具备强大的反垃圾邮件功能，有效地降低了垃圾邮件对用户的干扰。在本练习中，将详细介绍使用 Foxmail 管理电子邮件的操作方法。

操作步骤

1 运行 Foxmail，在弹出的【新建账号】对话框中，输入邮箱地址和密码，并单击【创建】按钮，如图 9-56 所示。

2 此时，软件会自动验证邮箱，并显示验证结果，单击【完成】按钮，完成账号的创建操作，如图 9-57 所示。

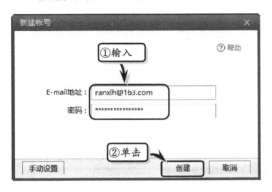

图 9-56 设置邮箱

图 9-57 显示验证结果

3 在 Foxmail 主界面的左侧列表中，将显示邮箱信息。选择【所有未读】选项，在右侧列表中查看未读邮件，如图 9-58 所示。

图 9-58 查看未读邮件

4 然后，在邮件列表中选择一个邮件，在右侧的阅读列表中查看邮件的具体信息，如图 9-59 所示。

图 9-59 查看邮件

5 单击【写邮件】按钮，在弹出的对话框中输入收件人地址、主题和正文内容，如图 9-60 所示。

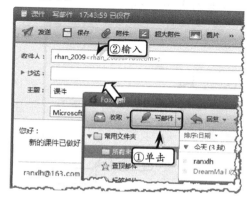

图 9-60 写邮件

6 单击【发送】按钮之后，软件将自动发送邮件，并显示发送信息，如图 9-61 所示。

图 9-61 发送邮件

7 在主界面左侧的列表中，选择【已发送邮件】选项，查看已发送的邮件信息，如图 9-62 所示。

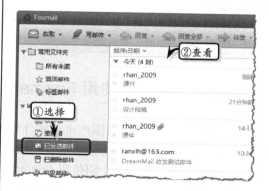

图 9-62 查看已发送邮件

8 在主界面中，单击【收取】按钮，将收取所有邮箱中的邮件，如图 9-63 所示。

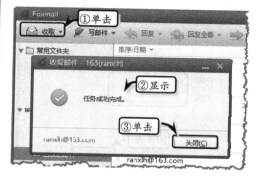

图 9-63 收取邮件

9.3 即时聊天软件

随着网络信息化的高速发展，网络聊天已经成为人们生活和工作中一种重要的交流方式。利用各种网络通信服务和即时聊天软件，用户可以不受时间、地点、空间和距离的限制，迅速、准确地与亲朋好友交流思想和传递信息。在本小节中，将详细介绍即时聊天的一些理论知识和几款常用软件。

9.3.1 网络通讯概述

网络通讯一般包括网络电话和聊天工具，下面将详细介绍网络通讯的基础知识，以帮助用户更好地利用网络中的一些通讯软件。

1. 聊天工具

聊天工具又称IM软件或者IM工具，主要提供基于互联网络的客户端进行实时语音、文字传输。从技术上讲，主要分为基于服务器的 IM 工具软件和基于 P2P 技术的 IM 工具软件。

IM 是 Instant Messaging（即时通讯、实时传讯）的缩写。这是一种可以让使用者在网络上建立某种私人聊天室（Chatroom）的实时通讯服务。

大部分的即时通讯服务提供了状态信息的特性——显示联络人名单，联络人是否在线及能否与联络人交谈。目前在互联网上受欢迎的即时通讯软件包括百度 hi、QQ、MSN Messenger、AOL Instant Messenger、Yahoo! Messenger、NET Messenger Service、Jabber、ICQ 等。

2. 网络电话

网络电话又称为 VOIP 电话，是通过互联网直接拨打对方的固定电话和手机，包括国内长途和国际长途。

宏观上讲，网络电话可以分为软件电话和硬件电话。软件电话就是在计算机上下载软件，然后购买网络电话卡，然后通过耳麦实现和对方（固话或手机）进行通话；硬件电话比较适合公司、话吧等使用，首先要一个语音网关，网关一边接到路由器上，另一边接到普通的话机上，然后普通话机即可直接通过网络自由呼出了。

❑ 网络电话的原理

网络电话通过把语音信号数字化处理、压缩编码打包、透过网络传输、然后解压、把数字信号还原成声音，让通话对方听到。话音从源端到达目的端的基本过程如下。

- ❑ **声电转换**　通过压电陶瓷等类似装置将声波变换为电信号。
- ❑ **量化采样**　将模拟电信号按照某种采样方法（比如脉冲编码调制，即 PCM）转换成数字信号。
- ❑ **封包**　将一定时长的数字化之后的语音信号组合为一帧，随后按照国际电联（ITU-T）的标准，将这些帧封装到一个 RTP（即实时传输协议）报文中，并被进一步封装到 UDP 报文和 IP 报文中。

❏ **传输** IP 报文在 IP 网络由源端传递到目的端。

❏ **去抖动** 去除因封包在网络中传输速度不均匀所造成的抖动音。

❏ **拆包** 用来实现解压的过程，即将接收的数字信号还原成声音。

❏ **语音网关** 使普通电话能够通过网络进行通话的电子设备；根据使用电话的部数有一口语音网关、两口语音网关、四口语音网关、八口语音网关等。

❏ **网络电话的实现方式**

网络电话软件利用独特的网络技术、手机软件技术及全球优质线路资源，为广大用户提供面向全球的、可呼叫国内国际任意电话与手机的互联网电话服务。目前，拨打方式有 3 种。

❏ **PC to PC** 这种方式适合那些拥有多媒体计算机，并且可以连上互联网的用户，通话的前提是双方计算机中必须安装有同套网络电话软件。这种网上点对点方式的通话，是 IP 电话应用的雏形，它的优点是相当方便与经济，但缺点是通话双方必须事先约定时间同时上网，而这在普通的商务领域中就显得相当麻烦。

❏ **PC（sip）to Phone** 作为呼叫方的计算机，拨打从计算机到市话类型的电话，而被叫方拥有一台普通电话。这种方式除了付上网费和市话费用外，还必须向 IP 电话软件公司付费。目前这种方式主要用于拨打到国外的电话，但是这种方式仍旧十分不方便，无法满足公众随时通话的需要。

❏ **Phone to Phone** 这种方式即"电话拨电话"，需要 IP 电话系统的支持。IP 电话系统一般由 3 部分构成：电话、网关和网络管理者。电话是指可以通过本地电话网连到本地网关的电话终端；网关是 Internet 网络与电话网之间的接口，同时它还负责进行语音压缩；网络管理者负责用户注册与管理，具体包括对接入用户的身份认证、呼叫记录并有详细数据（用于计费）等。

9.3.2 常用即时聊天软件

尚若用户需要进行网络聊天，那么还需要借助相应的网络聊天工具软件才能够实现。目前，最为常用的网络聊天工具有腾讯 QQ、MSN、中国移动飞信，以及各种网络电话等。在本小节中，将详细介绍一些常用的即时聊天软件。

1. 腾讯 QQ 工具

腾讯 QQ 是由深圳市腾讯计算机系统有限公司开发的一款基于 Internet 的方便、实用、高效的即时通信工具。它支持在线聊天、即时传送视频、语音和文件等多种多样的功能。

❏ **登录 QQ 软件**

启动该软件，弹出 QQ 登录窗口，输入账号和密码，单击【登录】按钮，即可登录 QQ，如图 9-64 所示。

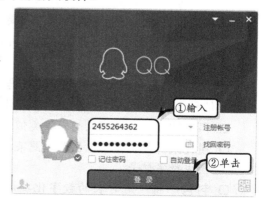

图 9-64 QQ 登录窗口

在 QQ 登录窗口中，除了可以正常登录之
外，还可以多账号一起登录。首先，单击左下
角的【多账号登录】按钮，在弹出的对话框中，
单击【确定】按钮，如图 9-65 所示。

然后，在弹出的对话框中单击【添加 QQ
帐号】按钮，同时在弹出的对话框中输入 QQ
账号和密码，并单击【确定添加】按钮，添加
第一个 QQ 账号，如图 9-66 所示。

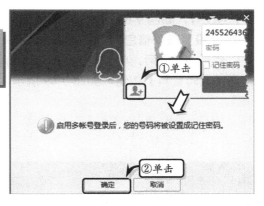

图 9-65 准备多账号登录

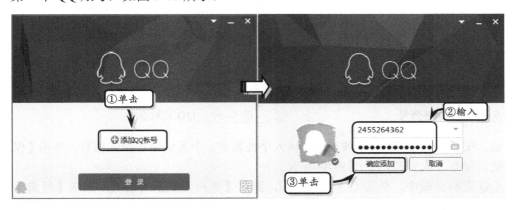

图 9-66 添加第一个 QQ 账号

随后，在弹出的对话框中，单击右侧的【添加待登录的 QQ 帐号】按钮。在弹出的
对话框中输入 QQ 账号和密码，并单击【确定添加】按钮，如图 9-67 所示。

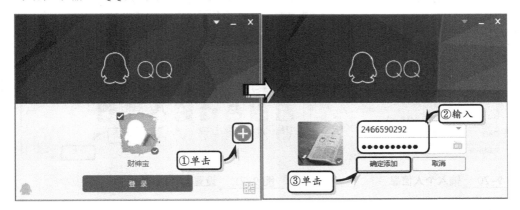

图 9-67 添加第二个 QQ 账号

最后，在弹出的对话框中，继续单击【添加待登录的 QQ 帐号】按钮，添加其他 QQ
账号。如果用户不需要再添加其他 QQ 账号，则直接单击【登录】按钮，即可同时登录

2 个 QQ 号，如图 9-68 所示。

❑ 设置账号信息

登录 QQ 之后，单击 QQ 面板左上角的 QQ 头像，弹出 QQ 资料面板。在该面板中，单击【编辑资料】按钮，如图 9-69 所示。

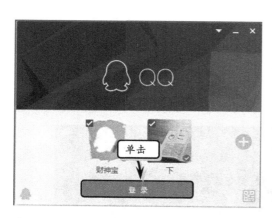

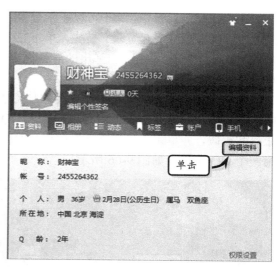

图 9-68 登录多账号

图 9-69 QQ 资料面板

然后，在展开的【资料】选项卡中，输入个性签名、个人说明等个人信息，单击【保存】按钮，保存个人资料，如图 9-70 所示。

在 QQ 资料面板中，单击 QQ 头像图标，弹出【更换头像】对话框。激活【经典头像】选项卡，在【推荐头像】列表中选择一款头像，单击【确定】按钮，如图 9-71 所示。

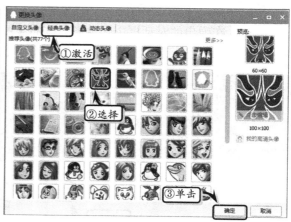

图 9-70 输入个人信息

图 9-71 设置 QQ 头像

提 示

在【更换头像】对话框中，激活【自定义头像】选项卡，在该选项卡中可以上传本地电脑中的图片，来作为 QQ 头像。

□ 设置外观和应用

在 QQ 主面板中，单击右上角的【更改外观】按钮，在弹出的【更改外观】对话框中，选择一种外观样式，关闭对话框即可，如图 9-72 所示。

图 9-72 设置 QQ 皮肤

提 示

在【更改外观】对话框中，单击下方的【自定义】按钮，可在弹出的对话框中选择本地计算机中的图片，来设置 QQ 的外观。

在【更改外观】对话框中，激活【界面管理】选项卡，启用或禁用【显示在主面板】和【显示在个人信息区】列表框中的复选框，来显示或隐藏各项界面图标，如图 9-73 所示。

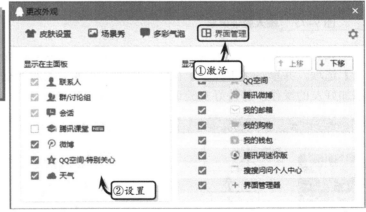

图 9-73 设置界面图标

□ 添加好友

在主面板中，单击下方的【查找】按钮。在弹出的【查找】对话框中，激活【找人】选项卡，输入查找关键词或 QQ 号，单击【查找】按钮，查找好友，如图 9-74 所示。

此时，在列表中将显示查找到的好友，单击【好友】按钮。然后，在弹出的对话框中的【请输入验证信息】文本框中，输入验证信息，并单击【下一步】按钮，如图 9-75 所示。

图 9-74　查找好友

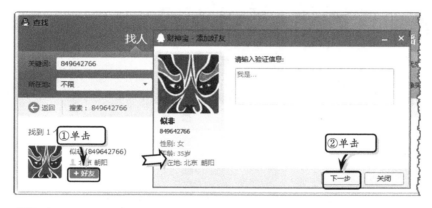

图 9-75　输入验证信息

在弹出的对话框中的【备注姓名】文本框中输入所添加好友的备注名称，设置【分组】选项，并单击【下一步】按钮。同时，在弹出的对话框中单击【完成】按钮，完成添加好友的操作，等待好友验证即可，如图 9-76 所示。

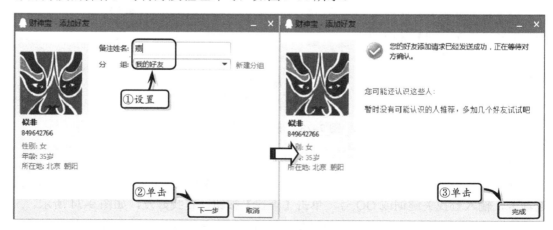

图 9-76　设置好友信息

添加完好友之后，便可以跟好友一起聊天了。首先，在 QQ 窗口中，双击好友的头

电脑常用工具软件标准教程（2015—2018 版）

像即可弹出聊天窗口。在聊天窗口下方的文本框中，输入所需要发送的消息，并单击【发送】按钮，如图 9-77 所示。

如果好友反馈信息，在打开聊天窗口时，将直接在窗口中显示其内容，并且【任务栏】图标闪烁，用户单击【任务栏】中的图标即可查看。如果最小化 QQ 窗口，好友发送信息时其头像在【通知区】中闪烁，用户可以单击该头像弹出聊天窗口查看，如图 9-78 所示。

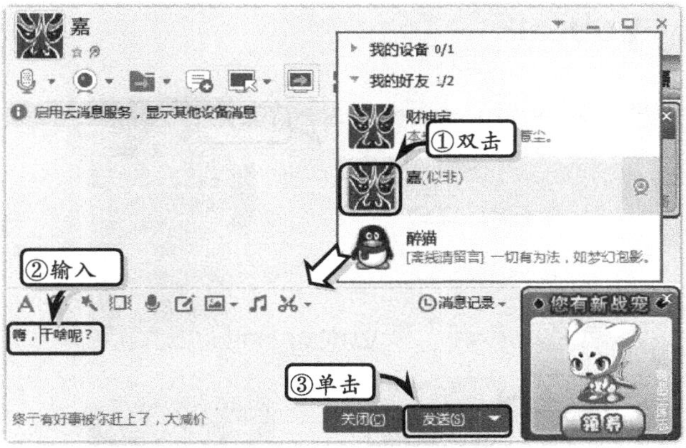

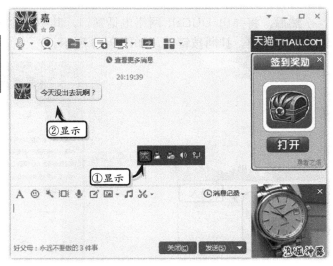

图 9-77 发送聊天信息

> **提 示**
>
> 用户可以单击右下角的【发送】下拉按钮，在其下拉列表中通过选择相应选项，来设置发送快捷键。

图 9-78 查看反馈信息

2. UUCall 免费网络电话

UUCall 致力于向人们提供优质便捷的网络语音通讯，拥有自主知识产权的 VoTune 语音引擎技术，配合重金打造的矩阵服务器构架，全面提升网络语音通话质量。另外，它采用点对点免费通话方式实现全球性的清晰通话，全球范围内超低资费拨打固定电话和手机。

- **注册账号**

在使用该软件之前，用户需要先注册一个新的账号。在该软件界面中，单击【注册新的帐号】链接，如图 9-79 所示。

在弹出的网页中，输入用户名、密码、确认密码和验证码，启用【我已阅读并同意 UUCall 的《服务条款》】复选框，并单击【提交注册】按钮，如图 9-80 所示。

此时，在跳转的页面中将显示“恭喜您注册成功！”、账号和密码等相关信息，如图 9-81 所示。

- **添加联系人**

在【用户登录】界面中，分别输入【帐号】和【密码】内容，并单击【登录】按钮，如图 9-82 所示。

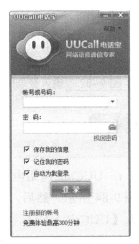

图 9-79 UUCall 登录界面

图 9-80　输入登录信息

图 9-81　注册成功

　　然后，将弹出 UUCall 网络电话窗口，其中包含了拨号使用的键盘、显示联系人按钮、拨号按键、挂断按键等，如图 9-83 所示。

图 9-82　输入登录信息

图 9-83　UUCall 网络电话窗口

　　在 UUCall 网络电话窗口中，激活【联系人】选项卡，单击【添加联系人】链接，如图 9-84 所示。然后，在弹出的【添加联系人】对话框中，分别输入【姓名】、【手机号码】、【UUCall 号码】等内容，单击【确定】按钮，如图 9-85 所示。

　　如果用户需要再次添加"联系人"，可右击界面空白处并执行【添加联系人】命令，如图 9-86 所示。

图 9-84 添加联系人　图 9-85 输入联系人信息　图 9-86 再次添加

9.3.3 练习：使用网易泡泡聊天

　　网易泡泡是由网易公司开发的一款功能强大、使用方便、免费的多媒体即时通讯软件。它除具备即时聊天工具的功能外，还拥有许多特色功能，如自建聊天室、自设软件皮肤、网络文件共享、超大文件传输等。在本练习中，将详细介绍网易泡泡聊天工具的使用方法和实用技巧。

操作步骤

1　启动网易泡泡，在网易泡泡的登录界面中，输入账号和密码，禁用【保存密码】复选框，单击【登录】按钮，如图 9-87 所示。

图 9-87 登录网易泡泡

2　在弹出的【选择电脑性质】对话框中，选中【家庭】选项，并单击【确定】按钮，如图

9-88 所示。

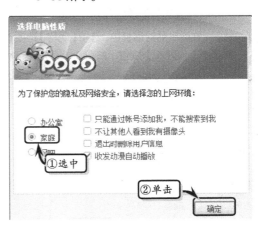

图 9-88 设置电脑性质

3　然后，在网易泡泡主界面中，单击左下角的【加好友】按钮，如图 9-89 所示。

图 9-89 网易泡泡主界面

4 在弹出的【添加/搜索】对话框中，输入要添加好友的账号，并单击【下一步】按钮，如图 9-90 所示。

图 9-90 输入好友账号

5 然后，在弹出的对话框中，选中【昵称】选项，并单击【加好友】按钮，如图 9-91 所示。

图 9-91 设置显示资料

6 此时，将在弹出的对话框中显示已发送添加请求等信息，单击【完成】按钮，等待好友验证即可，如图 9-92 所示。

图 9-92 完成添加操作

7 在网易泡泡主界面中，双击好友头像，在弹出的聊天窗口中，输入要发送的文字信息，并单击【发送】按钮，如图 9-93 所示。

图 9-93 发送聊天信息

8 若要与好友进行语音聊天，在聊天窗口上方单击【语音】按钮。此时显示发出语音请求的状态。当对方接受语音请求之后，即可与对方进行语音聊天，如图 9-94 所示。

图 9-94 语音聊天

[9] 在聊天窗口中，单击【表情】按钮，在弹出的页面中选择一种表情，单击【发送】按钮，如图 9-95 所示。

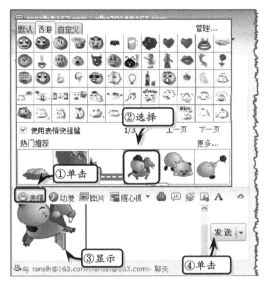

图 9-95 发送表情

9.4 思考与练习

一、填空题

1．一个完整的电子邮箱地址通常包括_____、_____以及邮箱服务器的_____。

2．SMTP 协议发送邮件的效率较 WebMail 更高，支持_____和_____。

3．通过 HTTP 协议收发邮件的方式又被称作_____。

4．腾讯 QQ 目前已开发出运行在_____、_____和_____等平台的版本。

5．网络电话与网络传真具有_____、_____、_____、_____和_____等优点。

6．WWW 是 World Wide Web 的缩写，中文名称为_____，即我们平常所说的 Web 互联网。

7．WWW 采用的是_____结构，其作用是整理和储存各种 WWW 资源，并响应客户端 Web 浏览器软件的请求，将客户所需要的资源传送到各种平台上。

二、选择题

1．电子邮件的发送和接收，都需要获知发送者和接收者的_____。

   A．用户名

   B．密码

   C．电子邮件地址

   D．IP 地址

2．以下哪种协议无法被应用于发送或接收电子邮件？

   A．POP3 协议

   B．SMTP 协议

   C．IMAP 协议

   D．FTP 协议

3．网络电话被看作是_____的有力竞争者。

   A．实体信件

   B．电话

   C．电报

   D．卫星通信

4．网络电话能传输哪一种媒体？_____

   A．视频

   B．文本

   C．图像

   D．语音

5．_____浏览器是第一款应用于个人计算机的网页浏览器，其可以支持多种平台，包括 Unix、苹果 Macitosh 和微软 Windows 等。

A. Mosaic

B. Phoenix

C. Firefox

D. Safari

三、问答题

1. 简述浏览器的历史。

2. 电子邮件协议主要有哪些？这些协议各有什么特点？

3. 列举 4 种以上的即时通讯软件，并介绍即时通讯软件的特点。

4. 网络电话主要分哪 3 种，这 3 种网络电话主要用于哪些方面？

四、上机练习

1. 设置 QQ 好友上线提醒功能

在本练习中，将通过设置 QQ 中的提醒功能，来为用户显示好友上线通知。登录腾讯 QQ，在主面板中单击【打开系统设置】按钮，弹出【系统设置】对话框。在【基本设置】选项卡中的【提醒】选项组中，选中【全部好友上线提醒】选项即可。

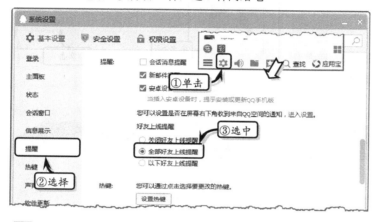

图 9-96 设置好像上线提醒功能

2. 隐藏 360 极速浏览器中的搜索框

在本实例中，将通过设置 360 极速浏览器的搜索框显示状态，来使浏览器更符合用户的使用习惯。首先，启动 360 极速浏览器，单击右上角的【自定义和控制 360 极速浏览器】下拉按钮。然后，在其下拉列表中选择【选择界面样式】选项，在展开的列表中取消【显示搜索框】选项，隐藏界面中的搜索框，如图 9-97 所示。

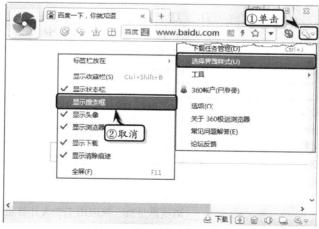

图 9-97 隐藏搜索框

第 10 章

文本与电子书编辑软件

在计算机中，无论是打开某种格式的文本文件，还是对一篇文档进行编辑，都需要使用文本编辑软件来完成。文本编辑的目的是方便其他人浏览和组织信息，而随着电子产品的不断升级，文本的阅读方式已从普通的纸质书籍转移到了电子书这种阅读方式中。电子书是一种可以放置于手机、笔记本、平板电脑等电子设备中进行阅读的电子书籍，具有携带方便、超容量和环保等特点，已渐成为一种新型的阅读潮流。在本章中，将详细介绍文本与电子书编辑软件的基础知识与实用技巧，以帮助用户了解并完全掌握文本阅读软件、电子书阅读软件和电子制作软件的使用方法。

本章学习内容：

➢ 文本编辑软件概述
➢ UltraEdit 文本编辑器
➢ EmEditor 文本编辑器
➢ 有道桌面词典
➢ 电子书概述
➢ Foxit Reader
➢ Adobe Reader
➢ Visual CHM
➢ eBook Edit Pro
➢ Adobe Acrobat

10.1　文本编辑软件

在 Windows 操作系统中，提供了记事本和写字板等工具来帮助用户编辑各种文本文件以及包含排版文字信息的文件，这两种工具可以提供一些最基本的文本编辑与文字处理功能。如果用户需要实现更复杂的文件编辑，就需要使用各种专门开发的文本编辑工具和文字处理工具。

● 10.1.1 文本编辑软件概述

文本编辑软件是在日常工作和生活中使用相当频繁的应用软件之一，主要包括文本编辑器、文字处理器和文本翻译软件等类型。

1．文本编辑器

绝大部分的操作系统和软件开发包都会提供文本编辑器，用于修改配置文件和代码。狭义的文本编辑器只提供一些基本的文本编辑功能（查找、替换、剪切、复制、粘贴等），例如 Windows 系统自带的记事本软件。

广义的文本编辑器主要包括一些功能强大的文本编辑器，它们会提供更多的功能。例如，多行折叠、自动行首缩进、行号排版、注释排版等，甚至可以针对某些编程语言或标记语言的语法进行校对，例如 UltraEdit。

早期的文本编辑器在撤销更改和恢复更改方面的功能并不强大，大多只支持一级编辑历史，只能撤销或恢复上一步的更改操作。随着软件技术的发展，现在新的文本编辑器往往可以支持多级编辑历史，甚至可以恢复到任意一步操作。

2．文本处理器

文本处理器的作用是为桌面出版系统提供排版支持。多数文本处理器并非作用于各种普通文字，而是按照特定的格式处理文档，以帮助无程序编制经验的人员完成文稿的创建、修改、印发工作。文本处理器通常会具备以下几种功能。

- ❑ **定义字体类型和大小**　文本处理器往往可以指定文档中各种文本所使用的字体类型，例如宋体、微软雅黑等；也可以指定字体的大小。
- ❑ **定义字体颜色、斜体、粗体和下划线等样式**　大多数文字处理器都允许用户为字体设置前景色（字体本身的颜色）和背景色，同时可以对字体进行加粗、倾斜、上标、下标以及添加下划线和删除线，甚至还可以对英文中的字母进行处理，切换字母的大小写。
- ❑ **定义对齐方式、缩进和文字方向**　在日常文档书写中，经常需要将根据纸张和文字的段落类型，以左、右和居中等方式和横排、竖排等方式书写，同时在段落的首行还需要缩进两个字的距离。多数文本处理器也都会提供这些功能。
- ❑ **定义列表和表格**　早期的文本处理器往往只提供文字处理功能。随着技术的发展，越来越多的文本处理器允许在文字中插入各种列表和表格，并支持多种列表的项目符号。
- ❑ **插入图像和简单图像编辑**　一些功能强大的文本处理器往往还会提供在文档中插入图像的功能，以及图文混排方式的选择和简单的图像编辑功能。
- ❑ **页面设置**　为了面向打印输出，多数文字处理器都会提供设置各种纸张、页边距的功能，以帮助用户预览打印的效果。

3．文本翻译软件

翻译是利用一种语言将另一种语言所表达的思想内容准确、完整地再次表现出来的语言活动。

在社会交往过程中，每一种语言都是一个符号系统，人们都喜欢使用双方都能够理解的语言进行交流，当两个使用不同国语的语言的人进行交往时，就必须通过翻译人员将双方的语言翻译成互相都能够听懂的语言，因此，翻译起着越来越重要的作用。

随着社会的信息化程度越来越高，信息、网络在社会生活中发挥的作用也越来越大，人们渐渐开始将翻译工作交给计算机来完成。这样，便产生了翻译软件。当然，软件翻译质量与人工翻译相比，还存在着较大的差距，市场上还没有一个完全达到人们理想水平的、非常完善的翻译软件存在。

目前的翻译软件大致遵循两种工作原理。一种是机器翻译，即运用语言学原理，让计算机识别语法进行自动翻译。使用这种原理翻译出的内容错误率相对较高。

第二种是利用 Translation Memory，即译码存储器。它绕开了语言学的瓶颈，将翻译过的所有材料以句子为单位存入数据库。翻译时系统将自动对电子文档进行分析，100%匹配的句子可以自动替换，部分匹配的句子可以根据匹配度提出翻译建议，完全新的句子可以通过系统提供的翻译建议进行人工翻译，而每一次的翻译又为以后的翻译工作积累资料。

对于新用户，系统会提供诸多专业词库，并能将以前的翻译作品进行回收存档。这样，便可以大大提高用户的工作效率。

10.1.2　常用文本编辑软件

目前，网络中流行的文本编辑工具与文字处理工具种类繁多，功能也各具特色。例如，有些文本工具特别适合编写各种编程语言的代码，有些文字处理工具则特别适合为文档进行排版等。下面，便详细介绍一些常用的文本编辑软件。

1．UltraEdit 文本编辑器

UltraEdit 是一套功能强大的文本编辑器，可以编辑文本、十六进制、ASCII 码，完全可以取代记事本（如果电脑配置足够强大）。内建英文单字检查、C++及 VB 指令突显，可同时编辑多个文件，而且即使开启很大的文件速度也不会慢；软件附有 HTML 标签颜色显示、搜寻替换以及无限制的还原功能，一般用其来修改 EXE 或 DLL 文件，能够满足用户一切编辑需要的编辑器。

在 UltraEdit 窗口中主要包含有标题栏、菜单栏、常用工具栏、HTML 工具栏、输出窗口、模板列表、文件视图窗格和文本编辑窗格等，如图 10-1 所示。

UltraEdit 窗口中主要组成部分功能介绍如下。

- ❏ **文件视图窗格**　在此窗格中包含 4 个选项卡，分别为项目、打开、资源管理器和列表。
- ❏ **文本编辑窗格**　对文本进行编辑的区域，用户打开的文件就显示在这个位置。
- ❏ **输出窗口**　支持带 4 种不同标签的输出窗口，允许在不覆盖上次函数运行结果的情况下，写入、输出并储存。
- ❏ **模板列表**　在此列表中可以进行创建、编辑、调整模板排列顺序和应用模板等操作。

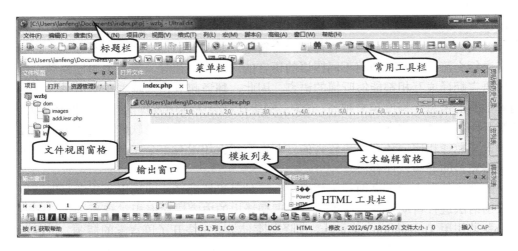

图 10-1　UltraEdit 窗口

- ❑ **工具栏**　提供快速在 HTML 文档中插入常用标签的方法，如单选按钮、图像、Div 等。
- ❑ **HTML 工具栏**　提供在软件中调用工具的快速方法，如颜色选择器、样式编译器、精简等。

用户使用该软件可以方便、快捷地创建并应用 HTML 模板创建所需要的代码文件，具体操作如下。

在 UltraEdit 窗口的【模板列表】窗格中，右击 HTML 模板，并执行【修改模板】命令，如图 10-2 所示。

然后，在弹出的【修改模板】对话框中，可以编辑及添加 HTML 的标签内容，单击【确定】按钮，如图 10-3 所示。

图 10-2　修改模板

图 10-3　修改标签内容

右击 HTML 模板列表中的 HTML5 模板，执行【插入模板】命令，将在 Login.html 文档中插入 HTML 模板，如图 10-4 所示。

此时，光标将选择<title></title>标签之间的内容，如图 10-5 所示。

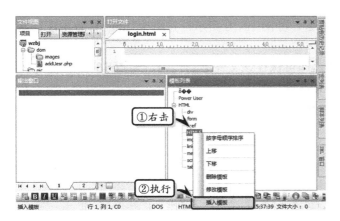

图 10-4 插入模板

图 10-5 显示插入的代码

　　然后，用户可以将光标所选内容，修改为"第一个简单的网页"，如图 10-6 所示。

　　将光标置于<body></body>标签之间，单击 HTML 工具栏中 HTML Div 按钮，如图 10-7 所示。

图 10-6 改标题内容

图 10-7 选择标签插入位置

　　然后，在<body></body>标签之间插入<div></div>标签，如图 10-8 所示。

　　将光标置于<div>标签后面，单击 HTML 工具栏中【HTML 图像】按钮，如图 10-9 所示。

图 10-8 插入<div></div>标签

图 10-9 插入图像代码

然后，将在光标位置插入<img>标签，如图 10-10 所示，并修改<img>标签中所链接的图片位置。

在窗口中单击【保存文件】按钮，即可保存该文件中的代码，如图 10-11 所示。如果用户还需要修改，可以再次打开该文件进行修改。

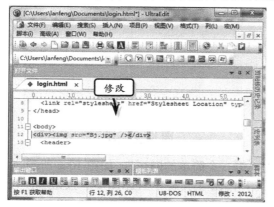

图 10-10　修改代码

图 10-11　保存文件

2. EmEditor 文本编辑器

EmEditor 是日本江村软件公司（Emurasoft）所开发的一款在 Windows 平台上运行的文字编辑程序。EmEditor 以运作轻巧、敏捷而又功能强大、丰富著称，得到许多用户的好评。Windows 内建的记事本程序由于功能太过单薄，所以有不少用户直接以 EmEditor 取代。

❏ 创建代码文件

对该编辑工具，用户不仅可以编辑文本内容，还可以修改及创建代码文件，并编辑代码内容。

打开已经安装好的 EmEditor 软件，并在该窗口中执行【文件】|【新建】|【HTML】命令，如图 10-12 所示。

此时，将在【无标题*】选项卡的文本编辑区中，显示已经添加的 HTML 代码内容，如图 10-13 所示。

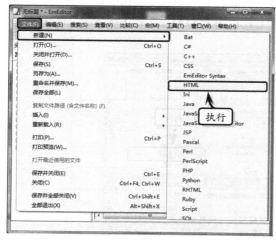

图 10-12　执行命令

图 10-13　添加 HTML 代码

用户可以修改代码内容，如修改<title></title>标签之间的内容为"天下美食"，如图 10-14 所示。

选择"Hello World!"内容，并将其内容修改为"<h1>热烈庆祝美食节开幕！</h1>"内容，如图 10-15 所示。

图 10-14　修改标题内容

图 10-15　添加代码内容

单击工具栏中的【保存】按钮，则对该代码文件进行保存，如图 10-16 所示。

在弹出的【另存为】对话框中，用户可以选择文件保存的位置，并修改文件为 "index.htm"，然后单击【保存】按钮，如图 10-17 所示。

图 10-16　保存文件

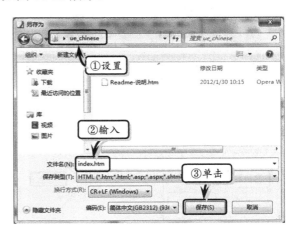

图 10-17　修改文件名并保存

❑ **查看文本文件**

在该编辑器中，还可以对文本文件进行修改等操作。当然，所编辑的文本一般都是 TXT 文件。在窗口中，执行【文件】|【打开】命令，如图 10-18 所示。

然后，在弹出的【打开】对话框中，选择文件位置，并选择需要打开的文件，单击【打开】按钮，如图 10-19 所示。

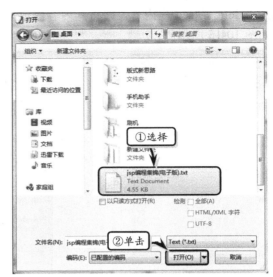

图 10-18　执行【打开】命令　　　图 10-19　选择打开的文件

在该文件中，用户只能像在"记事本"中一样，对文本进行一些简单的修改。例如，修改文字样式，即执行【查看】|【字体】命令，在弹出的【自定义字体】对话框中，单击【更改】按钮，如图 10-20 所示。

然后，在弹出的【字体】对话框中，修改"字体"、"字形"和"大小"内容，并单击【确定】按钮，如图 10-21 所示。

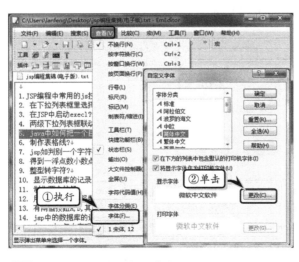

图 10-20　修改字体样式　　　　　图 10-21　修改字体样式

3．有道桌面词典

有道桌面词典是网易公司开发的一款翻译软件。它结合了互联网在线词典和桌面词典的优势，除具备中英、英中、英英翻译和汉语词典功能外，独特的"网络释义"功能将各类新兴词汇和英文缩写收录其中，从而为用户提供最佳的翻译体验。

❑ 单词速查

运行有道桌面词典，在主界面中激活【词典】选项卡，在输入框中输入要查询的内容，单击【查询词典】按钮，或者按 Enter 键即可得到查询结果，如图 10-22 所示。

在主界面中，激活【例句】选项卡，则可以显示有关该单词的完整句子，单击句子后面的【点击发音】按钮，可使用语音功能听取例句，如图 10-23 所示。

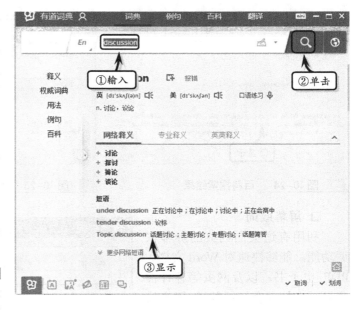

图 10-22 查询单词

在主界面中，激活【百科】选项卡，则可以显示来自"百度"网站有关该英文单词所搜索的结果，如图 10-24 所示。

❑ 翻译句子

在主界面中，激活【翻译】选项卡，在【原文】文本框中输入需要翻译的文本，然后单击【自动翻译】按钮，即可在【译文】列表框中显示翻译结果，如图 10-25 所示。

提 示

有道词典中的"人工翻译"是一种付费翻译，当用户不满足软件翻译的结果时，可以单击【翻译】选项卡中的【人工翻译】按钮，在展开的网页中选择相应服务。

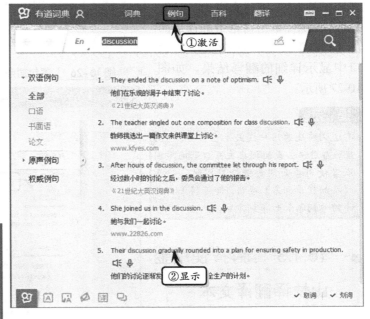

图 10-23 查看单词例句

如果用户想按照原文语句，一句一句地核对翻译效果，则需要单击【逐句对照】按钮，显示逐句对照效果，如图 10-26 所示。

图 10-24　百科搜索结果

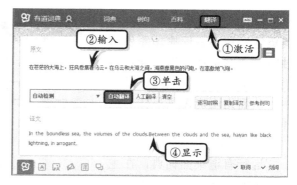

图 10-25　翻译句子

❏ 屏幕取词

利用有道桌面词典的屏幕取词功能，能够快速对 Word 文档、PDF 电子书，以及网页等各种程序界面中的内容进行翻译。用户只需在指定的程序界面中，将鼠标指向要翻译的内容，即可弹出相应的翻译结果。

在屏幕中，将鼠标移至需要翻译词语的上方，此时会自动显示屏幕取词窗格，单击窗格中翻译后面的【详细】按钮，会在有道词典窗口中显示详细的翻译结果，如图10-27 所示。

图 10-26　逐句对照

提　示

有道词典还为用户提供了"单词本"功能，当用户在桌面词典主窗口查询单词或者使用桌面词典进行取词时，单击【添加到单词本】按钮，即可将正在查询的单词添加到单词本中。

10.1.3　练习：使用金山快译翻译文本

金山快译是一款全能的汉化翻译及内码转换平台，具有中、英、日等多种语言翻译引擎，以及简繁体转换功能。利用该软件可以帮助

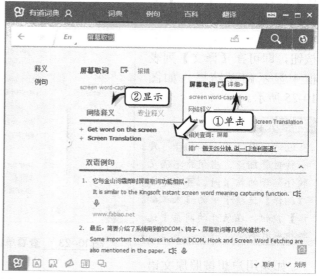

图 10-27　屏幕取词

用户快速解决在使用计算机时英文、日语等语言的翻译问题。在本练习中，将详细介绍使用金山快译翻译文本的操作方法和实用技巧。

操作步骤

1 翻译文本文档内容。运行金山快译，在文本文档中输入需要翻译的英文文本，选择【英→中】选项，并单击【翻译】按钮，如图 10-28 所示。

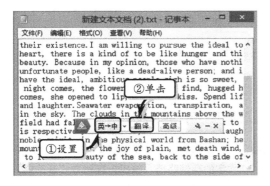

图 10-30 高级翻译窗口

图 10-28 设置翻译选项

2 然后，在展开的选项中，选中【句子对照翻译】选项，按照句子对照显示翻译结果，如图 10-29 所示。

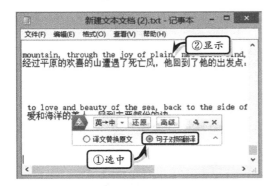

图 10-29 对照句子翻译

3 高级翻译。单击主界面中的【高级】按钮，打开【金山快译高级翻译】对话框，如图 10-30 所示。

4 内容输入区域中，输入要进行翻译的内容，并单击工具栏中的【中英】按钮，将中文翻译成英文，如图 10-31 所示。

5 此时，由于文本翻译中存在多个不同版本的翻译，因此需要在【翻译筛选】选项卡中，查看不同的翻译版本，如图 10-32 所示。

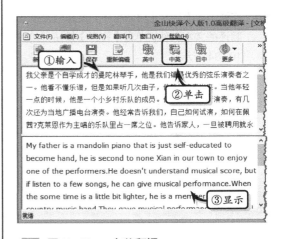

图 10-31 中英翻译

图 10-32 翻译筛选

6 批量翻译。单击主界面中的【综合设置】按钮，选择【工具】|【批量翻译】选项，并单击【添加】按钮，如图 10-33 所示。

图 10-33 批量翻译窗口

7 在弹出的【打开】对话框中，选择需要批量翻译的文本文件，单击【打开】按钮，如图 10-34 所示。

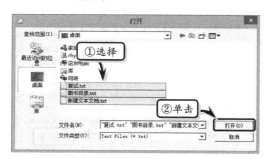

图 10-34 选择文本文件

8 此时，在批量翻译窗口中将显示所添加的

文本文件，单击工具栏中的【中英】按钮，如图 10-35 所示。

图 10-35 批量翻译

9 在弹出的【翻译设置】对话框中，设置翻译文字的存储路径、编码、存档方式等选项，并单击【进行翻译】按钮，如图 10-36 所示。

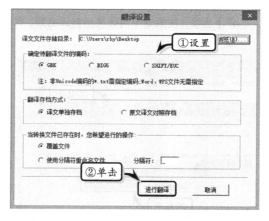

图 10-36 设置翻译选项

10.2 电子书阅读软件

　　电子书方便携带，只要存储在相应的电子书阅读器、手机里，即可将本来厚重的一本书变得轻薄和便携，使用户将日常零碎的时间充分利用，同时还非常环保。在如今的城市中，会发现很多白领或者学生都喜欢在乘坐交通工具时阅读电子书来打发时间，阅读电子书已经成为一种潮流。在本小节中，将详细介绍电子书的基础知识及一些常用的电子书阅读软件。

10.2.1 电子书概述

电子书是利用计算机技术将一定的文字、图片、声音、影像等信息，通过数码方式记录在以光、电、磁为介质的设备中，借助于特定的设备来读取、复制和传输。下面我们就来介绍一下电子书的特点和常见的格式。

1．电子书的特点

电子图书拥有许多与传统书籍相同的特点：如包含一定的文字量、彩页；其编排按照传统书籍的格式以适应读者的阅读习惯；通过被阅读而传递信息等。

但是电子书作为一种新形式的书籍，又拥有许多与传统书籍不同的或者是传统书籍不具备的特点。例如，必须通过电子计算机设备，或者专用的掌上电子阅读器读取，并通过屏幕显示出来；具备图文声像结合的优点；可检索；可复制；有更高的性价比；有更大的信息含量；有更多样的发行渠道等。

2．电子书的格式

面对众多电子书内容的提供厂商和阅读设备，我们有必要了解一些常用电子书文件格式的知识。

❏ **EXE 文件格式**

这是目前比较流行也是被许多人青睐的一种电子读物文件格式，这种格式的制作工具也相对较多。这种格式的特点是阅读方便，制作简单，制作出来的电子读物相当精美，无须专门的阅读器支持就可以阅读。

❏ **CHM 文件格式**

CHM 文件格式是微软 1998 年推出的基于 HTML 文件特性的帮助文件系统，以替代早先的 WinHelp 帮助系统，在 Windows 98 中把 CHM 类型文件称作"已编译的 HTML 帮助文件"。

❏ **PDF 文件格式**

PDF 文件格式是美国 Adobe 公司开发的电子读物文件格式。这种文件格式的电子读物需要该公司的 PDF 文件阅读器 Adobe Acrobat Reader 来阅读，所以要求用户的计算机必须安装这个阅读器。

❏ **WDL 文件格式**

WDL 是北京华康公司开发的一种电子读物文件格式，目前国内很多大型的电子出版物都使用这种格式。其特点是较好地保留了原来的版面设计，可以通过在线阅读，也可以将电子读物下载到本地阅读，但是需要使用该公司专门的阅读器 DynaDoc Free Reader 来阅读，该阅读器可以从该公司的网站免费下载。

这种格式的电子读物由于对打印和拷贝作了限制，所以适当保护了作者和出版商的利益。制作该种格式的电子读物需要使用该公司的软件 DynaDoc 生成器来完成。

❏ **SWB 文件格式**

SWB 格式是比较少见的一种电子读物文件格式。它是软件 WinEbook Compiler（原名 Super Winbook 98 Compiler）的一种专有格式。由于这种格式的电子读物只能使用这个软件来制作，并且需要安装有该软件的阅读器方可浏览。所以这种格式的电子读物目前市场不是很大。

❑ **LIT 文件格式**

这种格式是美国微软公司开发的软件 Microsoft Reader 的一种专有的文件格式。该文件格式不支持与 HTML 相关的各种技术，只支持图片的浏览。但是，该格式对中文支持得不是很好，目前国内还没有开始大量使用这种文件格式来制作和出版电子读物。

❑ **EBX 文件格式**

该格式是最近才出现的，它的阅读风格与微软的 Microsoft Reader 很相似。该格式的电子读物可以使用名为 the Glassbook Reader 的阅读器来阅读，该格式还可以包括 sound、wave 等多媒体文档。

10.2.2 常用电子书阅读软件

目前，市场上不仅提供了各种用于阅读电子书的阅读器，还提供了用于制作电子图书的工具软件。利用这些工具软件，用户只需准备相应的文本资料和图片，即可轻松、快捷地制作出满足自己需要的电子书。

1. Foxit Reader

Foxit Reader 的中文名称为福昕阅读器，是一款免费的 PDF 文档阅读器和打印器，具有令人难以置信的小巧体积、快捷的启动速度和丰富的功能。另外，该阅读器能够高效地进行内存智能管理，从而大大减少对内存的占用。

福昕阅读器对系统的资源占用非常低，其下载包容量仅 2.2 MB，整个安装过程也非常简单。启动该工具软件之后，即可进入其主界面，该界面类似于 Word 2010 界面，包括选项卡、选项组和阅读视图区，如图 10-37 所示。

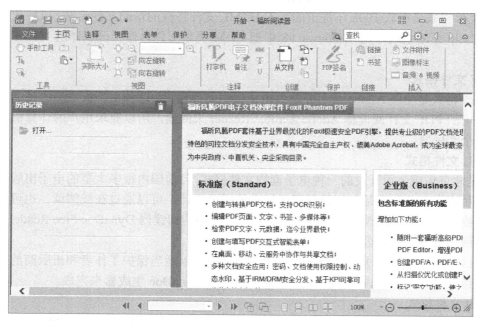

图 10-37 福昕阅读器主界面

电脑常用工具软件标准教程（2015—2018 版）

❑ **使用文本选择工具**

在福昕阅读器主界面中，单击【快速访问工具栏】中的【打开】按钮，在弹出的【打开】对话框中，选择电子书文件，单击【打开】按钮，打开电子书，如图 10-38 所示。

默认情况下，福昕阅读器将使用"手形工具 🖑"，供用户在文档中进行移动。在【主页】选项卡的【工具】选项组中，执行【选择文本】命令后，光标将变成 I 形状。在阅读区中拖动鼠标，即可选择相应的文本内容，如图 10-39 所示。

❑ **使用截图工具**

当用户需要以图片的形式复制指定内容时，便可以使用福昕阅读器的截图工具。在【主页】选项卡的【工具】选项组中，执行【选择文本】命令后，光标将变成 ╬ 形状，拖动鼠标选择需要截图的区域，如图 10-40 所示。

松开鼠标之后，在弹出的【福昕阅读器】对话框中，提示用户选定区域已被复制到剪贴板中，单击【确定】按钮即可，如图 10-41 所示。

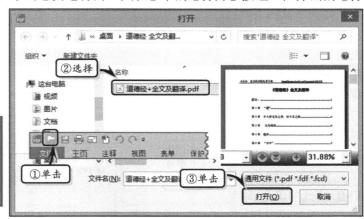

🔲 图 10-38　选择电子书文件

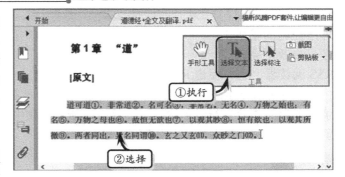

🔲 图 10-39　使用文本选择工具

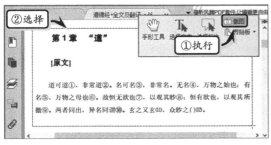

🔲 图 10-40　选择截图区域　　　　🔲 图 10-41　提示对话框

2. 闻天下 RSS 阅读器

闻天下 RSS 阅读器是一款全新的快捷使用的阅读软件，用户可以将其看作一个信息传递的通道，也可以当成一个咨询平台。利用该软件可以获取、阅读、管理 XML 格式的信息。它一方面继承发扬了新闻聚合技术的传统；另一方面在总结经验的基础上进一步改进完善了

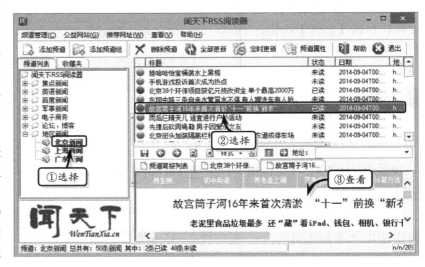

图 10-42　查看地方新闻

RSS 阅读器，也将促进 RSS 的传播推广。

在【闻天下 RSS 阅读器】窗口中，在【频道列表】选项卡中，选择【地区新闻】目录选项中的【北京新闻】选项。然后，在新闻列表中选择一个新闻标题，即可在网页浏览区显示相应的新闻内容，如图 10-42 所示。

提 示

当浏览指定的页面时，新闻列表中的【状态】将由"未读"更新为"已读"，同时前面的标志也将变成红色。

另外，单击工具栏中的【添加频道组】按钮，在弹出的【新增频道组】对话框中，输入要添加的频道组名称，并单击【完成】按钮，如图 10-43 所示。

此时，在【频道列表】选项卡中，将显示新增加的频道组名。此时，单击【添加频道】按钮，在【添加频道】对话框中，输入要添加的频道地址，并单击【下一步】按钮即可，如图 10-44 所示。

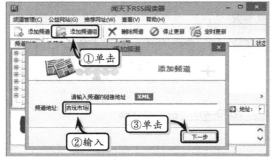

图 10-43　设置新增频道组名称

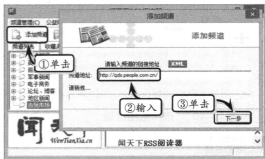

图 10-44　添加频道

3. Adobe Reader

Adobe Reader 是美国 Adobe 公司开发的一款优秀的 PDF 文件阅读软件，既可以打开所有的 PDF 文档，又可以查看、搜索、验证和打印 Adobe PDF 文件。

运 行 Adobe Reader，在弹出的窗口中，单击【打开最近打开的文件】栏中的【打开】按钮。在弹出的【打开】对话框中，选择需要阅读的 PDF 文件，并单击【打开】按 钮，如 图 10-45 所示。

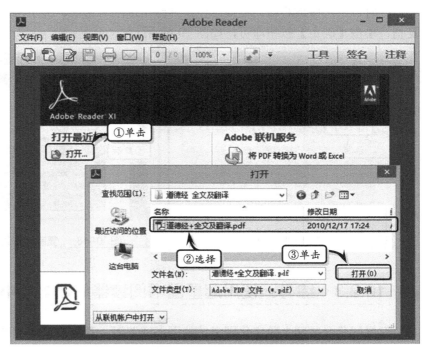

图 10-45 欢迎窗口

提 示

当用户使用该软件浏览多个 PDF 文件之后，将会在【打开最近打开的文件】栏中显示已浏览 PDF 文件的名称，方便用户再次阅读。

此时，在主界面中将显示已打开的 PDF 文件，单击左侧的【页面缩略图】按钮，展开缩略图窗格，如图 10-46 所示。

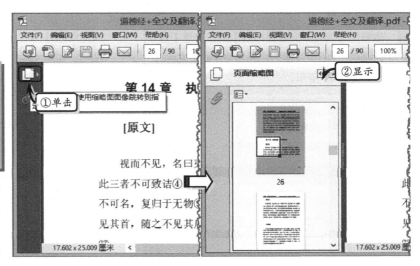

图 10-46 展开缩略图窗格

提 示

展开缩略图之后，单击窗格中的【关闭】按钮，即可关闭此缩略图窗格。

Adobe Reader 中除了简单的阅读 PDF 文件之外，还具有拍照复制 PDF 文件的功能。

在主界面中，执行【编辑】|【拍快照】命令，拖动鼠标选择需要拍照的区域，如图 10-47 所示。

此时，所选区域将自动变成暗色，并弹出提示对话框，提示用户所选定的区域已被复制，单击【确定】按钮即可，如图 10-48 所示。

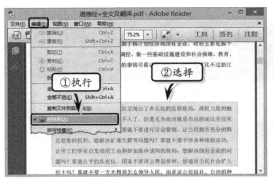

图 10-47　选择拍照区域　　　　　　　　图 10-48　复制选择区域

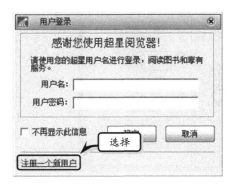
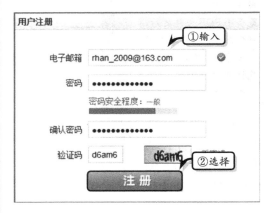

10.2.3　练习：使用超星图书阅读器阅读电子书

超星阅览器是网上数字化图书馆的图书阅览器，利用该软件可以阅读到国家图书馆中的各种书籍，使各行各业的人足不出户就可以在这里找到适合自己阅读的图书。在本练习中，将详细介绍使用超星阅览器阅读图书的方法。

操作步骤

1 运行超星阅览器，在弹出的【用户登录】对话框中，选择【注册一个新用户】链接文字，如图 10-49 所示。

图 10-49　【用户登录】对话框

2 在【用户注册-超星网】页面中，设置电子邮箱、密码、确认密码等信息，单击【注册】按钮，如图 10-50 所示。

3 在跳转的提示页面中，提示用户需要进入邮

箱激活账号，此时单击【理解登录我的邮箱】按钮，如图 10-51 所示。

图 10-50　输入注册信息

4 然后，在【用户登录】页面中，分别输入注册好的用户名和密码，并单击【登录】按钮，如图 10-52 所示。

电脑常用工具软件标准教程（2015—2018 版）

图 10-51 提示信息页面

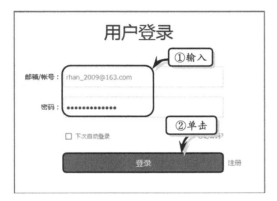

图 10-52 登录界面

5 在【超星阅览器】窗口中，选择【资源列表】选项卡，单击【本地图书馆】列表，选择【个人图书馆】目录中的【文学】选项，在右侧选择要阅读的图书，即可阅读本地电子书，如图 10-53 所示。

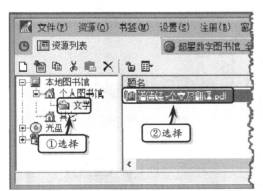

图 10-53 选择阅读目录

6 在【超星数字电子图书馆】窗口中，选择【读书】类别，如图 10-54 所示。

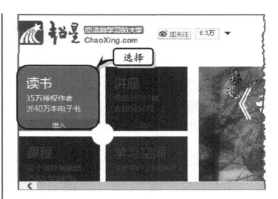

图 10-54 选择阅读类型

7 然后，在展开的页面中，选择右侧【本周人气榜】栏中的【西游记】选项，如图 10-55 所示。

图 10-55 选择具体目录

8 最后，在展开的页面中，选择【网页阅读】选项，使用网页开始阅读所选目录，如图 10-56 所示。

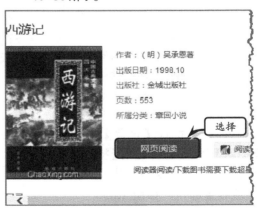

图 10-56 使用网页模式阅读

10.3 电子书制作软件

电子书是一种可以代表用户所需阅读的数字化出版物，是当今阅读界的一种潮流。除了使用市场中提供的一些阅读软件来阅读电子书之外，用户还可以使用专门的制作软件，将本地电脑中的普通文档制作成电子书格式，以达到方便传阅和保护文档内容地目的。

10.3.1 常用电子书制作软件

电子书制作是对普通的电子文档进行转换、切换和编辑等一系列的操作，从而使普通电子文档可以达到电子设备阅读的一种转换形式。在本小节中，将详细介绍一些常用的电子书制作软件，以帮助用户制作出多种格式的电子书。

1. Visual CHM

Visual CHM 是一款专门制作 CHM 电子书的工具软件，能够帮助用户非常轻松地制作出具有专业水准的 CHM 文件，而且可以即时得到制作效果。

运行 Visual CHM，单击菜单栏中的 Set 菜单，选择 Language 级联菜单中的 Chinese（Simp）选项，即可切换至简体中文工作界面。在该界面中，包括菜单栏、导航栏、目录区、工具栏、显示区、功能按钮栏等，如图 10-57 所示。

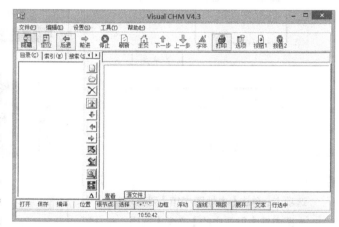

图 10-57　Visual CHM 中文界面

❑ 标题设置

标题是电子书中重要的组成，Visual CHM 会根据源文件的不同从中提取内容作为电子书的标题。在主界面中，执行【设置】|【标题】命令，在弹出的【提取标题设置】对话框中进行相应设置即可，如图 10-58 所示。

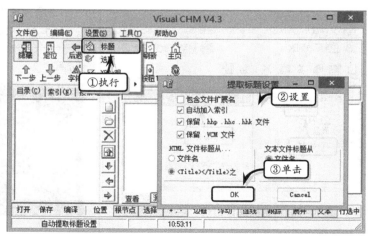

图 10-58　标题设置

电脑常用工具软件标准教程（2015—2018 版）

❏ **添加文件**

在制作电子书的过程中，文件的添加是最重要的过程。用户可以将网页或者记事本中的内容制作成电子书，也可以在其中添加图片。

单击工具栏中的【添加文件】按钮圖，或者执行【编辑】|【添加文件】命令，在弹出的【选择文件】对话框中，选择要制作成电子书的文件，单击【打开】按钮，如图 10-59 所示。

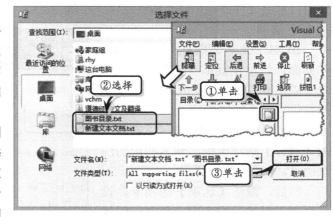

图 10-59 添加文件

此时，即可在 Visual CHM 窗口的目录区，显示所有添加好的文件。双击某个文件，即可在显示区中，浏览文件内容，如图 10-60 所示。

添加文件之后，执行【文件】|【另存为】命令，在弹出的【另存为】对话框中，保持默认文件格式，设置保存名称和位置，单击【保存】按钮，即可保存 Visual CHM 方案，如图 10-61 所示。

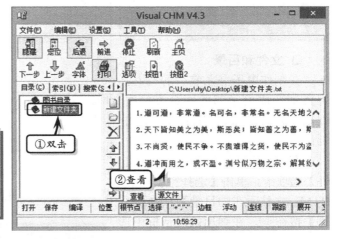

图 10-60 浏览文件内容

2. eBook Edit Pro

eBook Edit Pro 是典型的将 HTML 页面文件（包括媒体文件）捆绑成 EXE 电子文档的制作软件。它支持大多数基于 Web 的技术，具有自定义窗口标题、支持

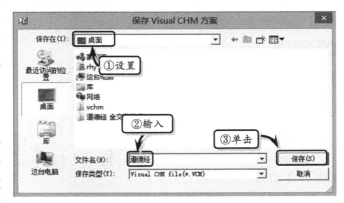

图 10-61 保存 Visual CHM 方案

使用自定义文件图标，以及改变文字大小等特点。

❑ 选项

eBook Edit Pro 采用了向导式的制作界面，每项设置都有动态提示，用户只需根据提示即可完成 EXE 电子书的制作。

运行 eBook Edit Pro 软件，在弹出的【欢迎】选项卡中，输入相应的注册信息，如图 10-62 所示。

然后，激活【选项】选项卡，设置对电子书的标题、窗口类型、闪屏和显示效果等选项，如图 10-63 所示。

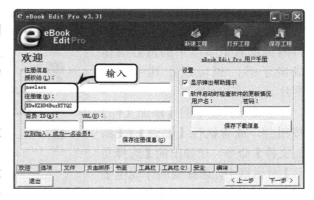

图 10-62　输入注册信息

提示

在 eBook Edit Pro 窗口中，用户设置注册信息之后，除了直接选择【选项】选项卡切换页面之外，还可以单击【下一步】按钮进行切换。

❑ 文件和目录

在制作电子书之前，用户应先将要制作成电子书的网页资料整理出来，然后才能进行电子书的制作。

在 eBook Edit Pro 中，激活【文件】选项卡，单击【选择待编译的 HTML 文件所在的目录】后的【浏览】按钮，在弹出的对话框中选择存储网页资料的文件夹，即可在文件列表中显示导入的网页资料，如图 10-64 所示。

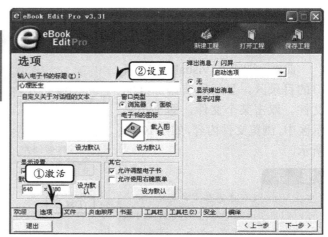

图 10-63　设置基础选项

提示

在【文件】选项卡中，单击【在扫描】按钮，即可查看是否有文件被删除，或者有新的文件被添加。

❑ 页面顺序和书签

在 eBook Edit Pro 中，利用【页面顺序】选项卡可以设置文件在电子书中的显示顺序；而利用【书签】选项卡，则可以帮助用户收藏一些

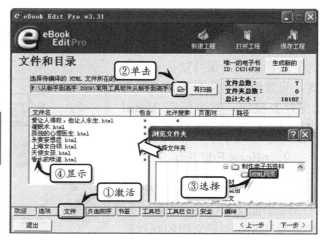

图 10-64　设置文件目录

常用的网址。

激活【页面顺序】选项卡，在【可用的页面】列表中选择要被编译到电子书中的文件，并单击【添加】按钮。然后，单击【起始页面】下拉按钮，在其列表中选择一个开始页面，如图 10-65 所示。

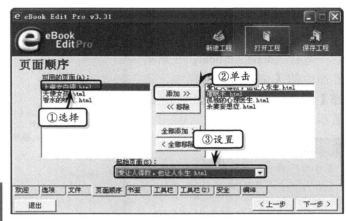

图 10-65　设置页面顺序

□ 工具栏

eBook Edit Pro 中包含了两个工具栏选项卡，分别用于设置电子书界面中要显示的工具按钮，以及工具按钮的相关属性。

激活【工具栏】选项卡，在该选项卡中启用要显示按钮所对应的复选框即可。用户也可以单击各图标，进行自定义图标，还可以单击各按钮后的【功能】下拉按钮，在其列表中选择要使用的功能，如图 10-66 所示。

选择【工具栏(2)】选项卡，在该选项卡中，用户可以设置电子书界面中工具按钮的位置、图标大小、背景颜色等内容，如图 10-67 所示。

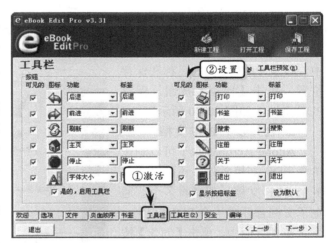

图 10-66　设置工具栏（1）

3. Adobe Acrobat

Adobe Acrobat 是 Adobe 公司推出的 PDF 格式的电子文档制作软件，不仅可以创建、合并、转换和扫描 PDF、导出和编辑 PDF 文件，而且还可以轻松且更加安全地进行分发、协作和数据

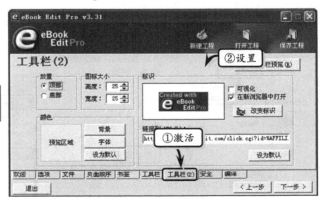

图 10-67　设置工具栏（2）

收集，是用户办公必备 PDF 制作利器。

❏ **生成单个 PDF 文档**

运行 Adobe Acrobat，在启动界面中的【快速入门】栏中，选择【创建 PDF】选项，如图 10-68 所示。

在弹出的【打开】对话框中，选择需要创建 PDF 的文件，单击【打开】按钮。此时，软件将自动生成 PDF 文档，如图 10-69 所示。

执行【文件】|【另存为】|【PDF】命令，在弹出的【另存为】对话框中，设置 PDF 文档的名称和保存位置，单击【保存】按钮，保存 PDF 文档，如图 10-70 所示。

❏ **合并多个 PDF 文档**

Adobe Acrobat 除了可以制作单个 PDF 文档之外，还可以合并多个 PDF 文档，或者将多个普通电子文档合并成一个 PDF 文档。

在主界面中，单击【创建】按钮，在其列表中选择【将文件合并为单个 PDF】选项，如图 10-71 所示。

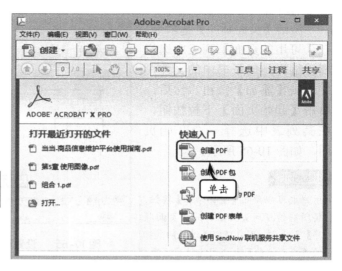

图 10-68 启动界面

图 10-69 选择创建文件

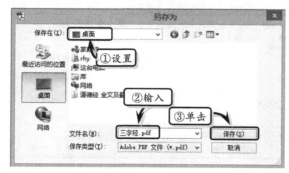

图 10-70 保存 PDF 文档

图 10-71 执行命令

在弹出的【合并文件】对话框中，单击【添加文件】按钮，在其列表中选择【添加文件】选项。在弹出的【添加文件】对话框中，选择需要合并的PDF文档，单击【打开】按钮，如图10-72所示。此时，单击【合并文件】按钮，即可合并多个PDF文档。

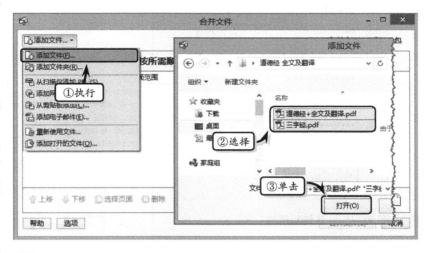

图 10-72 添加 PDF 文档

10.3.2 练习：订阅电子杂志

随着社会的进步和网络的发展，电子杂志在网络时代应运而生，电子杂志以其快捷方便影响着人们的阅读习惯，许多人都选择了在网上订阅电子杂志。在本练习中，将以ZCOM 杂志订阅器为例，来详细介绍使用杂志订阅器在线阅读杂志的方法。

操作步骤

1 运行杂志订阅器，在【杂志首页】页面中，单击【电子杂志订阅】链接文字，如图10-73所示。

图 10-73 杂志首页

2 在【ZCOM 杂志订购中心】页面中，单击【注册】按钮，如图10-74所示。

3 在弹出的页面中，分别设置用户名、注册密码等信息，并单击【立即注册】按钮，如图10-75所示。

图 10-74 ZCOM 杂志订购中心

4 在【杂志首页】页面中，选择【按分类查找】列表中的【艺术摄影】选项，同时选择【摄影旅游】选项，如图10-76所示。

图 10-75　注册新用户

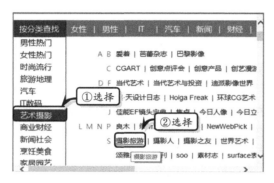

图 10-76　选择杂志类型

5 在【摄影旅游杂志首页】页面中，选择【摄

影旅游 14 年 7 月刊】链接文字，如图 10-77 所示。

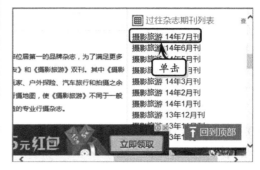

图 10-77　选择杂志目录

6 在弹出的页面中，选择【在线阅读】选项，准备在线阅读该杂志，如图 10-78 所示。

图 10-78　杂志首页

10.4　思考与练习

一、填空题

1．文本编辑软件是在日常工作和生活中使用相当频繁的应用软件之一，主要包括_____、_____和_____软件等类型。

2．电子书是利用计算机技术将一定的文字、图片、声音、影像等信息，通过_____方式记录在以光、电、磁为介质的设备中，借助于特定的设备来读取、复制和_____。

3．多数文字处理器并非作用于各种普通文字，而是按照_____处理文档，帮助无程序编制经验的人员完成文稿的创建、修改、印发工作。

4．翻译是利用_____将_____所表达的思想内容准确、完整地再次表现出来的语言

活动。

5．目前的翻译软件大致遵循两种工作原理。第一种是_____，即运用语言学原理，让计算机识别语法进行自动翻译；第二种是利用Translation Memory，即_____。

6．UltraEdit 是一套功能强大的文本编辑器，可以编辑文本、_____、ASCII 码，完全可以取代记事本（如果电脑配置足够强大）。

二、选择题

1．文字处理器的作用是为桌面出版系统提供排版支持，下列选项中不属于文本处理器功能的一项为_____。

A．定义字体类型和大小

        B．定义对齐方式、缩进和文字方向
        C．定义列表和表格
        D．页面打印
    2．电子书拥有许多与传统书籍相同的特点，比如_____。
        A．包含一定的文字量、彩页
        B．可检索
        C．可复制
        D．有更大的信息含量
    3．众多的电子书软件导致了电子书的不同格式，下面选项中不属于电子书格式的一项为_____。
        A．WOD 文件格式
        B．EXE 文件格式
        C．CHM 文件格式
        D．PDF 文件格式
    4．eBook Edit Pro 是典型的将_____页面文件（包括媒体文件）捆绑成 EXE 电子文档的制作软件。
    A．HTML   B．EXE
    C．CHM   D．PDF

三、问答题

    1．简述电子书的特点。
    2．如何使用有道词典翻译进行屏幕取词？
    3．如何制作 PDF 格式的电子书？

四、上机练习

1．以阅读模式查看 PDF 文件

    在本练习中，将运用 Adobe Reader 软件中的"以阅读模式查看文件"功能，来阅读 PDF 文件，如图 10-79 所示。首先，运行 Adobe Reader 软件，打开所需阅读的 PDF 文件。然后，在主界面中单击工具栏中的【以阅读模式查看文件】按钮，即可以阅读的模式来阅读 PDF 文件了。

2．Windows 7 中的记事本

    在本实例中，将详细介绍一下 Windows 7 中记事本的使用方法。记事本是一个基本的文本编辑程序，最常用于查看或编辑文本文件。文本文件是通常由".txt"文件扩展名标识的文件类型。而在操作系统中，记事本除了记录一些文本文字

以外，也可以作为一种代码文档编辑器使用。当然，更不用提做一些文本的编辑工具了。

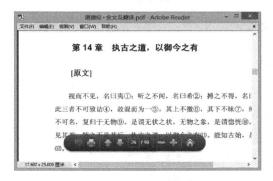

■ 图 10-79　以阅读模式查看文件

    打开"记事本"的方法，与打开"写字板"的方法相同。因为，它们都属于操作系统"附件"中的功能软件。单击【开始】按钮，并执行【所有程序】|【附件】|【记事本】命令，即可打开【记事本】窗口，如图 10-80 所示。

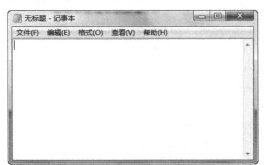

■ 图 10-80　打开"记事本"工具

    同时，用户可以输入文本内容，如图 10-81 所示。并且也可以保存为 TXT 格式的文件。

■ 图 10-81　输入文本内容

第 11 章

电脑安全防护软件

随着计算机硬件的发展，计算机中存储程序和数据的量越来越大，而当用户通过 Internet 上网时，会受到外部一些程序（计算机病毒）的侵害，而造成无法正常运行、内容丢失、计算机设备（部件）的损坏等。目前，造成计算机中上述损坏的原因主要是病毒侵蚀、人为窃取、计算机电磁辐射，以及硬件损坏等。本章将围绕计算机安全防护的相关内容，对计算机安全常识以及一些常用的安全防护软件进行介绍。

本章学习内容：

- ➢ 网络安全概述
- ➢ 计算机病毒概述
- ➢ 防火墙概述
- ➢ 网络监控软件概述
- ➢ 金山安全卫士
- ➢ 瑞星杀毒软件
- ➢ 360 安全卫士
- ➢ 天网防火墙
- ➢ 超级巡警
- ➢ 360 网络防火墙
- ➢ 网络企鹅

11.1 网络安全与杀毒软件

一般来说，安全的系统会利用一些专门的安全特性来控制用户对信息的访问，只有经过适当授权的人，或者以这些人的名义进行的进程才可以读、写、创建和删除这些信息。而杀毒软件可以帮助用户清除电脑中的病毒，达到保护电脑数据的目的。本小节将详细介绍网络安全与杀毒方面的一些基础知识和常用软件。

11.1.1　网络安全概述

计算机网络安全通过采用各种技术和管理措施，使网络系统正常运行，从而确保网络数据的可用性、完整性和保密性。所以，建立网络安全保护措施的目的是确保经过网络传输和交换的数据，不会被增加、修改、丢失和泄露等。

一般来讲，网络安全威胁有以下 8 种。

1．破坏数据完整性

破坏数据完整性表示以非法手段获取对资源的使用权限，删除、修改、插入或重发某些重要信息，以取得有益于攻击者的响应；恶意添加、修改数据，以干扰用户的正常使用。

2．信息泄露或丢失

信息泄露或丢失是指人们有意或无意地将敏感数据对外泄露或丢失，它通常包括信息在传输中泄露或丢失、信息在存储介质中泄露或丢失以及通过建立隐蔽隧道等方法窃取敏感信息等。例如，黑客可以利用电磁漏洞或搭线窃听等方式窃取机密信息，或通过对信息流向、流量、通信频度和长度等参数的分析，推测出对自己有用的信息（用户账户、密码等）。

3．拒绝服务攻击

拒绝服务攻击是指没有预先经过同意就使用网络或计算机资源，如有意避开系统访问控制机制，对网络设备及资源进行非正常使用，或擅自扩大权限，越权访问信息。

非授权访问有假冒、身份攻击、非法用户进入网络系统进行违规操作、合法用户以未授权方式操作等形式。

4．陷门和特洛伊木马

陷门和特洛伊木马通常表示通过替换系统的合法程序，或者在合法程序里写入恶意代码以实现非授权进程，从而达到某种特定的目的。

5．利用网络散布病毒

利用网络散布病毒是指编制或者在计算机程序中插入的破坏计算机功能或者破坏数据，影响计算机使用并能够自我复制的一组计算机指令或者程序代码。目前，计算机病毒已对计算机系统和计算机网络构成了严重的威胁。

6．混合威胁攻击

混合威胁是新型的安全攻击，它主要表现为一种病毒与黑客编制的程序相结合的新型蠕虫病毒，可以借助多种途径及技术潜入企业、政府、银行等网络系统。这些蠕虫病毒利用"缓存溢出"技术对其他网络服务器进行侵害传播，具有持续发作的特点。

7．间谍软件、广告程序和垃圾邮件攻击

近年来在全球范围内最流行的攻击方式是钓鱼式攻击，它利用间谍软件、广告程序和垃圾邮件将用户引入恶意网站，这类网站看起来与正常网站没有区别，但通常犯罪分子会以升级账户信息为理由要求用户提供机密资料，从而盗取可用信息。

8．非授权访问

它是指没有预先经过同意就使用网络或计算机资源，如有意避开系统访问控制机制，对网络设备及资源进行非正常使用，或擅自扩大权限，越权访问信息。

非授权访问有假冒、身份攻击、非法用户进入网络系统进行违规操作、合法用户以未授权方式操作等形式。

11.1.2　计算机病毒概述

计算机病毒并非生物学中的病毒，而是一种在用户不知情或未批准的情况下，在计算机中运行的、具有自我复制能力的有害计算机程序。这种计算机程序在传播期间往往会隐蔽自己，根据特定的条件触发，与生物学中的病毒十分类似，因此被称作计算机病毒。

计算机病毒往往会感染计算机中正常运行的各种软件或存储数据的文档，从而达到破坏用户数据的目的。

1．计算机病毒的历史

早在 20 世纪 60 年代，美国麻省理工学院的一些研究人员就开始在业余时间编写一些简单的游戏程序，可以消除他人计算机中的数据。这样的程序目前被某些人认定为计算机病毒的雏形。

随着 20 世纪 70 年代和 80 年代计算机在美国和西方发达国家的普及，逐渐出现了各种以恶作剧或纯恶意破坏他人计算机数据的病毒程序。由于当时互联网并不发达，因此传播计算机病毒的载体通常是各种软盘等可移动存储设备。

20 世纪 90 年代开始，互联网普及到了千家万户，给人们带来便捷的同时也为计算机病毒的传播提供了通道。目前，互联网已成为最主要的病毒传播途径。

早期的病毒大多只能破坏用户计算机中的各种软件。1998 年 9 月被发现的 CIH 病毒被广泛认为是第一种可以破坏计算机硬件固件（一种控制硬件运行的软件，通常被固化到硬件的闪存中，例如主板的 BIOS 等）的计算机病毒，因此造成了很大的破坏。

2．计算机病毒的特征

由于计算机病毒对计算机和互联网的破坏性很大，因此，我国《中华人民共和国计算机信息系统安全保护条例》明确定义了计算机病毒的法律定义，即"编制或者在计算机程序中插入的'破坏计算机功能或者毁坏数据，影响计算机使用，并能自我复制的一组计算机指令或者程序代码'"。目前，公认的计算机病毒往往包括以下全部特征或部分特征。

电脑常用工具软件标准教程（2015—2018 版）

- **传播性**　多数计算机病毒都会利用计算机的各种漏洞，通过局域网、互联网、可移动磁盘等方式传播，手段十分丰富，令用户防不胜防。例如曾经流行一段时间的爱虫病毒，就是通过一封标题为"I Love You"的电子邮件传播的。

- **隐蔽性**　相比普通的软件程序，计算机病毒体积十分小，往往不超过1KB。在病毒传播给用户之前，往往会将自己与一些正常的文件捆绑合并在一起。在感染用户之后，病毒就会将自己隐藏到系统中一些不起眼的文件夹中，或将名称修改为类似系统文件的名称，防止用户手工将其找出，例如曾经流行的病毒"欢乐时光"，就是将病毒代码隐藏在网页中。

- **感染性**　大部分计算机病毒都具有感染性。例如，将病毒的代码感染到本地计算机的各种可执行文件（EXE、BAT、SCR、COM 等）和网页文档（HTML、HTM）、Word（DOC、DOCX）等文件中。这样，一旦用户执行了这个文件，就会感染病毒。例如，几年前流行的"熊猫烧香"病毒（又名武汉男生），就具备很强的感染性，可以将本地计算机中所有的可执行程序内添加病毒代码。

- **潜伏性**　大部分破坏力较小的病毒通常自感染以后就开始不断地破坏本地计算机的软件。而少部分破坏力比较强的病毒则是具有潜伏期的病毒，只有达到指定的条件才会爆发，大部分时间都是无害的。例如 Conficker 病毒，在不被激活的情况下只是利用电子邮件软件进行传播。只有在被激活的条件下，才会向互联网中的服务器发起攻击。

- **可激发性**　一些有潜伏性的病毒往往会在指定的日期被激发，然后开始破坏工作。例如，CIH 病毒的 1.2 和 1.3 版本，只有在 Windows 94、Windows 98、Windows ME 等操作系统下的每年 4 月 26 日爆发。

- **表现性**　一些病毒在设计方面可能有缺陷，或者病毒设计者故意将病毒运行设计为死循环。然后，当计算机被病毒感染时会表现出一定的特征，例如，系统运行缓慢、CPU 占用率过高、容易使用户计算机死机或蓝屏等。这些表现性往往会破坏病毒的隐蔽性。

- **破坏性**　除了少数恶作剧式的病毒以外，大多数病毒对计算机都是有危害的。例如，破坏用户的数据、删除系统文件，甚至删除磁盘分区等。

3. 计算机病毒的分类

计算机病毒大体上可以根据其破坏的方式进行分类。常见的计算机病毒主要包括以下几种。

- **文件型病毒**

文件型病毒是互联网普及之前比较常见的病毒，也是对无网络计算机破坏性最大的病毒。其设计的根本目的就是破坏计算机中的各种数据，包括可执行程序、文档、硬件的固件等。著名的 CIH 病毒就是典型的文件型病毒。

随着互联网的不断发展，目前大多数新的病毒都已发展到利用操作系统的漏洞，通过互联网传播，因此，文件型病毒已很少见了。

- **宏病毒**

宏病毒与文件型病毒不同，其感染的目标不是可执行程序，而是微软 Office 系列办公软件所制作的文档。在微软的 Office 系列办公软件中，允许用户使用 VBA 脚本编写一些命令，实现录制的动作，提高工作效率。

宏病毒正是使用 VBA 脚本代码编写的批处理宏命令，在用户打开带有宏病毒的文件时进行传染。第一种宏病毒是 Word concept 病毒，据说诞生于 1995 年。随着 Office 系列软件的不断完善，以及用户警惕意识不断提高，目前宏病毒已经十分罕见。

❏ **木马/僵尸网络类病毒**

木马事实上是一种远程监控软件，通常分为服务端和客户端两个部分。其中，服务端会被安装到被监控的用户的计算机中，而客户端则由监控者使用。

木马传播者通常会以一些欺骗性的手段诱使用户安装木马的服务端，然后，用户的计算机就成为一台"肉鸡"（类似随时会被宰杀的肉鸡）或者"僵尸"（无意识地被他人控制），完全由木马传播者控制。

现代的木马传播者往往通过互联网感染大批的"肉鸡"或"僵尸"，形成一个僵尸网络，以进行大面积的破坏，例如几年前大规模爆发的灰鸽子和熊猫烧香等。

提 示

Windows2000 及更新版本的 Windows 操作系统带有的远程协助工具功能和原理与木马的服务端非常类似。而其可选安装的组件远程桌面连接则相当于木马的客户端。如用户的计算机用户名不设置密码，则很有可能被他人使用该工具控制。

❏ **蠕虫/拒绝服务类病毒**

蠕虫病毒是利用计算机操作系统的漏洞或电子邮件等传输工具，在局域网或互联网中进行大量复制，以占用本地计算机资源或网络资源的一种病毒，其以类似于昆虫繁殖的特性而闻名。除 CIH 病毒以外，大部分全球爆发的病毒都是蠕虫病毒。蠕虫病毒也是造成经济损失最大的一种病毒。

目前，已经在全世界范围内爆发过的蠕虫病毒包括著名的莫里斯蠕虫（1988 年 11 月 2 日）、梅丽莎病毒（1999 年 3 月 26 日）、爱虫病毒（2000 年 5 月）、冲击波病毒（2003 年 8 月 12 日）、震荡波病毒（2004 年 5 月 1 日）、熊猫烧香（2007 年 1 月初）等。

4．防治计算机病毒的方法

计算机病毒作为一种破坏性的软件程序，不断地给计算机用户造成大量的损失。养成良好的计算机使用习惯，有助于避免计算机病毒感染。即使感染了计算机病毒，也可以尽量降低损失。

❏ **定时备份数据**

在使用计算机进行工作和娱乐时，应该定时对操作系统中的重要数据进行备份。互联网技术的发展为人们提供了新的备份介质，包括电子邮箱、网络硬盘等。对于一些重要的数据，可以将其备份到加密的网络空间中，设置强壮的密码，以保障安全。

❏ **修补软件漏洞**

目前大多数计算机病毒都是利用操作系统或一些软件的漏洞进行传播和破坏的。因此，应定时更新操作系统以及一些重要的软件（例如，Internet Explorer，FireFox 等网页浏览器、Windows Mediaplayer、QQ 等常用的软件），防止病毒通过这些软件的漏洞进行破坏。

另外，如果使用的是 Windows 2000、Windows XP 等操作系统，还应该为操作系统设置一个强壮的密码，关闭默认共享、自动播放、远程协助和计划任务，防止病毒利用这些途径传播。

❏ **安装杀毒软件**

对于大多数计算机用户而言，手动杀毒和防毒都是不现实的。在使用计算机时，应该安装有效而可靠的杀毒软件，定时查杀病毒。在挑选杀毒软件时，可以选择一些国际著名的大品牌，例如，BitDefender、卡巴斯基等。

❏ **养成良好习惯**

防止计算机病毒，最根本的方式还是养成良好的使用计算机的习惯。例如，不使用盗版和来源不明的软件、在使用 QQ 或 Windows Live 时不单击来源不明的超链接、不被一些带有诱惑性的图片或超链接引诱而浏览这些网站、接收邮件时只接受文本，未杀毒前不打开附件等。

杀毒软件毕竟有其局限性，只能杀除已收录到病毒库中的病毒。对于未收录的病毒往往无能为力。有时，也会造成误杀。良好的操作习惯才是防止病毒传播蔓延的根本解决办法。

11.1.3　恶意软件概述

恶意软件，又被称作灰色软件、流氓软件，用来泛指一些不被认为是计算机病毒、但往往违背用户意愿或者隐蔽地安装、对计算机造成负面的影响的软件。在国内，相比计算机病毒，恶意软件的流传范围更广，且更加隐蔽。

1. 恶意软件的特点

由于恶意软件的危害比病毒要小一些，其危险性往往得不到用户的重视，因此，造成了国内恶意软件的流行。与正常使用的软件相比，恶意软件具有如下特征。

❏ **强制/隐蔽安装**　指在未明确向用户提示或未经用户许可的情况下，在用户的计算机上安装并且运行的行为。有些恶意软件虽然提供给用户不安装的选项，但往往将其置于极不明显的位置，使用户很难发现。这样的行为被业内称作"擦边球"。

❏ **难以卸载和删除**　指不提供给用户关闭、卸载和删除的方式，即使用户停止软件进程并手动删除软件的文件，软件仍然可以运行。有些恶意软件虽然提供了卸载的方式，但卸载后事实上仍然存在用户计算机中并运行。

❏ **恶意捆绑**　指在软件中捆绑以被认定为恶意软件的行为。一些恶意软件往往会同时捆绑多个恶意软件。一旦安装其中一个，其他的都会一起安装。

❏ **浏览器劫持**　指未经用户许可，修改用户浏览器或其他相关设置（包括浏览器主页、默认搜索引擎、右键菜单等），迫使用户访问指定的网站或导致用户无法上网等的行为。

❏ **广告弹出**　指未明确提示用户或未经用户许可的情况下，利用安装在用户计算机和其他数字设备上的软件，弹出广告的行为。

❏ **恶意收集用户信息**　指未明确提示用户或未经用户许可的情况下，恶意收集用户手机号、电子邮箱等信息的行为。

❑ **恶意卸载** 指未明确提示用户或未经用户许可的情况下，以欺骗、诱导、误导的
方式卸载用户计算机中正常软件的行为。

2．恶意软件的分类

大多数恶意软件都是以赢利为目的，或盗取用户的隐私习惯，或强制用户浏览广告，
或通过其他方式为软件开发商谋取利益。根据恶意软件危害性的不同，可以将其分为如
下几类。

❑ **间谍软件**

间谍软件是指一些用于搜集用户上网习惯、电话号码、电子邮件地址、输入词汇习
惯等隐私的软件。这类软件往往伪装成正常的使用软件，在用户使用时将用户输入的信
息提取，并上传到服务器中。

❑ **广告软件**

广告软件是指一些未经用户允许就在用户计算机中弹出广告的软件。许多用户在安
装一些免费软件时，不仔细查看安装时的步骤，很容易就会安装这些免费软件中绑定的
广告软件。广告软件大部分对计算机无害，但往往会对用户的计算机运行速度造成一定
影响。

目前，间谍软件和广告软件往往会捆绑在一起，间谍软件检测用户的上网习惯，广
告软件则根据用户的习惯弹出广告。

❑ **拨号软件**

拨号软件是早期使用电话线 MODEM 上网时代流行的恶意软件，这些软件往往在未
经用户允许的情况下更改用户上网拨号的电话号码为国际长途电话号码，然后与国外运
营商进行业务分成。由于目前电话线 MODEM 拨号的用户已经很少，因此这类软件也已
很少见。

❑ **无法卸载的浏览器工具栏/搜索引擎工具**

这是目前国内比较常见的恶意软件类型，往往捆绑或通过网页诱导用户安装，修改
用户网页浏览器中的默认搜索引擎，并在网页浏览器中添加搜索框等，诱使用户使用某
种搜索引擎来搜索。

3．恶意软件安装渠道

在国内，恶意软件的流行程度不亚于病毒，而且大多数恶意软件都会影响用户对计
算机的使用。大多数杀毒软件迫于法律原因，往往无法直接杀除恶意软件，因此，避免
安装恶意软件一直为网民所关注。恶意软件的安装渠道主要包括以下 3 种。

❑ **浏览器的 Active 控件**

一些网站会自动将恶意软件作为网站的 Active 控件添加到网页中，一旦用户使用较
老版本的网页浏览器浏览这些网页时，就会自动安装这些恶意软件。防止这些插件安装
的方法是安装较新版本的网页浏览器（例如，IE 8.0 等）。

❑ **共享/免费软件绑定的插件**

一些共享/免费软件为了收回软件开发成本，也会以绑定的方式将插件放到软件安装

中。绑定分为隐性绑定和显性绑定等两种。

隐性绑定往往不对用户进行提示，也不提供选择安装插件的选项，或将选项隐藏较深，很难让用户发现；显性绑定则是为用户提供选择，允许用户不安装。隐性绑定目前较为用户诟病和反感，而显性绑定则通常被认为是可以理解的行为。

目前一些大的软件下载网站都会在软件介绍中提供软件的插件绑定情况，例如提示某软件无插件或有插件，以及可选插件等，帮助用户鉴别。

❑ 不良网站的欺骗/诱导性下载

一些不良网站往往会以欺骗性或诱导性的语言，诱使用户下载恶意软件。常见的方法包括，将用户要下载的软件隐藏在一大堆插件下载地址中、将插件的下载地址修改为某些正常的软件名称等，以及一些欺骗性的语言，例如"您的计算机已中病毒"、"激情影视下载"、"免费好用的网络电话"、"您的浏览器版本过低"等。

11.1.4 常用网络安全软件

网络安全软件拥有查杀木马、清理插件、修复漏洞、电脑体检、保护隐私等多种功能。它依靠抢先侦测和云端鉴别，可全面、智能地拦截各类木马，保护用户的账号、隐私等重要信息。而计算机杀毒软件是用于清除电脑病毒、特洛伊木马和恶意软件的软件。多数计算机杀毒软件都具备监控识别、病毒扫描、清除和自动升级等功能。

图 11-1　金山安全卫士

1. 金山安全卫士

金山卫士是当前查杀木马能力最强、检测漏洞最快、体积最小巧的免费安全软件。它采用双引擎技术，云引擎能查杀上亿已知木马，独有的本地 V10 引擎可全面清除感染型木马；漏洞检测针对 Windows 7 优化；更有实时保护、软件管理、插件清理、修复 IE、启动项管理等功能，全面保护系统安全，如图 11-1 所示。

❑ 性能体验与网络测速

在金山卫士窗口中，用户可以单击右下角的【性能体检】按钮。此时，弹出一个提示框，并显示性能体检模块更新进度。性能模块更新完成后，则弹出【金山卫士性能体检】对话框，并检测计算机启动内容、网络带宽、系统文件等，如图 11-2 所示。

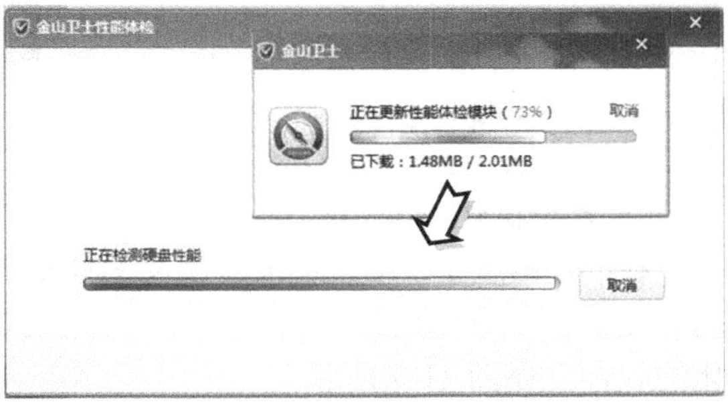

图 11-2　更新与体检

在金山安全卫士右下角的功能按钮中，可以通过单击【编辑】按钮，来删除或更换功能按钮。

　　在体检过程中，做一些基本系统模块的检测后，将弹出一个【显卡游戏性能测试】窗口，并运行一些三维立体空间图形，如图 11-3 所示。

　　当所有测试完成后，则弹出【金山卫士性能体检】对话框，并显示【开机性能】、【系统性能】和【网络性能】的测试结果，如图 11-4 所示。

图 11-3　　三维立体测试

图 11-4　　测试结果

　　用户也可以对计算机进行单独的网络带宽测试。如在金山卫士窗口中，单击右下角的【网络测速】按钮，则在弹出的提示框中显示模块更新情况，如图 11-5 所示。

　　当网络测速模块更新完成后，即可弹出【金山卫士网络测速】对话框，单击【开始测速】按钮，即可检测网络带宽，如图 11-6 所示。

图 11-5　　准备测试网速

图 11-6　　网络速度测试结果

　　❏ 系统优化

　　在"金山卫士"中，系统优化包含有【一键优化】、【开机时间】、【开机加速】和【优化历史】等多方面设置。当单击【系统优化】按钮后，该软件将自动检测系统中可以优化的软件，如图 11-7 所示。

　　然后，单击【立即优化】按钮，即可对检测出的内容进行优化操作。优化完成后显示优化的结果，如"本次成功优化了 1 项，您的电脑变快了，立即上网体验吧"等信息，如图 11-8 所示。

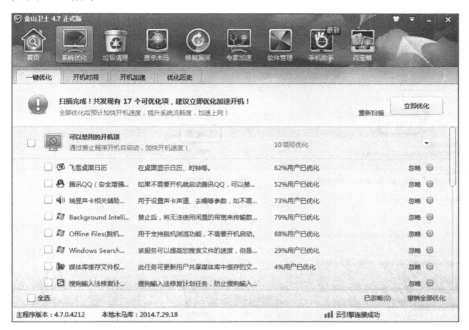

图 11-7   系统优化

当用户选择【开机加速】选项卡时，将显示开机时一些启动项内容。而在该选项卡中，用户可以设置开机时软件、服务的"已启用"或者"已禁用"设置，如图 11-9 所示。

图 11-8   显示优化结果

提 示

金山安全卫士除了在主窗口中所显示的常用功能外，其他的独立功能都包含于"百宝箱"功能中，包含有换肤工具、实时保护、桌面助手、硬件检测等30种功能。

2. 瑞星杀毒软件

瑞星杀毒软件（Rising Antivirus）（简称 RAV）采用获得欧盟及中国专利的 6 项核心技术，形成全新软件内核代码。瑞星杀毒拥有国内最大木马病毒库，采用"木马病毒强杀"技术，结合"病毒 DNA 识别"、"主动防御"、"恶意行为检测"等大量核心技术，可彻底查杀 70 万种木马病毒。

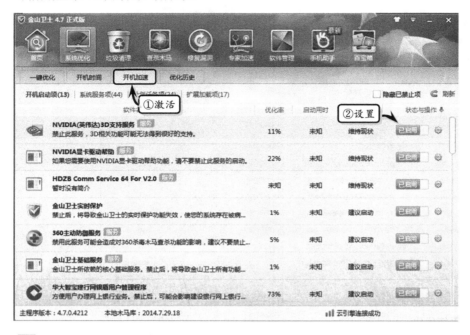

图 11-9　设置开机软件

2011 年 3 月 18 日，国内最大的信息安全厂商瑞星公司宣布，瑞星宣布杀毒软件永久免费。运行瑞星杀毒软件，将显示瑞星的主界面，包括选项卡、快速按钮和电脑安装状态等，如图 11-10 所示。

❏ **杀毒操作**

在窗口中，可以单击【快速查杀】按钮，此时，将显示【快速查杀】内容，并且显示查杀病毒的地

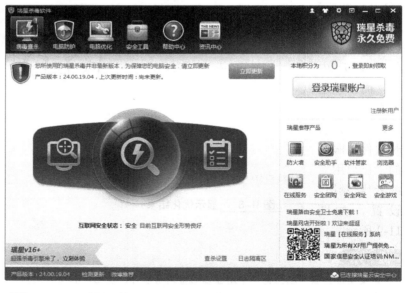

图 11-10　瑞星主界面

址、扫描对象个数、显示进度等信息，如图 11-11 所示。

提　示

在查杀病毒过程中，用户还可以单击标题名称后面的【转入后台】按钮，即缩小至【任务栏】的【通知区】。

等待病毒查杀完成后，将显示查杀结果。在结果中显示共扫描对象数、所耗时间，还有在下面的【病毒】选项卡中，将显示病毒的情况，并单击【立即处理】按钮，处理所发现的威胁，如图 11-12 所示。

❑ **电脑防护和瑞星工具**

瑞星防护提供了对文件、邮件、网页、木马等内容的监视和保护作用。例如，在【电脑防护】选项卡中，用户可以随时开启或关闭相应的监控，如图 11-13 所示。

图 11-11 开始查杀病毒

激活【安全工具】选项卡，可以查看该软件所携带的一些常用工具，以及对工具进行设置，如图 11-14 所示。

3．木马克星

随着个人计算机的广泛普及和宽带网络的高速发展，越来越多的网络安全隐患出现在用户面前。而木马以其强大的远程控制和私密信息窃取能力，逐渐受到黑客们的

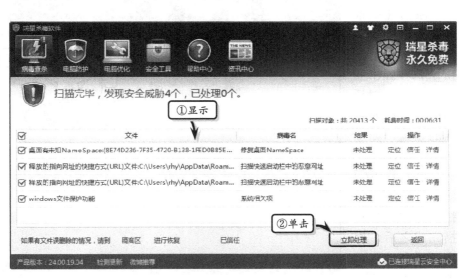

图 11-12 显示查杀结果

青睐，成为网络犯罪的主要工具。针对木马对电脑用户的威胁，高查杀率、低系统资源占用、功能强大的木马专杀软件——木马克星——就应运而生了。

木马克星是一款适合网络用户的安全软件，既有面向新手的内存扫描和硬盘扫描等

低端应用,也有面向高手的众多调试查看等中高端应用。下面我们就对该工具软件进行具体介绍。

❏ **扫描内存**

当启动木马克星工具软件之后,软件将自动进入内存的扫描页面,并自动查杀内存中的木马,而不需要用户手动操作,如图 11-15 所示。

图 11-13 开启或关闭相应的监控

提 示

用户也可以单击【刷新】按钮、【扫描内存】按钮,或者单击【功能】菜单,执行【扫描内存】命令,使木马克星对系统进行再次扫描。

❏ **扫描硬盘**

激活【扫描硬盘】选项卡,单击【浏览】按钮 🖿,在弹出的【选择文件】对话框中,选择要扫描的磁盘,如图 11-16 所示。

单击【扫描】按钮,即可开始扫描操作。当扫描完成之后,用户可以在该窗口中查看扫描结果,如图 11-17 所示。

图 11-14 瑞星工具

提 示

在【扫描硬盘】窗口中,启用【扫描所有】复选框,即可扫描计算机中所有的磁盘;若启用【清除木马】复选框,则可以在扫描过程中直接将扫描到的木马清除。

电脑常用工具软件标准教程(2015—2018版)

□ 系统设置

在使用木马克星扫描木马之前,用户可以对其进行相应设置,以便用户根据需要进行不同的扫描操作。在【木马克星】窗口中,执行【功能】|【设置】命令,在弹出的对话框中,选择不同的选项卡,可以进行不同效果的设置,如图11-18所示。

图 11-15 自动扫描内存

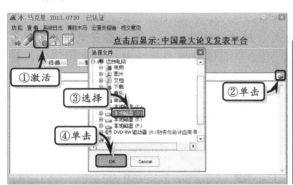

图 11-16 选择扫描位置

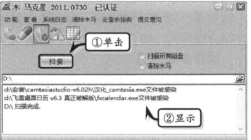

图 11-17 查看扫描结果

□ 更新病毒库

为了更好地查杀最新的木马程序,在使用木马克星软件时,用户需要及时对程序进行更新。执行【功能】|【更新病毒库】命令,在相应的窗口中单击【开始】按钮,即可开始对病毒库进行更新,如图11-19所示。如果当前病毒库已经是最新版本,则将弹出含有"已经是最新版本,不需要升级"的提示信息。

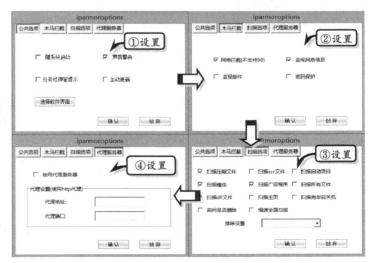

图 11-18 系统设置

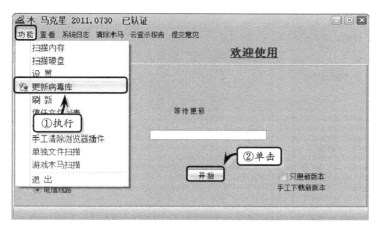

图 11-19　更新病毒库

11.1.5　练习：使用 360 安全卫士维护电脑安全

360 安全卫士是当前功能最强、效果最好、最受用户欢迎的上网必备安全软件，具备木马查杀、恶意软件清理、漏洞补丁修复、电脑全面体检等多种功能。在本练习中，将详细介绍使用 360 安全卫士维护电脑安全的操作方法和步骤。

操作步骤

1 查杀流行木马。运行 360 安全卫士，激活【木马查杀】选项卡，选择【快速扫描】选项，快速扫描木马，如图 11-20 所示。

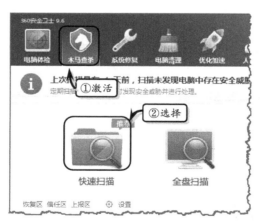

图 11-20　快速扫描木马

2 快速扫描后，在弹出的窗口中将会显示发现的木马扫描等结果。单击【立即处理】按钮，清除所发现的木马，如图 11-21 所示。

3 软件管理。激活【软件管家】选项卡，弹出【360 软件管家】窗口，如图 11-22 所示。

图 11-21　清除木马

4 在【软件大全】选项卡中，选择【安全杀毒】选项，在右侧列表中单击【天网防火墙】后面的【下载】按钮，如图 11-23 所示。

5 激活【软件卸载】选项卡，在列表框中单击软件后面的【卸载】按钮，即可卸载该软件，如图 11-24 所示。

图 11-22 软件管家窗口

图 11-23 选择下载软件

图 11-24 卸载软件

6 在 360 安全卫士窗口中，激活【电脑清理】选项卡，单击【一键清理】按钮，如图 11-25 所示。

图 11-25 电脑清理

7 清理结束后，将显示扫描出来的垃圾文件、插件、上网痕迹和多余注册表项，如图 11-26 所示。

图 11-26 显示清理结果

11.2 防火墙软件

防火墙软件或者叫软件防火墙，也可以称为软防火墙，单独使用软件系统来完成防火墙功能，将软件部署在系统主机上，其安全性较硬件防火墙差，同时占用系统资源，在一定程度上影响系统性能。

11.2.1 防火墙概述

防火墙是指设置在不同网络（如可信任的企业内部网和不可信的公共网）或网络安全域之间的一系列部件的组合。它是不同网络或网络安全域之间信息的唯一出入口，能根据企业的安全政策控制（允许、拒绝、监测）出入网络的信息流，且本身具有较强的抗攻击能力。它是提供信息安全服务，实现网络和信息安全的基础设施。

在逻辑上，防火墙是一个分离器，一个限制器，也是一个分析器，有效地监控了内部网和 Internet 之间的任何活动，保证了内部网络的安全。

1. COMODO 防火墙

古代人们在房屋之间修建一道墙，这道墙可以防止火灾发生的时候蔓延到别的房屋，因此被称为"防火墙"。而现在，人们将防火墙应用于网络，其含意为"隔离在内部网络与外部网络之间的一道防御系统。"

应该说，在互联网上防火墙是一种非常有效的网络安全模型，通过它可以隔离风险区域（即 Internet 或有一定风险的网络）与安全区域（局域网）的连接，同时不会妨碍人们对风险区域的访问。一般的防火墙都可以达到以下目的。

❏ 可以限制他人进入内部网络，过滤掉不安全服务和非法用户。
❏ 防止入侵者接近防御设施。
❏ 限定用户访问特殊站点。
❏ 为监视 Internet 安全提供方便。

防火墙可以核准合法用户进入网络，并且监控网络的通信量，同时又抵制非法用户对企业构成威胁的数据。随着安全性问题上的失误和缺陷越来越普遍，对网络的入侵不仅来自高超的攻击手段，也有可能来自配置上的低级错误或不合适的口令选择。因此，防火墙的作用是防止未授权的通信进出被保护的网络，使单位强化自己的网络安全政策。

2. 防火墙的优点

防火墙是加强网络安全的一种有效手段，它有以下优点。

❏ **能强化安全策略** 因为 Internet 上每天都有上百万人在那里搜集信息、交换信息，不可避免地会出现个别非法用户。防火墙是为了防止不良现象发生的"交通警察"，执行站点的安全策略，仅容许合法用户或者符合规则的请求通过。
❏ **能有效地记录 Internet 上的活动** 因为所有进出信息都必须通过防火墙，所以非常适用收集关于系统和网络使用和误用的信息。像门卫一样，记录外部网络进入内部网络，或者内部网络访问外部网格信息。
❏ **限制暴露用户** 防火墙能够用来隔开网络中一个网段与另一个网段。这样，能够防止影响一个网段的问题通过整个网络传播。
❏ **核准合法信息** 所有进出内部网络的信息都必须通过防火墙，所以便成为安全问题的检查点，使可疑的访问被拒绝于门外。

11.2.2 常用防火墙软件

对于一些保存了重要资料的计算机来讲，防火墙软件是必装的工具软件之一。通过防火墙软件，不仅可以有效地监控内部网和 Internet 之间的任何活动，而且还可以保证内部网络的安全。在本小节中，将详细介绍一些常用的防火墙软件，例如 COMODO 防火墙、360 网络防火墙、天网防火墙等防火墙软件。

1．COMODO 防火墙

COMODO Firewall 是一款功能强大的、高效的且易于操作的软件。它提供了针对网络和个人用户的最高级别的保护，从而阻挡黑客侵入计算机，避免造成资料泄露；提供程序访问网络权限的控制能力、抵制网络窃取、实时监控数据流量，可以在发生网络窃取或者攻击时迅速做出反应。

安装该软件，可以针对网络攻击完备的安全策略，迅速抵御黑客和网络欺诈，使用友好的用户界面，来确认或阻拦网络访问、完全免疫攻击。

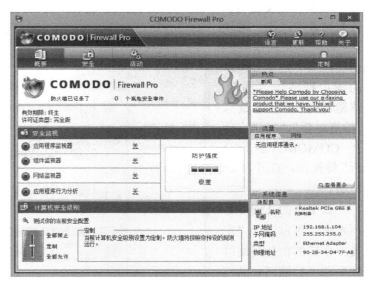

图 11-27　COMODO Firewall 主界面

运行 COMODO Firewall，进入主界面窗口中，在该窗口中分别包含该软件的描述内容、设置安全内容及显示当前活动内容，如图 11-27 所示。

❑ 概要内容

通过该窗口中每个模块所显示内容，可以了解计算机目前安全情况，以及设置安全级别，其详细内容如表 11-1 所示。

表 11-1　COMODO 界面概要内容

模块名称	包 含 内 容	说　明
日志	记录日志	在该软件左上部分，将显示计算机中所启用的高危事件
安全监视	应用程序监视器	监视计算机中应用程序的运行情况
	组件监视器	监视计算机中组件的运行情况
	网络监视器	监视计算机中网络来源及目标，以及使用协议情况
	应用程序行为分析	根据软件中设置的应用程序行为，监视计算机中应用程序
计算机安全级别	全部禁止	禁止所有出/入计算机的连接
	定制	根据防火墙的规则，监控计算机的连接
	全部允许	允许所有出/入计算机的连接

模块名称	包含内容	说　　明
流量	应用程序	在【应用程序】选项卡中，显示了应用程序连接网络的流量
	网络	在【网络】选项卡中，显示 TCP、UDP、ICMP 和其他协议连接网络的流量
系统信息	适配器	显示本地网络配置信息，如 IP 地址、子网掩码、类型及物理地址

❑ **定义信任应用程序**

在窗口中，激活【安全】选项卡即可显示安全监视内容，并且在"任务"选项中，可以定义安全选项的全部内容。

例如，在【通用任务】列表中，用户可以"定义一个新的信任应用程序"、"定义一个新的禁止程序"、"添加/移除/修改一个区域"、"检查更新"、"发送文件至 COMODO 进行分析"等操作，如图 11-28 所示。

在下面的【向导】列表中，可以进行"定义一个新的信任网络区域"和"扫描已知的应用程序"操作。

如果需要定义信任应用程序，可以选择【定

图 11-28　安全设置

义一个新的信任应用程序】选项，并在弹出的【信任网络区域向导】对话框中，查看需要创建的信任区域信息，并单击【下页】按钮，如图 11-29 所示。

然后，在弹出的对话框中选择一个信任区域，并单击【下页】按钮，如图 11-30 所示。

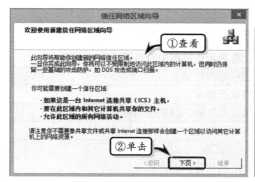

图 11-29　查看创建的信任区域

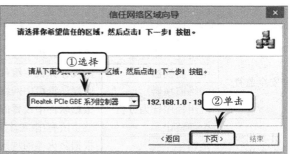

图 11-30　选择信任区域

最后，在弹出的对话框中，查看所创建的网络信任规则，并单击【结束】按钮，完成信任网络区域的创建向导，如图 11-31 所示。

此时，用户可以选择【应用程序监视器】选项，查看所添加的信任程序，如图 11-32 所示。用户也可以选择【定义一个新的禁止程序】选项，添加禁用应用程序，并在窗口的列表中显示出来。

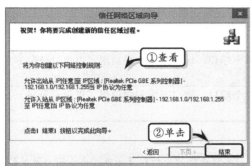

图 11-31 查看网络信任规则

图 11-32 显示定义的信任及禁止应用程序

提 示

除定义信任或者禁止应用程序外，还可以选择"组件监视器"选项，并添加、编辑或者移除组件内容。

□ 设置网络控制规则

选择【网络监视器】选项，在该选项卡中用户可以查看 IP、TCP/UDP、ICMP 入站及出站状态，如图 11-33 所示。

此时，用户可以选择列表中的规则，进行编辑、移除、上移或者下移操作。也可以单击【添加】按钮，在列表中添加新规则，如图 11-34 所示。

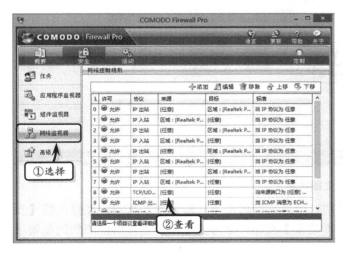

图 11-33 查看网络监视内容

图 11-34 添加网络控制规则

在【网络控制规则】对话框中，用户可以设置参数的内容，如表 11-2 所示。

表 11-2 网络控制规则参数设置

操作名称	参　　数
操作	在该下拉列表中，可以设置允许/禁用操作
协议	在该下拉列表中，包含有 TCP、UDP、TCP 或 UDP、ICMP 和 IP 协议
方向	用户可以选择协议的方向，包括出站、入站和入站/出站
来源 IP	在该选项卡中，可以设置任意、单个 IP、IP 范围、IP 地址/掩码、区域和主机名中的任意一项
目标 IP	在该选项卡中，可以设置为任意、单个 IP、IP 范围、IP 地址/掩码、区域和主机名中的任意一项
来源端口	在该选项卡中，可以设置为任意端口、单个端口、端口范围和端口组（以逗号分隔）中任意一项
目标端口	在该选项卡中，可以设置为任意端口、单个端口、端口范围和端口组（以逗号分隔）中任意一项

提　示

在【安全】窗口中的【高级】选项中，用户可以设置【应用程序行为分析】、【高级攻击检测与防护】和【杂项】内容，也可以单击【还原】按钮恢复到默认设置。

2. 瑞星防火墙

瑞星防火墙软件是一款永久免费的防火墙软件，具有保护网络安全、免受黑客攻击、有效拦截恶意钓鱼网站、保护个人隐私信息、网上银行账号密码和网络支付账号密码安全等功能，为用户提供了智能化的上网安全保护策略。

运行瑞星防火墙软件，在【首页】选项卡中，将

图 11-35　立即修复

自动显示检测后本地电脑的安全级别。用户只需单击【立即修复】按钮，在弹出的【安全检测-修复】对话框中，单击【立即修复】按钮，即可快速修复软件所检测到的危险项目，如图 11-35 所示。

提　示

在【安全检测-修复】对话框中，单击【立即修复】按钮之后，瑞星防火墙会自动在后台运行修复操作，并显示运行结果或重启计算机来重置修复选项。

激活【网络安全】选项卡，在该选项卡中显示了安全上网防护和严防黑客等各项有效措施，用户只需单击各措施后面的【已开始】或【已关闭】按钮，即可禁用或启用该项措施，如图 11-36 所示。

图 11-36 设置网络安全措施

激活【家长控制】选项卡，单击【已关闭】按钮，开启家长控制措施。然后，分别设置策略名称、生效时段和上网策略等选项，并单击【保存】按钮，如图 11-37 所示。

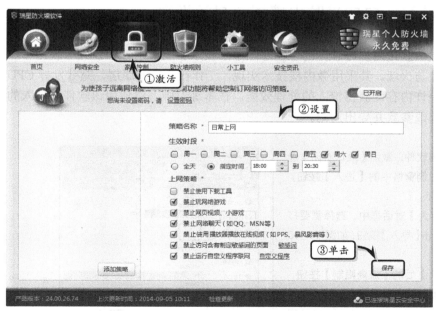

图 11-37 设置家长控制

激活【防火墙规则】选项卡，在该选项卡中将显示"联网程序规则"和"IP规则"两部分内容。对于不同部分中的内容，用户只需启用或禁用规则前面的复选框，单击【修改】按钮，即可修改防火墙规则，如图11-38所示。另外，用户也可以选择某个规则，

图 11-38　防火墙规则

单击【删除】按钮，来删除所选规则；或者，单击【清理无效规则】按钮，来清理无效的防火墙规则。

11.2.3　练习：自定义防火墙端口封闭规则

冰盾防火墙是一款采用国际领先的生物基因鉴别技术智能识别各种 DDOS 攻击和黑客入侵行为的专业防火墙。其采用微内核技术实现，工作在系统的底层，充分发挥 CPU 的效能，仅耗费少许内存即获得惊人的处理效能。在本练习中，将使用该软件在导入的端口封闭规则中修改参数并导出规则。

操作步骤

1 运行冰盾防火墙软件，激活【端口封闭】选项卡，并单击右侧窗格中的【进入】按钮，如图 11-39 所示。

2 在弹出的【另存为】对话框中，选择需要打开的文档，并单击【导入】按钮，如图 11-40 所示。

3 单击【当前网卡】后的【流量限制】按钮，在弹出的【流量限制】对话框中，修改"每秒处理的 UDP 上限"和"每秒处理的 ICMP 上限"等参数，并单击【增加】按钮，如图 11-41 所示。

图 11-39　【端口封闭】选项卡

电脑常用工具软件标准教程（2015—2018 版）

图 11-40　选择文档

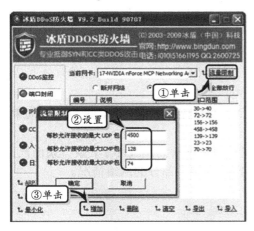

图 11-41　设置流量限制

图 11-42　添加封闭端口

图 11-43　添加多个封闭端口

4 在弹出的【封闭端口】对话框中设置相应的
参数，如图 11-42 所示。

5 使用上述方法，添加多个封闭端口，如图
11-43 所示。

6 最后，单击【导出】按钮，在弹出的【另存
为】对话框中输入文件名，并单击【保存】
按钮，如图 11-44 所示。

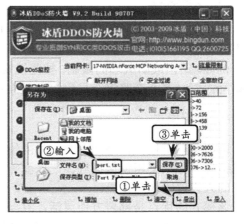

图 11-44　导出封闭规则

11.3　网络监控软件

网络监控软件一般能够监控 QQ 软件、MSN 软件等一些聊天工具，并且可以在不安
装客户端的情况下，轻松封堵屏蔽这些聊天软件的使用。当然，网络监控软件还可以监

控到每台计算机实时的上行流量、下行流量等内容。

11.3.1　网络监控软件概述

网络监控软件是指针对局域网内的计算机进行监视和控制；针对内部的计算机上互联网，以及内部行为与资产等过程管理；包含了上网监控（上网行为监视和控制、上网行为安全审计）和内网监控（内网行为监视、控制、软硬件资产管理、数据与信息安全）。

网络监控软件一般能够监控 QQ 软件、MSN 软件，可以在不安装客户端的情况下轻松封堵屏蔽这些聊天软件的使用。网络监控软件一般包含以下 4 种工作模式。

1．网关模式

把本机作为其他计算机的网关（设置被监视电脑的默认网关指向本机），分别可以作为单网卡方式和双网卡甚至多网卡方式。

目前，常用的是 NAT 存储转发的方式。简单说有点像路由器工作的方式，因此控制力极强；但由于存储转发的方式，性能多少有点损失，不过效率已经比较好了；缺陷是假如网关死了，全网就瘫痪了。

2．网桥模式

双网卡做成透明桥，而桥是工作在第 2 层（OSI 网络体系结构）的，所以可以简单理解为桥是一条网线，并且性能较好。

因为桥是透明的，可以看成网线，所以桥坏了就可以理解为网线坏了，换一条而已；支持多 VLAN、无线、千兆万兆、以及 VPN、多出口等绝大部分的网络情况。

3．旁路模式

使用 ARP（地址解析协议）技术建立虚拟网关，只能适合于小型的网络，并且环境中不能有限制旁路模式。

例如，路由或防火墙的限制，被监视安装 ARP 防火墙都会导致无法旁路成功。同时，如果网内同时多个旁路将会导致混乱而中断网络。

4．旁听模式

即旁路监听模式，是通过交换机的镜像功能来实现监控。该模式需要采用共享式交换机镜像。如果采用镜像模式，一方面需要支持双向的镜像交换机设备，另一方面需要专业的人设置镜像交换机。

该模式的优点是部署方便灵活，只要在交换机上面配置镜像端口即可，不需要改变现有的网络结构；而且即使旁路监控设备停止工作，也不会影响网络的正常运行。

缺点在于，旁听模式通过发送 RST 包只能断开 TCP 连接，不能控制 UDP 通讯，如果要禁止 UDP 方式通讯的软件，需要在路由器上面做相关设置进行配合。

11.3.2　常用网络监控软件

在实际工作或生活中，为了保护计算机内容和网络速度，还需要使用网络监控软件，来有效地监控文件和注册表，以及测量、显示并控制计算机中的数据流量。下面将详细向用户介绍一些常用的网络监控软件，以帮助用户熟悉并完全掌握多种网络监控软件的使用。

1. 超级巡警

超级巡警可以用来自动解决利用 RootKit 功能隐藏进程、隐藏文件和隐藏端口的各种木马，包括 HACKDEF、NTRootKit、灰鸽子、PCSHARE、FU RootKit、AFXRootKit 等。

超级巡警弥补传统杀毒软件的不足，提供非常有效的文件监控和注册表监控，使用户对系统的变化了如指掌。它也提供了多种专业级的工具，使用户可以自己手动分析，100%地查杀未知木马。

运行该软件后，即可在窗口的上方看到病毒查杀、实时防护、工具大全等选项卡，如图 11-45 所示。

❑ 扫描检测

在窗口中的【病毒查杀】选项卡中，可以用快速扫描、全面扫描、目录扫描等方式查找计算机病毒。

用户需要对计算机操作系统的重要文件，或者以最快的速度完成计算机系统的查杀病毒

图 11-45　超级巡警窗口

操作时，可以单击【全面扫描】按钮，如图 11-46 所示。在查杀病毒过程中，查找到可疑文件时，则在显示器屏幕的右下角弹出提示信息。

图 11-46　扫描计算机系统

❑ **实时防护**

为了保护计算机上网的安全性，可以激活【实时防护】选项卡，并在该选项卡中进行相关的设置，如图 11-47 所示。在【实时防护】选项卡中，包含有进程防护、系统防护、上网防护、下载防护、U盘防护和漏洞防护等。

用户可以在不同的防护项后面单击【已开启】或【已关闭】按钮，对该防护内容进行启用或禁用操作，如图 11-48 所示。

用户也可以单击后面的【详细设计】链接，在弹出的【超级巡警杀毒软件-设置】对话框中，对防护内容进行详细的设置，如图 11-49 所示。

在该对话框中，用户可以选择不同的选项，对主要内容进行简单的设置，如病毒查杀设置、实时防护设置、信任设置，以及主动防御设置和升级设置等，如表 11-3 所示。

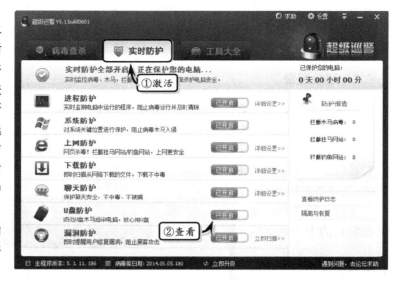

图 11-47　系统实时防护

图 11-48　关闭进程防护

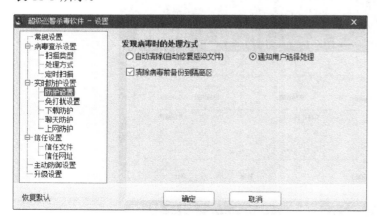

图 11-49　详细设计

表11-3 超级巡警的设置内容

选项名称	参数内容	说　明
常规设置	常规设置	主要对开机自动启动、退出提示、发现病毒播放声音、退出时密码保护等设置项
	附加选项	参与体验计划,自动发送错误报告,加入智能云计划等
	高级选项	开机自我保护设置
病毒查杀设置	扫描类型	主要用来设置扫描文件的类型,如 EXE、DLL、VBS 等。另外,还可以设置使用什么样的启发引擎
	处理方式	主要是对发现病毒处理,以及隔离设置等
	定时扫描	设置定时内容,并指定扫描的周期时间
实时防护设置	防护设置	发现病毒处理方式,以及清理病毒前备份等
	免打扰设置	在运行游戏或者全屏程序时,设置进行免打扰模式,即发现病毒,软件自行处理,并不做提示
	下载防护	自动扫描下载的文件,并嵌入下载工具
	聊天防护	即时扫描聊天工具传输的文件
	上网防护	检测网页木马病毒以及钓鱼诈骗网站,保护上网首页
信任设置	信任文件	添加信任文件目录
	信任地址	添加可以浏览的信任地址
主动防御设置	启用主防防御,并设置云端分析高危程序,以及弹窗设置	
升级设置	主要包含自动升级、手动升级,以及代理服务器设置等	

❏ **工具大全**

几乎在所有安全软件中,都包含有工具类的内容。而工具类内容中主要包含了一些针对性的工具应用,在该软件中也不例外。

激活【工具大全】选项卡,可以非常清楚地看到

图 11-50　工具软件

【Arp 防火墙】、【漏洞修复】、【系统工具箱】、【暴力删除】和【U 盘巡警】等一些常用的工具,如图 11-50 所示。

2. 360 流量防火墙

360 流量防火墙是从 360 安全卫士中分离出来的一个独立程序,集管理网速、保护网速、防蹭网和无线路由器管理等多个功能于一体的网络监控软件。

运行 360 安全卫士,在主界面的右下方,选择【功能大全】栏中的【更多】选

图 11-51　360 安全卫士软件

项。然后，在展开的列表中选择【流量防火墙】选项，如图 11-51 所示。

❑ 管理网速

在【360 流量防火墙】界面中，激活【管理网速】选项卡，在其列表框中将显示目前需要访问网络或曾经访问过网络的程序，以及建立连接数等信息。用户只需单击程序后面的【管理】按钮，执行【禁止访问网络】命令，即可禁止该程序的访问功能，如图 11-52 所示。

图 11-52 禁止访问网络

除了限制访问网络之外，用户还可以单击【管理】按钮，执行【限制下载速度】命令。然后，在【限制下载】文本框中输入下载数值即可，如图 11-53 所示。

❑ 网络体验

在【360 流量防火墙】界面中，激活【网络体检】选项卡，在该选项卡中直接单击【立即体检】按钮，准备体检网络状态，如图 11-54 所示。

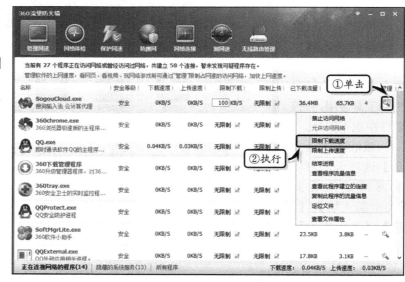

图 11-53 限制下载速度

此时，360 流量防火墙软件将自动检测当前的上网环境、占用网络过多的程序，以及当前上网速度等网络状态。检测完毕之后，如果存在网络问题，直接单击【一键修复】按钮，即可快速修复存在的网络问题，如图 11-55 所示。

❑ 测网速

在【360 流量防火墙】界面中，激活【测网速】选项卡，会自动弹出【360 宽带测速器】对话框，测速当前网速速度，如图 11-56 所示。

图 11-54　网络体检　　　　　　　　　　图 11-55　修复网络问题

网速测试结束之后，将自动显示检测结果。在检测结果中，包括宽带接入速度、长途网络速度、网页打开速度、网速排行榜和测速说明等内容，如图 11-57 所示。

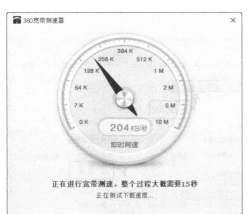

图 11-56　测网速　　　　　　　　　　　　图 11-57　显示测试结果

提　示

在【360 流量防火墙】对话框中，除了上述所介绍的功能之外，还可以激活【保护网速】选项卡，来设置需要保护网速的程序，以确保主要程序链接网络的流畅性。

● - - 11.3.3　练习：使用 BWMeter 检测数据流量 - - ⌐

　　BWMeter 是一款功能强大的带宽测试和监视程序流量控制器，具有测量、显示并控制进出计算机的数据流量的功能，它不仅可以分析数据包，辨别数据包样本来自本地还是网络；而且也可以通过为各种连接设置速度限制来控制流量，或者限制某些应用程序访问某些因特网站点。在本练习中，将详细介绍使用 BWMeter 来检测数据流量的操作方法和具体步骤。

操作步骤

1 运行该软件后，将弹出 BWMeter 窗口，如图 11-58 所示。

图 11-58   BWMeter 窗口

2 在【选项】选项卡的【局域网】选项中，单击【添加】按钮，在弹出的【LAN 地址】对话框中输入本地 IP，并单击【确定】按钮，如图 11-59 所示。

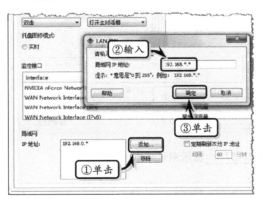

图 11-59   添加 LAN 地址

3 在【统计】选项卡中，选择【因特网】选项，并选择【每时】选项卡，查看上传和下载流量，如图 11-60 所示。

4 选择【详情】选项卡，并在【选择过滤器】

列表中选择过滤网络，然后单击【启动】按钮，查看传送方向、字节和协议信息，如图 11-61 所示。

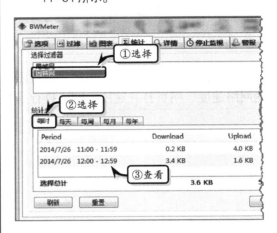

图 11-60   查看并刷新统计表

图 11-61   启动控制并查看详情

5 当访问并复制局域网中用户本地文件时，在【局域网】对话框中显示上传和下载的速率，如图 11-62 所示。

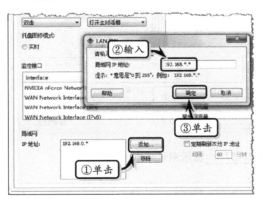

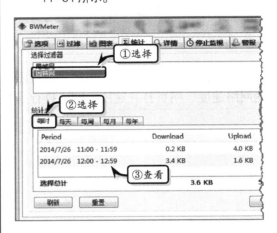

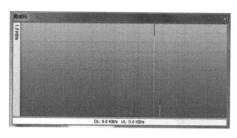

示上传和下载的速率，如图 11-63 所示。

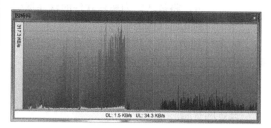

图 11-62 访问局域网中用户

6 当访问互联网时，在【因特网】对话框中显

图 11-63 访问因特网

11.4 思考与练习

一、填空题

1. _____是指计算机资产安全，即计算机信息系统资源和信息资源不受自然和人为有害因素的威胁和危害。

2. 20 世纪 80 年代，_____首次公开发表了论文《计算机机病毒：原理和实验》提出了计算机病毒的概念：_____。

3. _____是指设置在不同网络（如可信任的企业内部网和不可信的公共网）或网络安全域之间的一系列部件的组合。

4. "_____"是多种类似软件的集合名词，是指在未明确提示用户或未经用户许可的情况下，在用户计算机或其他终端上安装运行，侵害用户合法权益的软件，但不包含我国法律法规规定的计算机病毒。

5. 计算机杀毒软件，又称为"_____"。

6. _____也是应用软件中的一种，它的作用是为了对付病毒，保护系统的稳键工作，保护用户私密信息安全。

二、选择题

1. 现今的企业网络及个人信息安全存在的威胁，下面_____描述不正确。
    A. 非授权访问
    B. 冒充合法用户
    C. 破坏数据的完整性
    D. 无干扰系统正常运行

2. 在国内，最初引起人们注意的病毒是 20 世纪 80 年代末出现的病毒，而下列不属于该年代的病毒是_____。

A. 黑色星期五
B. 米氏病毒
C. 熊猫烧香
D. 小球病毒

3. 用户通过下列一些现象，不能判断是否感染计算机病毒的是_____。
    A. 机器不能正常启动　加电后机器根本不能启动，或者启动时间变长了。有时会突然出现黑屏现象
    B. 运行速度降低　发现在运行某个程序时，读取数据的时间比原来长，存文件或调文件的时间较长
    C. 磁盘空间迅速变小　内存空间变小甚至变为"0"，用户什么信息也进不去
    D. 文件内容和长度有所改变　一个文件存入磁盘后，有时文件内容无法显示或显示后又消失了

4. 一般的防火墙都可以保护计算机安全功能，下列扫描不正确的是_____。
    A. 可以限制他人进入内部网络，过滤掉不安全服务和非法用户
    B. 防止入侵者接近防御设施
    C. 不限定用户访问特殊站点
    D. 为监视 Internet 安全提供方便

5. 具有一些特征的软件可以被认为是恶意软件，那么下列描述不正确的是_____。
    A. 指没有提供通用的卸载方式，或在不受其他软件影响、人为破坏的情况下，卸载后仍然有活动程序的行为
    B. 指没有经过用户许可，修改浏览器参数或其他相关设置，迫使用户访问特定网站或导致用户无法正常上网的行为
    C. 在用户计算机或其他终端上安装软件的行为

D．指未明确提示用户或者未经用户许可，将被认定为恶意软件的软件捆绑到其他软件的行为

6．在"超级巡警"软件中包含有多个扫描方式，下列_____不属于该软件的扫描方式。

A．文件扫描　　　　B．内存扫描

C．快速扫描　　　　D．全面扫描

三、问答题

1．描述防火墙的优点。

2．在 COMODO Firewall 概要内容中，包含有哪些模块？

3．什么是恶意软件？

4．网络监控软件包括哪几种模式？

四、上机练习

1．禁用 Windows 7 防火墙

Windows 7 在安全性上面已有大大提高，但是好多人还不知道如何设置 Windows 7 的防火墙。下面就对 Windows 7 防火墙做一些简单的了解。

打开 Windows 7 防火墙的方法比较简单，依次单击【开始】按钮，执行【控制面板】命令，打开【控制面板】窗口，如图 11-64 所示。

图 11-64　【控制面板】窗口

在【控制面板】窗口中，单击【Windows 防火墙】链接，即可打开【Windows 防火墙】窗口，如图 11-65 所示。

然后，再单击左侧的【打开或关闭 Windows 防火墙】链接。此时，在打开的窗口中，可以启用或者关闭防火墙，如图 11-66 所示。

图 11-65　【Windows 防火墙】窗口

图 11-66　启用 Windows 防火墙

2．停止金山卫士

当用户安装"金山卫士"软件后，则重新启动计算机后将自动启动该卫士。如果用户需要停止金山卫士对计算机保护功能，则可以单击任务栏中的【显示隐藏的图标】按钮，并右击金山安全卫士图标，执行【退出】命令，如图 11-67 所示。然后，在弹出的提示对话框中，单击【确定】按钮即可。

图 11-67　执行【退出】命令